新型多孔材料合成与环境分析应用

秦　君　著

本书数字资源

北　京
冶 金 工 业 出 版 社
2024

内 容 提 要

本书介绍了几种具有代表性的石墨烯、介孔二氧化硅、多孔金属氧化物、纤维素基质的新型多孔复合材料的合成方法，以及这些材料在环境污染物的吸附、催化降解和检测领域的应用。内容涵盖了这些材料的合成机理分析、合成条件优化、应用性能评估以及与传统材料的差异和优势分析，并提供了翔实的材料结构表征和性能测试结果与数据。

本书内容准确且经过了专业评审，希望能为化学、材料学、环境学等领域的科研与教学工作提供有益参考。

图书在版编目（CIP）数据

新型多孔材料合成与环境分析应用 / 秦君著 . 北京 ：冶金工业出版社，2024. 10. -- ISBN 978-7-5240-0023-5

Ⅰ. X132；TB383

中国国家版本馆 CIP 数据核字第 2024JG2679 号

新型多孔材料合成与环境分析应用

出版发行	冶金工业出版社	**电　　话**	(010)64027926
地　　址	北京市东城区嵩祝院北巷 39 号	**邮　　编**	100009
网　　址	www. mip1953. com	**电子信箱**	service@ mip1953. com

责任编辑　卢　蕊　美术编辑　彭子赫　版式设计　郑小利

责任校对　梁江凤　责任印制　禹　蕊

三河市双峰印刷装订有限公司印刷

2024 年 10 月第 1 版，2024 年 10 月第 1 次印刷

710mm×1000mm　1/16；13. 5 印张；260 千字；203 页

定价 69. 00 元

投稿电话　(010)64027932　投稿信箱　tougao@cnmip. com. cn

营销中心电话　(010)64044283

冶金工业出版社天猫旗舰店　yjgycbs. tmall. com

(本书如有印装质量问题，本社营销中心负责退换)

前　言

多孔材料是指含有相互贯通或封闭的孔洞结构的材料。这些孔道大幅度降低了材料的密度，增大了比表面积和渗透性。因此，多孔材料大多具有重量轻、吸附性能优异、隔声、隔热等优点，被广泛地应用于各种工业领域。通过调控多孔材料的元素组成和表面基团，可以产生大量催化反应和吸附位点，从而赋予多孔材料超越普通材料的催化/吸附性能，极大地拓展了其应用范围。根据国际纯粹与应用化学联合会（IUPAC）的标准，多孔材料可以分为微孔（小于2 nm）材料、介孔（2~50 nm）材料和大孔（大于50 nm）材料。其中，较为典型的微孔材料有活性炭、沸石、分子筛、金属有机骨架（MOF）等。介孔材料代表主要为人工合成的介孔二氧化硅，常见的大孔材料主要有纤维素、气凝胶、树脂类材料。

近年来，随着材料合成技术的发展，多孔材料在环境科学领域的研究和应用受到越来越多的关注。微孔材料较小的孔径不利于客体物质的脱附和材料的重复使用，较小的粒径和刚性的材料结构也限制了其应用范围。而石墨烯和纤维素类多孔复合材料凭借较大的孔径范围和柔性的材料结构，在环境污染物的吸附、降解和分析等领域的研究和应用受到越来越多的关注。

本书内容共9章，在第1章中简述了新型多孔复合材料的概念、分类、特性与应用领域等。在第2章、第3章中介绍了功能化硅球-石墨烯气凝胶复合材料的合成与重金属离子吸附应用。第4章报道了关于$CuMn_2O_4$-石墨烯气凝胶复合材料的合成与CO催化转化的研究。第5章介绍了介孔二氧化硅的合成及其与脱氧胆酸钠的二元协同室温磷光诱导体系的构建与应用。第6章内容为介孔二氧化硅-石墨烯气凝胶复合吸附材料的合成、表征及其对以苯为代表的多环芳烃的吸附行为。第7章报道了石墨烯基多级孔氧化铁复合材料的合成与光催化降解染料废水。第8章介绍了二氧化硅与石墨烯共基质的铁酸钴复合材料及其对混合染料废水的光催化降解。第9章首次报道了食用菌天然纤维素基质复合吸附材料的制备及其在X射线荧光分析SO_2中的应用。本书这些研究内容来自作者课题组近年来自主开展的一系列多孔复合材料研究工作，有多项技术和发现属于首次报道。希望本书的出版发行能够起到抛砖引玉的作用，为分析化学、环境化学、材料化学等相关专业的研究人员提供有益的参考。

在本书的成书以及涉及的研究工作中，多位老师、同事给予了重要帮助和热心指导。在此，作者向山西大同大学的李小梅、冯锋、白云峰和山西大学的董川、王松柏，以及北京师范大学的晋卫军等各位老师致以诚挚的感谢。硕士研究生李琳、辛智慧、李悦、张瑜、张潇等几位同学在课题组期间认真负责地完成了大量的材料合成与分析工作，化学和应用化学等专业的王佳慧、郝敏、马栋利、陈晓乐、雒心雨、柳香瑞等同学也积极热情地完成了很多分析与测试工作。作者同样感谢各位同学的努力和付出。

由于作者学术水平和认知视野有限，书中难免存在不足之处，恳请读者提出宝贵意见和建议。

秦　君

2024年9月9日

目　录

1 绪　　论

1.1　多孔材料的分类、特点与应用

传统多孔材料种类繁多，按照材料类型主要分为以下几类：（1）多孔金属材料，如泡沫金属、多孔板材、多孔纤维金属等[1]，具有优良的导热性能和力学性能，广泛应用于催化、过滤、隔热等领域。例如，以泡沫镍为载体制备 Co_3O_4 纳米线阵列，能够显著提升比电容且无需使用辅助导电材料和黏合剂[2]。（2）多孔陶瓷材料，如氧化铝陶瓷、氧化锆陶瓷等，具有优良的耐高温、耐腐蚀性能，常用于化工、冶金等领域[3-4]。（3）多孔聚合物材料，如泡沫塑料、多孔膜材料、多孔纤维材料等，轻质、柔韧，具有良好的吸附性能和力学性能，常用于声学、过滤等领域。例如，聚丙烯（PP）和聚四氟乙烯（PTFE）膜在固相萃取、色谱分析等领域被广泛用作固定相的支撑材料[5-6]。（4）多孔碳材料，如活性炭、碳纳米管泡沫、多孔碳纤维等，具有优良的导电性能和化学稳定性，常用于电化学、储能等领域[7-8]。其中，活性炭的规模化合成工艺成熟，材料粒径可定制［见图 1-1（a）］，丰富的微孔结构赋予其出色的吸附性能［见图 1-1（b）］。然而，活性炭的孔径不可调控且难以再生和重复使用，一定程度上限制了其应用范围。

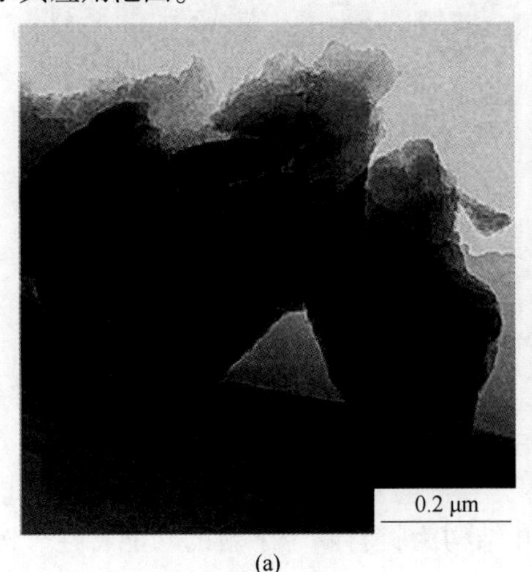

(a)

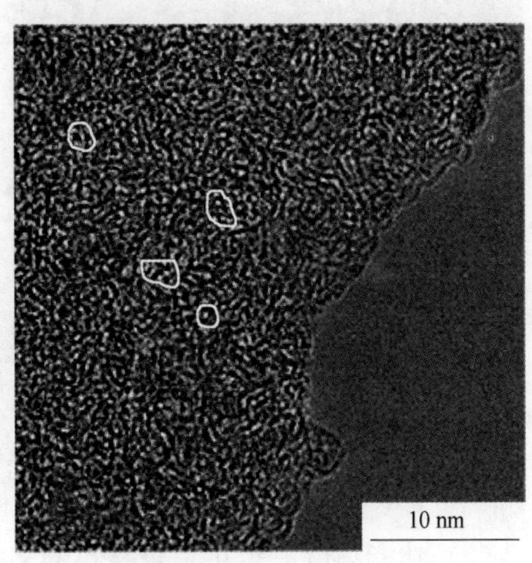

(b)

图 1-1　活性炭孔道结构的 TEM 图像[8]

此外，一些天然多孔材料，如珍珠岩、埃洛石、沸石、珊瑚、蒙脱土、凹凸棒等，这些材料具有天然形成的多孔结构，并且具有较高的比表面积和孔隙率，在环境污染物治理和催化合成领域受到广泛关注[9-10]。

1.2　多孔复合材料的优势与应用

多孔复合材料是由两种或两种以上不同性质的材料通过物理或化学方法复合而成，并具有多孔结构的一种新型材料。这种材料不仅保留了各组分的优良性能，还通过多孔结构的引入，赋予了材料新的功能特性，如良好的吸附性、过滤性、隔热性、隔声性等。多孔复合材料的设计、制备和应用涉及材料科学、化学工程、物理学等多个学科领域[11-12]。相比传统多孔材料，多孔复合材料具有以下几方面的优势：

（1）性能优化：多孔复合材料通过不同组分的复合，可以综合各组分的优点，弥补单一组分的不足，从而实现材料性能的优化。例如，将金属与陶瓷复合，可以制备出既具有金属的高导电性、高导热性，又具有陶瓷的高硬度、高耐磨性的多孔复合材料[13-14]。Hautcoeur 等采用冰模板-铝合金渗透法制备多孔陶瓷-铝复合材料（见图 1-2），保留了各向异性形貌，导热系数大幅度提升[15]。Lee 等通过水热氧化法制备了核壳结构的 $RuAl_2O_3$@ Al 多孔复合催化剂；如图 1-3 所示，由金属 Al 核心和多孔 γ-Al_2O_3 外壳构成的 Al_2O_3@ Al 载体具有较高的比表面积和高温导热性，赋予 Ru 催化剂优异的反应活性，对 CH_4 的催化转化率显著高于传统 Ru/Al_2O_3 催化剂[16]。

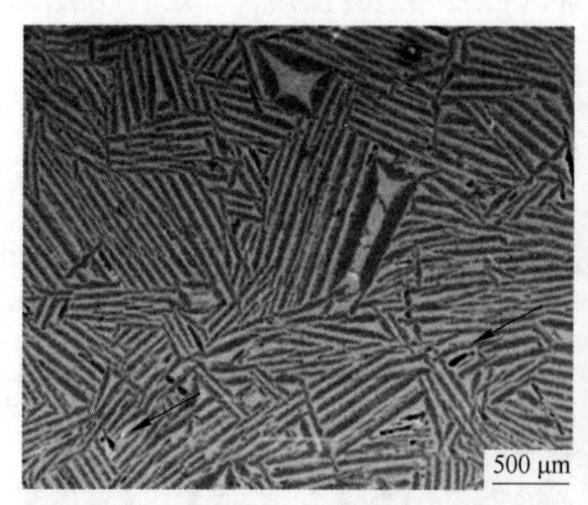

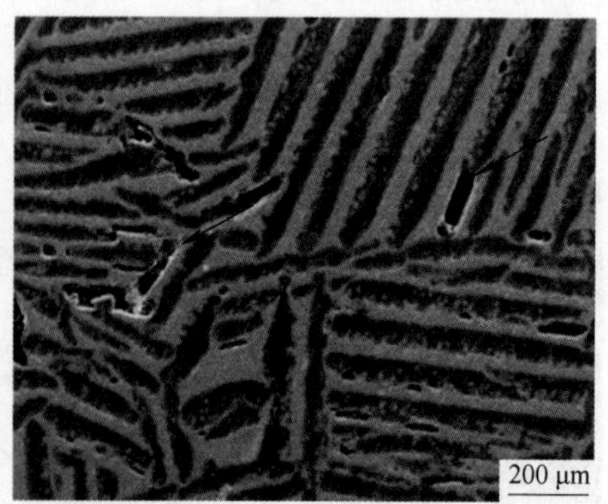

图 1-2　多孔陶瓷-铝复合材料截面的 SEM 图像[15]

（2）功能拓展：多孔复合材料的多孔结构为材料赋予了新的功能特性。例如，通过控制多孔结构的孔径大小和分布，可以制备出具有特定吸附、过滤、催

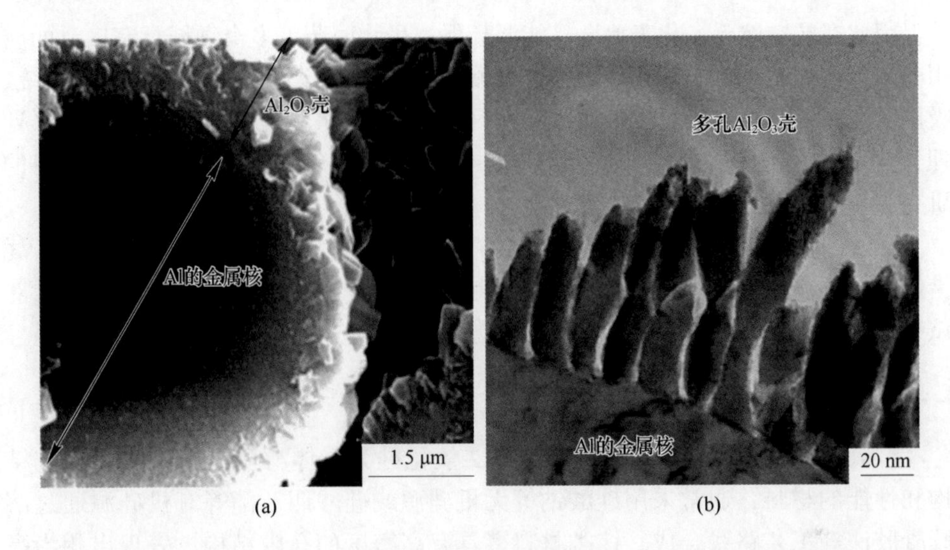

图 1-3 核壳结构的 $RuAl_2O_3$@ Al 多孔复合材料的 SEM 图像（a）和 FE-TEM 图像（b）[16]

化等功能的材料[17]。Gargiulo 等[17]采用共聚法合成了氨基修饰的 SBA-15 材料，孔径由 9 nm 缩小到 7.3 nm，吸附负载生育酚后实现了更优的抗氧化活性。氨基改性的 SBA-15 还可以通过缩合-配位的方法引入 Cu 离子制备复合催化材料（见图 1-4），在 100 ℃下能够实现 84.4%的苯乙烯—苯甲醛最大转化率，产物的选择性也高达 83.9%[18]。

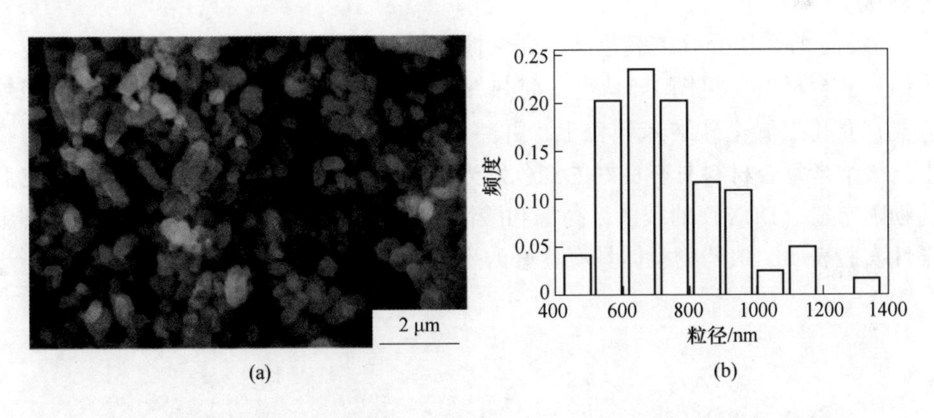

图 1-4 SBA-15-Cu 复合材料的 SEM 图像（a）与粒径分布图（b）[18]

（3）设计灵活性：多孔复合材料的制备过程中，可以通过调整组分比例、结构设计等参数，实现对材料性能的精确调控。这种设计灵活性使得多孔复合材料能够满足不同领域、不同应用场景的需求。

（4）应用广泛性：由于多孔复合材料具有优良的力学性能和独特的功能特

性，因此在航空航天、化工冶金、能源环保、生物医药等多个领域具有广泛的应用前景。例如，在航空航天领域，多孔复合材料可以应用于飞机的热防护系统、吸声降噪系统等；在能源环保领域，多孔复合材料可以应用于气体分离、水处理、空气净化等方面[19-20]。随着材料科学和技术的不断发展，多孔复合材料的研究和应用将会更加深入和广泛。

在各种新材料中，二氧化硅、石墨烯、纤维素基多孔复合材料独具特色，凭借优异的材料性质与良好的应用经济性得到了广泛的关注与应用。以下分别针对该三类复合材料的特性和研究应用案例进行阐述。

1.2.1 二氧化硅基多孔复合材料

二氧化硅基多孔复合材料是一类以二氧化硅为主体材质、具有独特多孔结构和性能的材料，通常采用硅酸钠等无机硅源或硅酸四乙酯等有机硅源通过溶胶凝胶法等工艺路线合成。该类材料多具有高密度的孔隙结构，表现出相当高的比表面积。这意味着其具有更多的活性位点，有利于吸附、催化和传感等应用。得益于二氧化硅无机材料基体，该复合材料具备优异的化学稳定性、热稳定性和力学性能。通过调整合成工艺、选择合适的致孔剂和改性剂，可以对孔道结构、孔径大小、表面亲水性和疏水性、吸附性能进行调控[18, 21]。二氧化硅基多孔复合材料的另一个特点是具有良好的生物相容性[22]。这些特性使得二氧化硅基多孔复合材料被研究和应用于环境污染物控制、光催化和生物医学等领域。

Huang 等采用介孔二氧化硅、壳聚糖等材料制备了一种热/pH 双刺激响应发光纳米复合材料（见图 1-5）[22]。将热/pH 双响应的聚异丙基丙烯酰胺和壳聚糖包覆在介孔二氧化硅纳米颗粒上，并将发光的 $Na_9EuW_{10}O_{36}$ 颗粒接枝到共聚物上。该纳米复合材料具有良好的红色发光性能和明显的刺激响应性，可作为抗癌药物阿霉素（DOX）的载体，高温和酸性条件有利于药物的快速释放。体外细胞毒性实验表明，该药物载体具有良好的生物相容性。

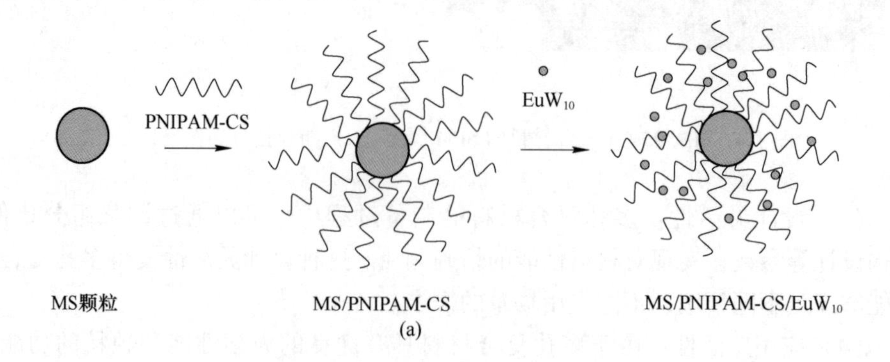

(a)

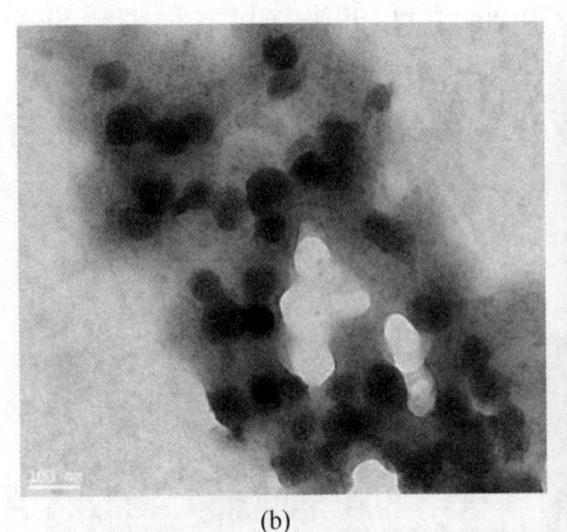
(b)

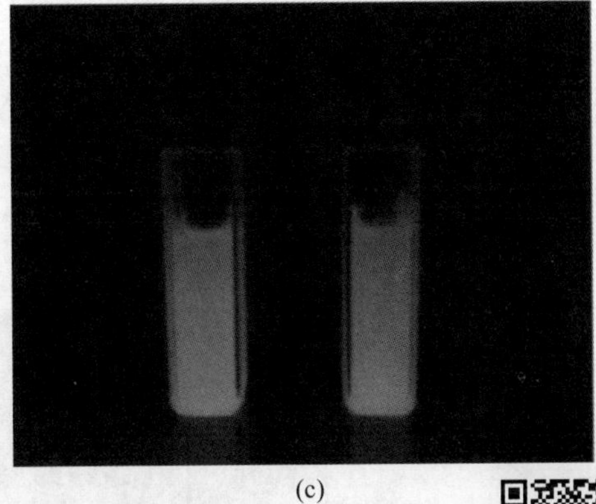
(c)

图 1-5 热/pH 双刺激响应发光纳米复合材料合成流程（a）及其 TEM 图像（b）和发光记录（c）[22]

图 1-5 彩图

Li 等[23]将阴离子表面活性剂月桂酰肌氨酸钠作为介孔二氧化硅的致孔剂和 Fe^{3+}、Cu^{2+}的螯合剂，合成了双金属二氧化硅复合材料 Cu_xFe/AMS（见图 1-6），并将其应用于 Fenton 法去除亚甲基蓝。铜的加入增强了铁与支撑壁之间的作用，从而使铁更好地分散在介孔中。由于协同效应、活性位点的高度分散和两种金属离子之间的强相互作用使得该双金属催化剂性能显著优于单金属催化剂。铁离子与铜离子的最佳摩尔比为 1∶1，此时可获得最佳的催化活性。

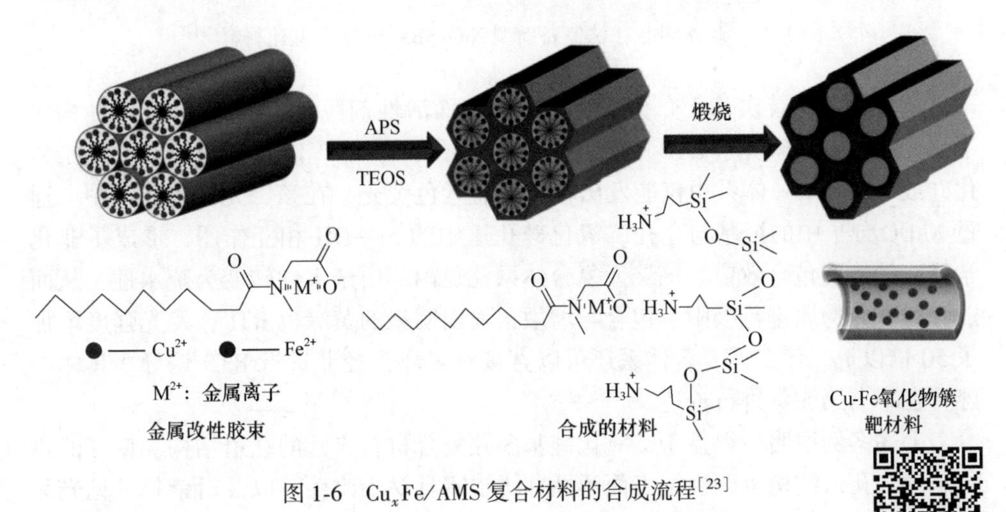

图 1-6 Cu_xFe/AMS 复合材料的合成流程[23]

图 1-6 彩图

Cheng 等改进了金属离子负载方式，采用一种“疏水封装”法，将充分浸渍了硝酸镍的 SBA-15 转入正辛烷介质中，采用离心法清洗除去多余的硝酸镍前驱体后进行高温煅烧，最终得到负载 NiO 纳米颗粒的 SBA-15

复合材料（见图 1-7）[24]。XRD 测试结果表明 NiO 颗粒的平均尺寸远小于 SBA-15 的孔径，因此复合材料孔道中的 NiO 颗粒是独立存在的，并未堵塞孔道系统，提供了大量的催化反应位点，其对甲烷化反应的催化性能达到了传统催化剂的 18.5 倍。

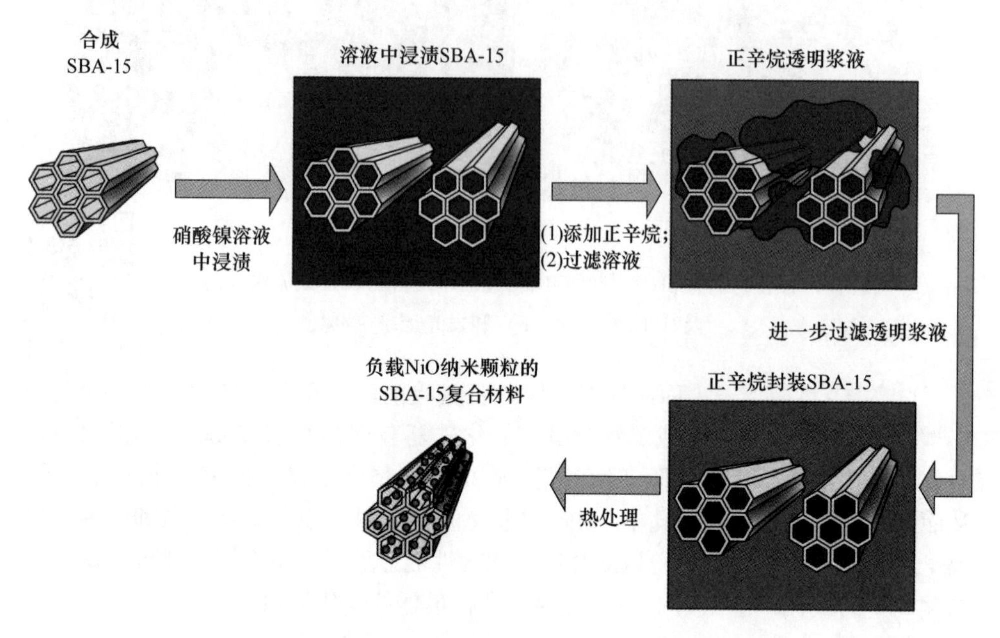

图 1-7 “疏水封装”法制备新型 NiO/SBA-15 复合催化材料[24]

笔者课题组首次基于介孔二氧化硅和表面活性剂脱氧胆酸钠（NaDC）构建了二元复合室温磷光（RTP）增敏体系（见图 1-8）[25-26]。发光探针在介孔二氧化硅或 NaDC 单一体系中仅能发出较弱的蓝紫色荧光。在该二元复合体系中，通过 NaDC 分子中的羟基与介孔二氧化硅孔道中的 Si—OH 相互作用，形成了非化学反应的协同包合效应。该二元复合体系孔道内部由亲水性转变为疏水性，从而能够对磷光物质进行吸附、包合与增敏，发出明亮的黄绿色 RTP，发光强度增加了 50 倍以上。该二元复合体系还可以直接对多环芳烃非进行 RTP 诱导。具体内容将在本书第 5 章进行论述。

上述案例说明，得益于二氧化硅基多孔复合材料丰富的孔道结构、良好的热稳定性、孔道结构可调性、表面活性基团丰富且易于改性，以及对紫外可见光无吸收的特点，其已经被广泛应用于污染物控制、催化、光谱分析等各个领域。随着材料合成技术的不断进步、各个领域研究的不断深入，以及随之而来的对新材料、新功能的需求，二氧化硅基多孔复合材料的研发和应用有望实现日新月异的进步。

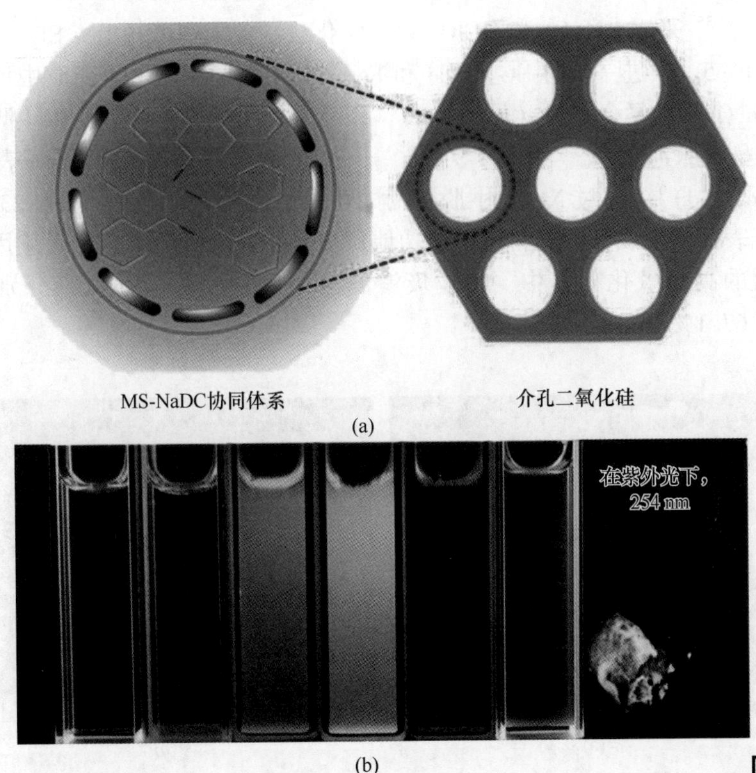

图 1-8 介孔二氧化硅-脱氧胆酸钠二元复合体系 RTP 诱导机理（a）与发光记录（b）[25]

图 1-8 彩图

1.2.2 石墨烯基多孔复合材料

石墨烯基多孔复合材料是以石墨烯作为主体材料或添加剂合成的新型多孔材料。作为主体材料，需要通过化学氧化法或电化学法将高纯石墨转变为反应活性更高的氧化石墨烯[27]。如果是作为添加剂，则只需要通过超声剥离等方法将石墨粉体制备成层数较少的微纳米片段，在各种材料合成过程中添加进去[28]。石墨烯本身具有极高的比表面积，而多孔结构的引入进一步增加了可用的比表面积，这对于催化、传感、吸附等应用至关重要。石墨烯是已知导电性最好的材料之一，石墨烯基多孔复合材料通常保持了这一特性[29-30]，从而显著区别于硅基复合材料。石墨烯具有高强度和高硬度，其多孔复合材料也因此表现出良好的力学稳定性。通过不同的合成方法，可以在一定程度上控制多孔复合材料的孔径、形状以及界面和表面性质，以满足特定应用的需求[31-32]。石墨烯还具有出色的导热性、热稳定性和耐酸碱性，从而赋予了石墨烯基多孔复合材料在这些方面的优势[33-34]。

Guo 等[35]采用 $KMnO_4$ 和 $HClO_4$ 化学氧化法制备了剥离石墨（EG），碳氧比例约为 91∶5.4。进一步将 EG 与 Co 和 Fe 的水合氯盐在正己醇介质中反应生成 Fe_2O_3/Co_3O_4/EG 复合材料（见图 1-9），Fe 与 Co 比例为 1∶15。SEM 测试结果显示 EG 呈膨胀海绵状［见图 1-9（b）］，催化剂材料附着在石墨烯表面［见图 1-9（c）（d）］。通过 N_2 吸附-脱附测试发现复合材料的比表面积为 231 m^2/g。通过性能表征发现该复合材料可以成功地对过硫酸钾进行活化，进而应用于对垃圾渗滤液的高级氧化工艺中，使垃圾渗滤液的氨氮和化学需氧量分别降低了 90.6%和 67.1%。

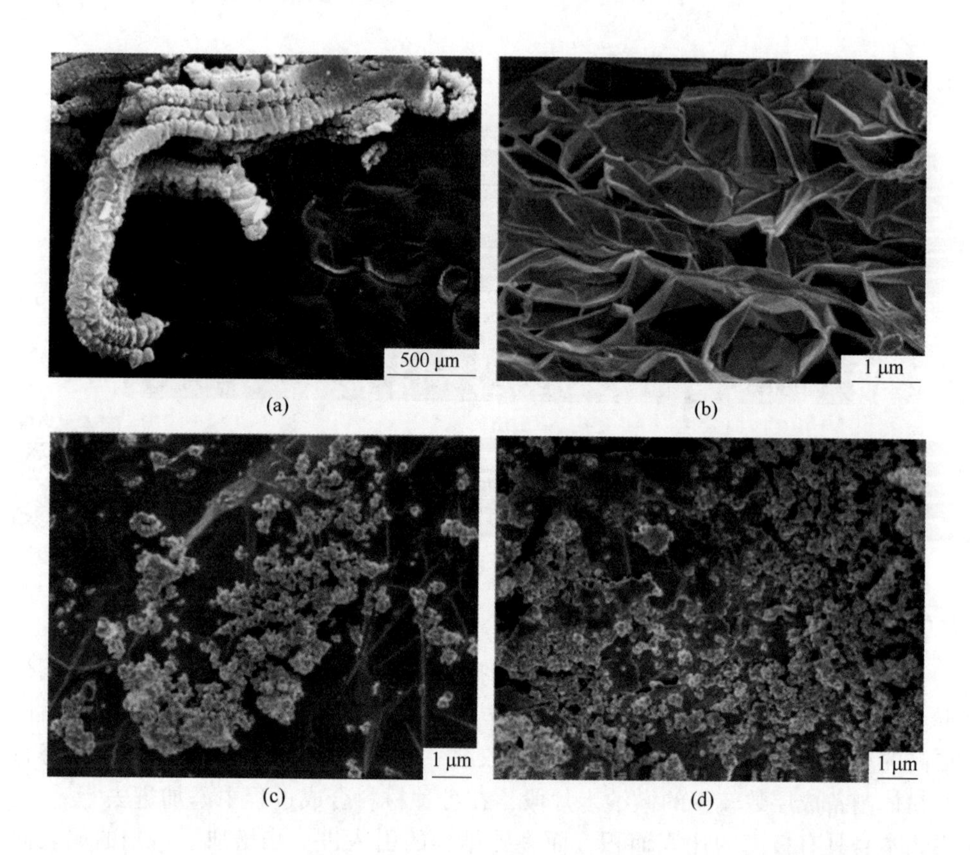

图 1-9　EG（a）（b）、Co_3O_4/EG（c）、Fe_2O_3/Co_3O_4/EG（d）的 SEM 图像[35]

也有学者通过广泛使用的 Hummers 法来制备氧含量较高的 GO，采用水热法进一步合成 GO-SiO_2 复合载体，再利用一锅法合成了 GO-SiO_2/Fe_3O_4 三元磁性复合吸附材料（见图 1-10）[36-37]。根据 SEM 和 TEM 表征可见 SiO_2 和 Fe_3O_4 纳米颗粒成功地生长和分散于石墨烯片层表面。该复合材料表现出优异的微波吸收性能，其热稳定性和磁性能也较好。

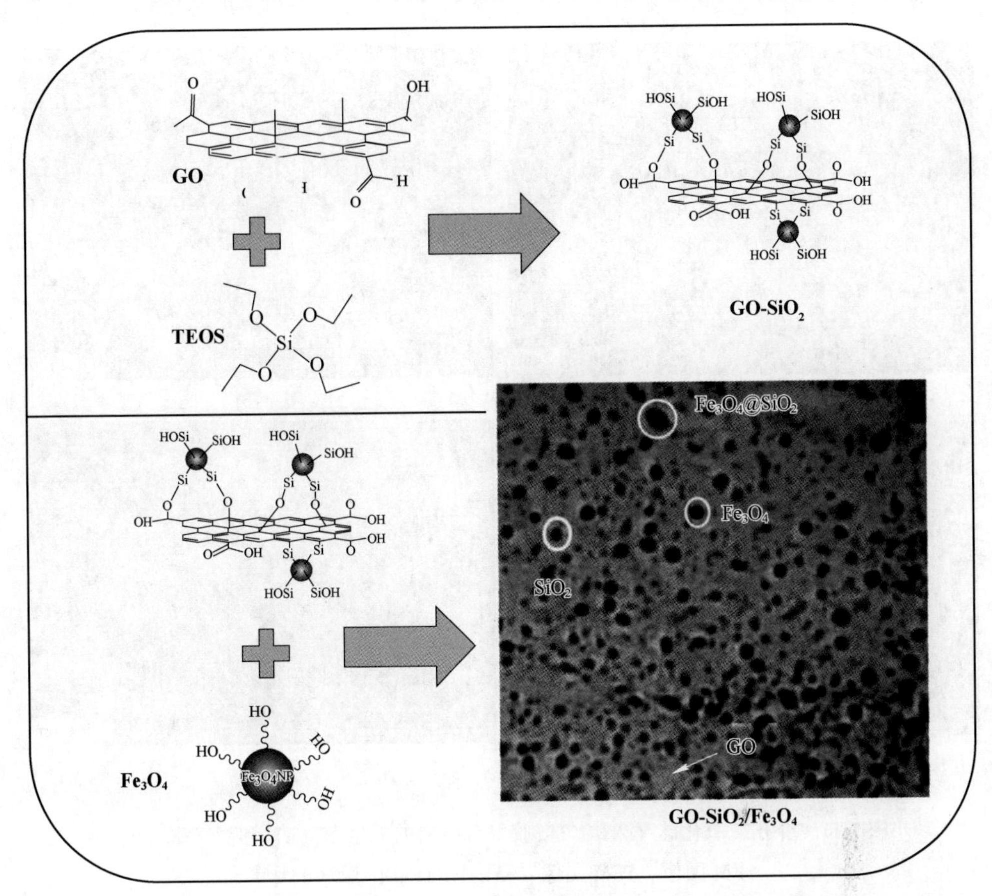

图 1-10 GO-SiO_2/Fe_3O_4 三元磁性复合吸附材料的合成与结构成像[36]

Wang 等同样采用 Hummers 法合成 GO 并通过水热法制备了 GA。将 GA 加入碱性的 CTAB 胶束溶液中，进而加入 TEOS 使其在石墨烯表面通过模板法生成介孔二氧化硅[38]。将材料在 N_2 氛围煅烧后得到介孔二氧化硅-石墨烯气凝胶复合材料（见图 1-11）。由 TEM 分析可见该材料为无定形海绵状，石墨烯层数较少[见图 1-11（c）]，介孔二氧化硅材料颗粒互相堆积形成了丰富的介孔结构。吸附测试结果表明该复合材料对苯酚、邻苯二酚、间苯二酚和对苯二酚的去除率分别为 68.6%、86.6%、91.1%和 94.7%。

笔者课题组近年来先后开展了多项石墨烯基多孔复合材料的合成及其在环境污染物控制领域的应用研究，包括合成介孔二氧化硅-石墨烯气凝胶复合材料、氨基硅球-石墨烯气凝胶复合材料、金属氧化物-石墨烯气凝胶复合材料等，分别应用于多环芳烃的吸附[39-40]、重金属离子的吸附去除[32-33]、CO 的催化转化[34]、染料污染物的光催化降解等领域[29-30]。这些内容将在本书第 2~8 章进行专题论述。

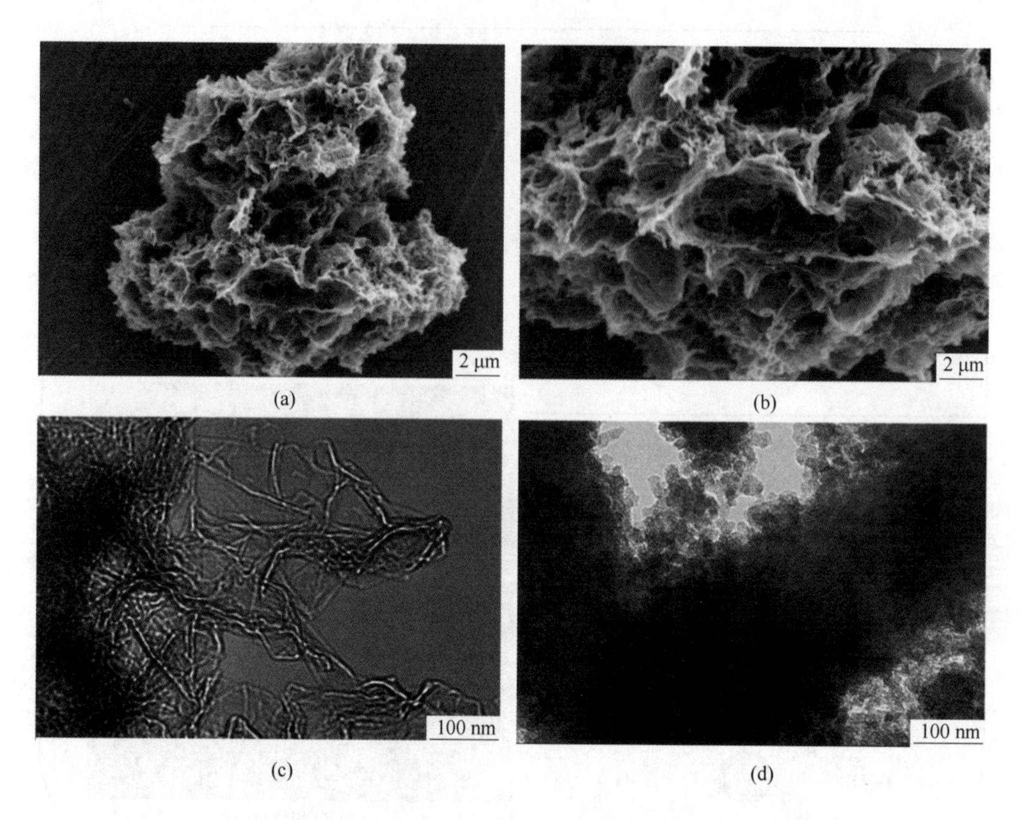

图 1-11　介孔二氧化硅-石墨烯气凝胶复合材料的低倍率（a）和高倍率（b）SEM 图像、TEM 图像（c）、HRTEM 图像（d）[38]

1.2.3　纤维素基多孔复合材料

纤维素和木质素是两种在自然界中广泛存在的高分子化合物，它们在结构、化学组成、功能以及应用领域等方面存在显著的区别。纤维素（结构见图 1-12）是由葡萄糖单元线性聚合而成的大分子多糖，是植物细胞壁的主要结构成分，提供力学强度[41]。木质素是由苯丙醇单元通过醚键和碳—碳键连接而成的复杂有机聚合物，包含多种不同的官能团，在植物细胞壁中主要起抗压作用，增强植物体的力学强度。通过与其他材料的复合，可以大大扩展纤维素的应用范围，制备出一系列具有生物可降解性、生物相容性、低密度、高强度和高模量等特点的新型绿色材料[42-43]。纤维素基多孔复合材料已逐步在多个领域取代传统材料，是复合材料领域的重要组成部分。

纤维素基多孔复合材料的优势和重要性体现在以下几个方面：

（1）结构与功能多样性。纤维素基多孔复合材料不仅具有多孔结构，而且可以通过不同的化学修饰和合成策略赋予各种功能，满足不同应用场景的需求。

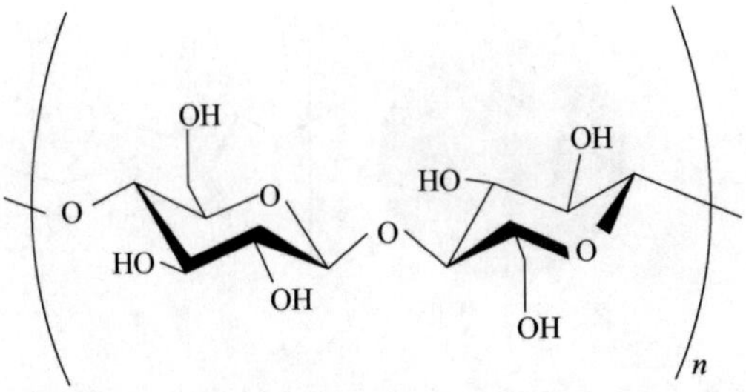

图 1-12 纤维素的结构

(2) 广泛的应用范围。从环境保护到能源存储，再到医疗健康领域，纤维素基多孔复合材料展现了广泛的应用潜力[44-45]。

(3) 可持续性。作为取之不尽、用之不竭的天然资源，纤维素的使用符合可持续发展理念，有利于减少对化石资源的依赖。

(4) 技术进步推动材料不断改进。新的材料制备技术和改性方法为纤维素基多孔复合材料的功能化和应用打开了新天地，例如冷冻干燥和超临界流体干燥技术的应用能够显著缩短材料的制备流程，同时提高最终产品的质量和强度[32]。

(5) 环境和社会效益。纤维素基多孔复合材料的应用有助于解决环境污染问题，并且可以促进新能源和新材料的发展，从而对社会产生积极影响。

天然纤维素可用作重金属离子、染料等的天然吸附剂[46]。据 Liu 等[47]报道，棉纤维素在 pH=7 时对硼的吸附量为 11.3 mg/g。Dridi-Dhaouadi 等[46]研究了从海藻中提取的海藻纤维素对 Pb^{2+} 和酸性黄 44 的吸附行为，结果表明原海藻对 Pb^{2+} 的吸附量大于纤维素，而纤维素对黄 44 的吸附量大于原海藻。Wu 等[48]也研究了棉纤维素对 Pb^{2+} 的吸附，在 pH=6 的最佳条件下，Pb^{2+} 在棉花上的吸附量为 10.78 mg/g。根据这些研究结果可知天然纤维素的吸附能力稍低，有必要将其改性或与其他材料复合来加强对各种污染物的去除效果。

Tewatia 等[49]从麦秸中分离出纳米纤维素，将其氧化转化为二醛基纤维素（见图 1-13），然后与 L-精氨酸缩合制备席夫碱荧光纤维素复合材料 FSCF。该复合材料可与铀（Ⅵ）发生偶联，在 DMF 中于 565 nm 处产生荧光增强，且该现象不受共存离子的影响，基于此机理对铀（Ⅵ）的检测限可达 8.09 μmol/L。吸附测试结果表明，在 pH=6 和加入 100 mg 吸附剂时最大吸附量为 192.7 mg/g。

Al-Ghamdi[50]从刺槐种子中提取了纤维素，并以 5%~10%的负载率将其固定到壳聚糖凝胶中最终制备成微球复合材料，主要合成步骤见图 1-14。利用该复合

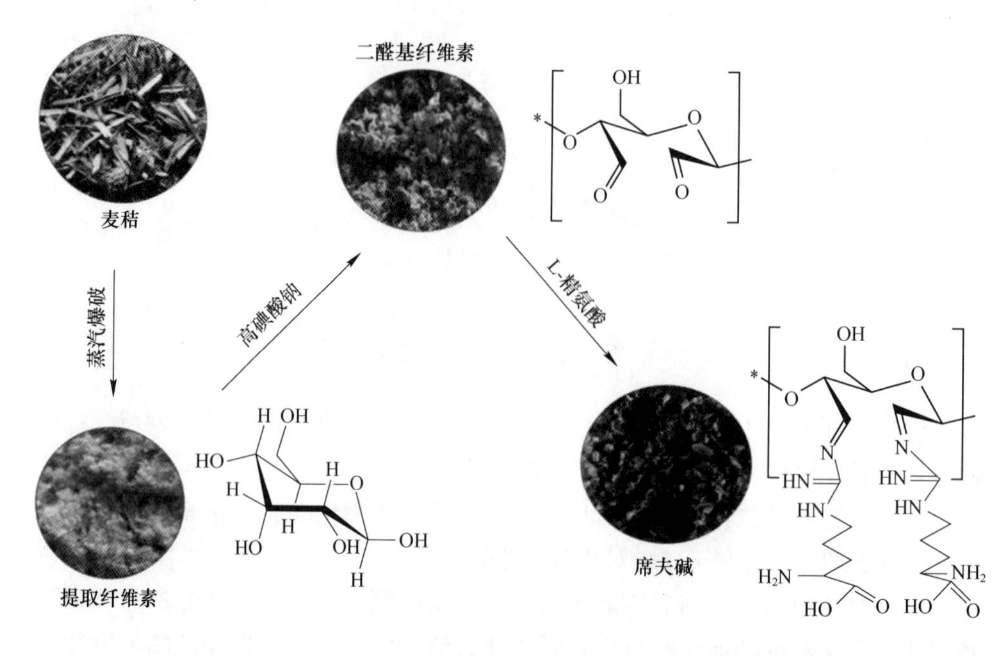

图 1-13 麦秸提取纤维素制备席夫碱修饰的荧光纤维素复合材料[49]

材料从水中吸附亚甲基蓝染料的测试结果表明，纤维素的加入提高了壳聚糖对亚甲基蓝的去除率，最大吸附量为 55 mg/g。动力学分析结果符合准二级动力学方程，表明吸附现象主要受化学机理的影响。实验结果符合 Freundlich 等温式，表明在非均相界面上发生了多层吸附。

图 1-14 纤维素-壳聚糖复合微球合成的主要步骤[50]

Xi 等[51]以灯心草（JE）纤维素为载体制备了一种环境友好的功能化灯心草纤维素吸附剂。如图 1-15 所示，采用多巴胺 PDA 对 JE 纤维素进行修饰，显著提升了材料的金属亲和能力。PDA@ JE 复合材料对 Cr^{6+} 的吸附量高达 145.8 mg/g，显著高于大多数以前报道的纤维素基吸附剂。加入 10~20 倍的干扰离子 Ca^{2+}、Cd^{2+}、Cu^{2+}、NO^{3-}、Cl^-、SO_4^{2-}、PO_4^{3-} 对该复合材料的吸附性能影响不明显。

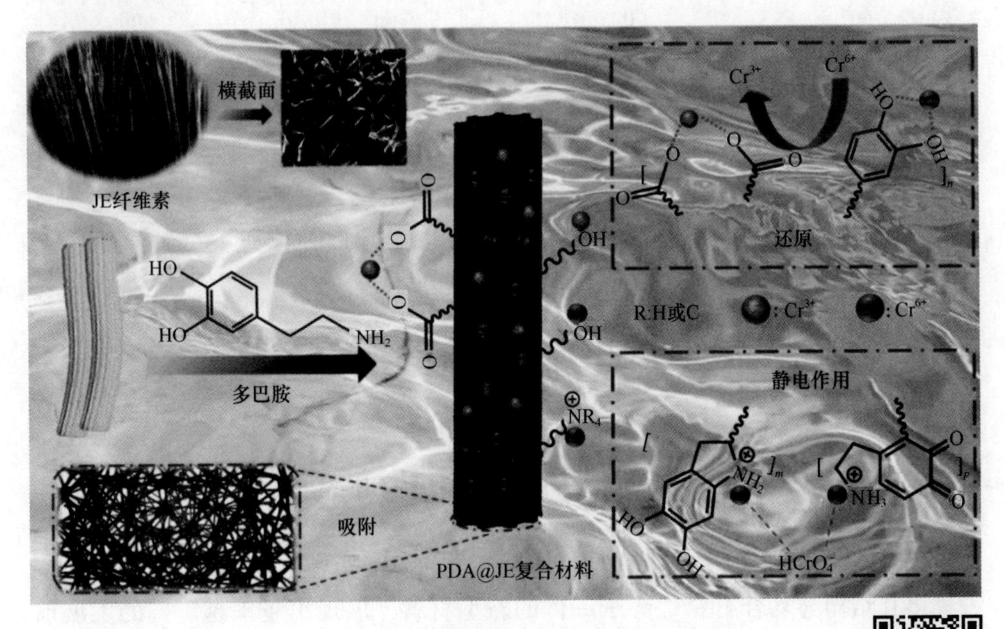

图 1-15 PDA@ JE 的制备及其对 Cr^{6+} 的吸附机理[51]

图 1-15 彩图

笔者课题组提出了天然食用菌纤维素基质联合 X 射线荧光分析（XRF）技术检测空气中 SO_2 的研究与应用。将生活中常见的食用菌杏鲍菇进行切片、清洗、冷冻干燥后得到纯度较高的天然纤维素［见图1-16（a）（b）］，向其中导入高效的化学吸附剂后［见图 1-16（c）（d）］，将该复合材料粉末装填入 SPE 柱，制成固相萃取捕集柱［见图 1-16（e）］，能够对空气中的 SO_2 进行快速捕集和固定［见图 1-16（f）］，将复合吸附材料快速压片后即可进行 XRF 元素强度分析并计算 SO_2 的含量［见图 1-16（g）（h）］。本研究是首次采用固体基质 XRF 法分析空气中的有害气体，凭借食用菌纤维素适中的结构强度和优异的压片特性，结合 XRF 分析精确度高的优势，对空气中的 SO_2 检测限达到 3 mL/m^3。分析过程不受自吸收现象的影响，因而校准曲线的线性浓度范围可达 3 个数量级以上。具体研究内容将在本书第 9 章进行介绍。

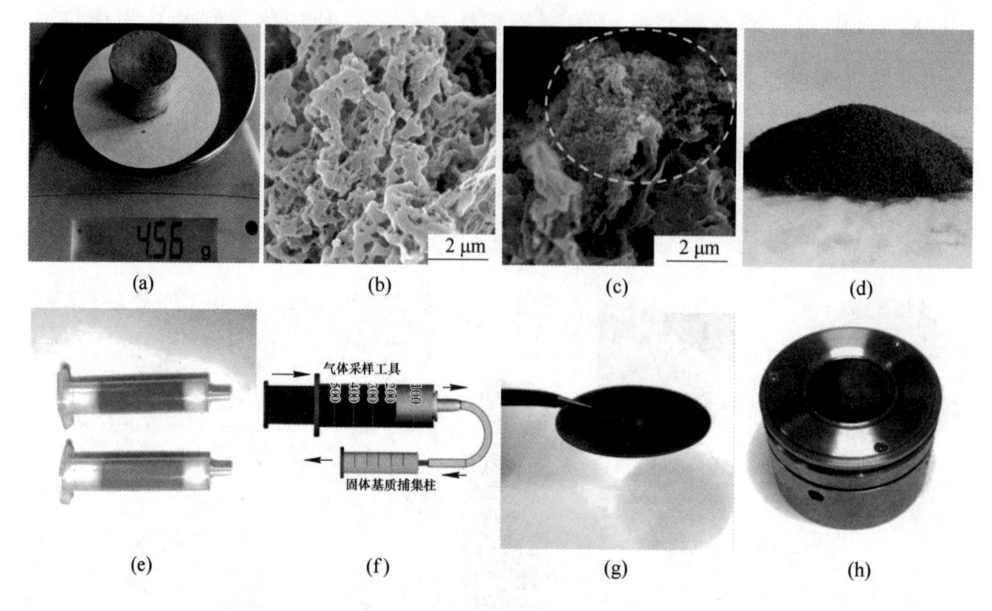

(a) (b) (c) (d)

(e) (f) (g) (h)

图 1-16　天然食用菌纤维素基复合材料联合 XRF 检测 SO_2

1.3　多孔复合材料的发展趋势

随着新型材料研究的飞速发展和应用领域的不断拓展，多孔复合材料作为一种集多孔结构与复合材料优势于一体的新型材料，展现出越来越广阔的发展前景。相信多孔复合材料的研究和应用将在技术创新、应用领域拓展、环保等方面不断延伸和突破。

微观结构调控：通过先进的制备技术和优化工艺参数，实现对孔径大小、孔隙率、孔道等微观结构的精准设计和调控，从而提升材料的综合性能。例如，利用模板法结合先进的纳米技术，制备具有较小的孔径、材料颗粒尺寸达到微米级别的单分散多孔复合材料。

新型材料组合：通过组合不同性质的材料组分，发挥不同材料的优势，可以创造出具有独特性能的新型多孔复合材料。例如，将 SiO_2 引入多孔材料中改善催化剂分散性并提高比表面积；而进一步引入碳纳米管、石墨烯等纳米材料以显著提高其导电性、力学强度和热稳定性[29]。

表面改性技术：表面改性技术是多孔复合材料性能提升的重要手段之一。通过对多孔复合材料表面进行化学修饰或物理处理，可以引入特定的官能团、改变表面形貌、保留材料原本具有的优势特性，从而提高材料的吸附性、催化活性和生物相容性等性能。

新能源领域：随着新能源产业的快速发展，多孔复合材料在太阳能电池、燃料电池、锂离子电池等领域的应用将不断拓展。多孔结构有利于电解质的渗透和离子的传输，提高电池的能量密度和循环稳定性，制备出同时具有耐酸碱性、高比表面积且导电性优异的多孔复合材料。此外，多孔复合材料还可用于光催化水分解制氢等新型能源转换技术。

环保领域：多孔复合材料在环保领域的应用也将持续增长。其高孔隙率和比表面积使其成为优良的吸附剂，可用于废水处理、空气净化、土壤修复等领域。基于纤维素类材料的 X 射线透明特性，将纤维素进行物理处理、化学改性、复合后，可应用于环境污染物的新型 XRF 检测法。随着环保法规的日益严格和环保意识的提高，多孔复合材料在环境化学分析领域的需求将不断增加。

生物医药领域：多孔复合材料在生物医药领域的应用前景广阔。其良好的生物相容性和可调控的孔道结构使其成为组织工程支架、药物载体等的理想材料。未来，随着生物医学技术的不断进步和临床需求的增加，多孔复合材料在生物医药领域的应用将更加广泛和深入。

随着大众环保意识的提高和可持续发展理念深入人心，多孔复合材料的低成本、环保趋势日益明显。未来，多孔复合材料的制备将更加注重环保生产，采用无毒、无害的原材料和环保型制备工艺。同时，研发和推广可降解、可回收的多孔复合材料将成为行业的重要发展方向。充分利用地方特产类农作物，提取高性能天然纤维素，就地取材、产学研联合推进，有利于通过科学研究带动地方产业发展、提供就业岗位、减少环境污染，促进资源的循环利用和可持续发展。

本书收录了笔者研究团队近年来在介孔二氧化硅、石墨烯、分子发光分析、X 射线荧光分析等新型多孔复合材料的合成应用以及新型分析方法等多个领域开展的一系列研究内容，展示了所取得的一系列成果。书中涉及众多经过反复验证、详细、准确的材料合成方案与工艺，全部有真实样品照片和各种表征结果为证。希望能抛砖引玉，为化学、材料等相关专业的研究和技术人员提供有益的参考。

参考文献

[1] TAN Q, CHEN Z, ZUO J, et al. A robust superwetting nickel foam with tuning pore features for stable and efficient separation of oil-in-water emulsions [J]. Separation and Purification Technology, 2024, 339: 126602.

[2] GAO Y, CHEN S, CAO D, et al. Electrochemical capacitance of Co_3O_4 nanowire arrays supported on nickel foam [J]. Journal of Power Sources, 2010, 195: 1757-1760.

[3] ZHANG F, LI Z, XU M, et al. A review of 3D printed porous ceramics [J]. Journal of the European Ceramic Society, 2022, 42: 3351-3373.

[4] CHEN Y, WANG N, OLA O, et al. Porous ceramics: Light in weight but heavy in energy and

environment technologies [J]. Materials Science and Engineering: R: Reports, 2021, 143: 100589.

[5] GUO Q, HUANG Y, XU M, et al. PTFE porous membrane technology: A comprehensive review [J]. Journal of Membrane Science, 2022, 664: 121115.

[6] YAHYA L A, TOBISZEWSKI M, KUBICA P, et al. Polymeric porous membranes as solid support and protective material in microextraction processes: A review [J]. TrAC Trends in Analytical Chemistry, 2024, 173: 117651.

[7] GOMIS-BERENGUER A, AMATERZ E, TORRES S, et al. Nanoporous carbons for the electrochemical reduction of CO_2: Challenges to discriminate the roles of nanopore confinement and functionalization [J]. Current Opinion in Electrochemistry, 2023, 40: 101323.

[8] GUO H, LIU Z, LI H, et al. Active carbon electrode fabricated via large-scale coating-transfer process for high-performance supercapacitor [J]. Applied Physics A, 2017, 123: 467.

[9] JIANG N, SHANG R, HEIJMAN S G J, et al. High-silica zeolites for adsorption of organic micro-pollutants in water treatment: A review [J]. Water Research, 2018, 144: 145-161.

[10] XU C, FENG Y, LI H, et al. Research progress of phosphorus adsorption by attapulgite and its prospect as a filler of constructed wetlands to enhance phosphorus removal from mariculture wastewater [J]. Journal of Environmental Chemical Engineering, 2022, 10: 108748.

[11] DURAK O, ZEESHAN M, HABIB N, et al. Composites of porous materials with ionic liquids: Synthesis, characterization, applications, and beyond [J]. Microporous and Mesoporous Materials, 2022, 332: 111703.

[12] ZHANG X, BAI C, QIAO Y, et al. Porous geopolymer composites: A review [J]. Composites Part A: Applied Science and Manufacturing, 2021, 150: 106629.

[13] CHEN Y, QIAN G, LU J, et al. Ultrafast pressureless sintering of high conductivity Ni-based cermets inert anode for Carbon-free electrolytic aluminum [J]. Journal of Alloys and Compounds, 2024, 1002: 175463.

[14] UVAROV N F, ULIHIN A S, BESPALKO Y N, et al. Study of proton conductivity of composite metal-ceramic materials based on neodimium tugstates using a four-electrode technique with ionic probes [J]. International Journal of Hydrogen Energy, 2018, 43: 19521-19527.

[15] HAUTCOEUR D, LORGOUILLOUX Y, LERICHE A, et al. Thermal conductivity of ceramic/metal composites from preforms produced by freeze casting [J]. Ceramics International, 2016, 42: 14077-14085.

[16] LEE H C, POTAPOVA Y, LEE D. A core-shell structured, metal-ceramic composite-supported Ru catalyst for methane steam reforming [J]. Journal of Power Sources, 2012, 216: 256-260.

[17] GARGIULO N, ATTIANESE I, BUONOCORE G G, et al. α-tocopherol release from active polymer films loaded with functionalized SBA-15 mesoporous silica [J]. Microporous and Mesoporous Materials, 2013, 167: 10-15.

[18] ZHU X, SHEN R, ZHANG L. Catalytic oxidation of styrene to benzaldehyde over a copper Schiff-base/SBA-15 catalyst [J]. Chinese Journal of Catalysis, 2014, 35: 1716-1726.

[19] RANA A K, MOSTAFAVI E, ALSANIE W F, et al. Cellulose-based materials for air

purification: A review [J]. Industrial Crops and Products, 2023, 194: 116331.

[20] ZHANG X, ZHANG S, TANG Y, et al. Recent advances and challenges of metal-organic framework/graphene-based composites [J]. Composites Part B: Engineering, 2022, 230: 109532.

[21] GUZEL KAYA G, DEVECI H. Synergistic effects of silica aerogels/xerogels on properties of polymer composites: A review [J]. Journal of Industrial and Engineering Chemistry, 2020, 89: 13-27.

[22] HUANG N, WANG J, CHENG X, et al. Fabrication of PNIPAM-chitosan/decatungstoeuropate/silica nanocomposite for thermo/pH dual-stimuli-responsive and luminescent drug delivery system [J]. Journal of Inorganic Biochemistry, 2020, 211: 111216.

[23] LI X, KONG Y, ZHOU S, et al. In situ incorporation of well-dispersed Cu-Fe oxides in the mesochannels of AMS and their utilization as catalysts towards the Fenton-like degradation of methylene blue [J]. Journal of Materials Science, 2017, 52: 1432-1445.

[24] CHENG M Y, PAN C J, HWANG B J. Highly-dispersed and thermally-stable NiO nanoparticles exclusively confined in SBA-15: Blockage-free nanochannels [J]. Journal of Materials Chemistry, 2009, 19: 5193.

[25] QIN J, LI X M, FENG F, et al. Room temperature phosphorescence of 9-bromophenanthrene, and the interaction with various metal ions [J]. Spectrochimica Acta Part A: Molecular and Biomolecular Spectroscopy, 2013, 102: 425-431.

[26] QIN J, LI X, FENG F, et al. Room temperature phosphorescence of five PAHs in a synergistic mesoporous silica nanoparticle-deoxycholate substrate [J]. Spectrochimica Acta Part A: Molecular and Biomolecular Spectroscopy, 2017, 179: 233-241.

[27] PEI S, WEI Q, HUANG K, et al. Green synthesis of graphene oxide by seconds timescale water electrolytic oxidation [J]. Nature Communications, 2018, 9: 145.

[28] JIN B, CHEN G, HE Y, et al. Lubrication properties of graphene under harsh working conditions [J]. Materials Today Advances, 2023, 18: 100369.

[29] LI X, QIN J, ZHANG X, et al. A novel hierarchical porous $CoFe_2O_4$-SiO_2@ GA composite and the solar-Fenton synergistic degradation of mixed dyes [J]. Journal of Water Process Engineering, 2024, 65: 105844.

[30] LI X, QIN J, ZHANG X, et al. Novel hierarchical porous Fe_2O_3@ GA composites for solar-Fenton catalysis of dyes [J]. Catalysis Science & Technology, 2024, 14: 2192-2200.

[31] WU X, HU J, QI J, et al. Graphene-supported ordered mesoporous composites used for environmental remediation: A review [J]. Separation and Purification Technology, 2020, 239: 116511.

[32] 秦君, 张潇, 李小梅, 等. 巯基硅球石墨烯复合材料的合成与重金属离子吸附 [J]. 化学通报, 2024, 87: 593-597.

[33] 李悦, 李小梅, 秦君, 等. 氨基硅球及其复合材料的合成与金属离子吸附 [J]. 化学通报, 2022, 85: 1113-1120.

[34] 秦君, 张瑜, 辛智慧, 等. $CuMn_2O_4$@ GA 复合材料的合成与 CO 转化 [J]. 应用化学,

2023, 40: 1719-1725.

[35] GUO R, MENG Q, ZHANG H, et al. Construction of Fe_2O_3/Co_3O_4/exfoliated graphite composite and its high efficient treatment of landfill leachate by activation of potassium persulfate [J]. Chemical Engineering Journal, 2019, 355: 952-962.

[36] EBRAHIMI-TAZANGI F, HEKMATARA S H, SEYED-YAZDI J. Remarkable microwave absorption of GO-SiO_2/Fe_3O_4 via an effective design and optimized composition [J]. Journal of Alloys and Compounds, 2021, 854: 157213.

[37] HUMMERS W S, OFFEMAN R E. Preparation of graphitic oxide [J]. Journal of the American Chemical Society, 1958, 80 (6): 1339.

[38] WANG X, LU M, WANG H, et al. Three-dimensional graphene aerogels-mesoporous silica frameworks for superior adsorption capability of phenols [J]. Separation and Purification Technology, 2015, 153: 7-13.

[39] QIN J, LI X, CHEN Z, et al. A highly selective and commercially available fluorescence probe for palladium detection [J]. Sensors and Actuators B: Chemical, 2016, 232: 611-618.

[40] 李琳, 辛智慧, 秦君, 等. 氧化硅-石墨烯气凝胶介孔复合材料的合成及其对苯的吸附性能 [J]. 化学通报, 2021, 84: 1054-1059.

[41] ETALE A, ONYIANTA A J, TURNER S R, et al. Cellulose: A review of water interactions, applications in composites, and water treatment [J]. Chemical Reviews, 2023, 123: 2016-2048.

[42] RAHMAN M M, MANIRUZZAMAN M, YEASMIN M S. A state-of-the-art review focusing on the significant techniques for naturally available fibers as reinforcement in sustainable bio-composites: Extraction, processing, purification, modification, as well as characterization study [J]. Results in Engineering, 2023, 20: 101511.

[43] VINOD A, SANJAY M R, SIENGCHIN S. Recently explored natural cellulosic plant fibers 2018—2022: A potential raw material resource for lightweight composites [J]. Industrial Crops and Products, 2023, 192: 116099.

[44] DANG X, LI N, YU Z, et al. Advances in the preparation and application of cellulose-based antimicrobial materials: A review [J]. Carbohydrate Polymers, 2024, 342: 122385.

[45] YAN G, CHEN B, ZENG X, et al. Recent advances on sustainable cellulosic materials for pharmaceutical carrier applications [J]. Carbohydrate Polymers, 2020, 244: 116492.

[46] DRIDI-DHAOUADI S, DOUISSA-LAZREG N B, M'HENNI M F. Removal of lead and Yellow 44 acid dye in single and binary component systems by raw Posidonia oceanicaand the cellulose extracted from the raw biomass [J]. Environmental Technology, 2011, 32: 325-340.

[47] LIU R, MA W, JIA C Y, et al. Effect of pH on biosorption of boron onto cotton cellulose [J]. Desalination, 2007, 207: 257-267.

[48] WU Z, CHENG Z, MA W. Adsorption of Pb(Ⅱ) from glucose solution on thiol-functionalized cellulosic biomass [J]. Bioresource Technology, 2012, 104: 807-809.

[49] TEWATIA P, KAUR M, SINGHAL S, et al. Wheat straw cellulose based fluorescent probe cum bioadsorbents for selective and sensitive alleviation of uranium(Ⅵ) in waste water [J]. Journal

of Environmental Chemical Engineering, 2021, 9 (5): 106106.

[50] AL-GHAMDI Y O. Immobilization of cellulose extracted from Robinia Pseudoacacia seed fibers onto chitosan: Chemical characterization and study of methylene blue removal [J]. Arabian Journal of Chemistry, 2022, 15: 104066.

[51] XI R, ZHOU J, JIANG B, et al. Polydopamine-functionalized natural cellulosic Juncus effusus fiber for efficient and eco-friendly Cr(Ⅵ) removal from wastewater [J]. Industrial Crops & Products, 2024, 208: 117877.

2　氨基硅球-石墨烯复合材料的合成与重金属离子吸附

2.1　引　　言

重金属离子等污染物的排放严重威胁着社会大众的身心健康，如何对其进行高效去除已成为环境污染治理的核心问题。目前已有电解法[1]、化学沉淀法[2]、溶剂提取法[3]、吸附法[4]等多种方法被开发出来。其中，吸附法的应用较为广泛。该类方法通过静电吸引、配位螯合效应来实现重金属离子的吸附去除。何荔枝等[5]制备了软锰矿功能化活性炭（activated carbon，AC），室温下对溶液中铜离子的去除率达到了 95.5%。张立剑等[6]对比发现酸洗 AC、商品纳米 AC 和磁性 AC 的 Cr^{6+}最大吸附量分别为 39.5 mg/g、17.5 mg/g 和 19.1 mg/g。

AC 的孔隙以微孔为主，在水中作为吸附剂时，孔道容易被堵塞，因而其重金属离子吸附能力有限。微孔结构的 AC 还不易于功能化且在使用后再生难度和成本较高。近年来，石墨烯气凝胶（graphene aerogel，GA）等新型多孔吸附材料备受关注。GA 具有海绵状网络结构，通常由片层状的氧化石墨烯（graphene oxide，GO）在较高的反应温度下自组装形成。已有部分研究者对 GA 的重金属离子吸附特性进行了研究，Gao 等[7]研究表明 GA 对 Pb^{2+}的 4 次循环去除率分别为 100%、96.5%、94.2%和 90.1%。Trinh 等[8]研究了酸碱度、接触时间和初始 Cd^{2+}浓度等因素，测得 GA 的 Cd^{2+}最大吸附量可达 149.25 mg/g。Yu 等[9]合成了壳聚糖 GA 复合材料，对铜离子的静态吸附量达到 25.4 mg/g。Singh 等[10]合成了聚赖氨酸交联的富氨基 GA，其 Cr^{6+}吸附量高达 170.4 mg/g±9.69 mg/g。

由于在合成过程中大量的含氧基团发生脱水缩聚反应，GA 表面的活性官能团较少。但 GA 稳定性良好的内部结构、一定的耐高温和耐酸性、超低密度带来的较高的负载量意味着其也可以成为一种优良的载体材料。基于 GA，加入高性能吸附剂，进一步合成新型复合吸附材料，有望实现吸附离子后快速分离、再生和重复利用。

本章研究合成了氨基功能化硅球（amino functionalized silica spheres，AFS），并将其与 GO 共聚合成气凝胶复合材料 AFSGA。得益于硅球较低的材料合成成本和简化的合成工艺，该复合材料首先具备良好的应用经济性。同时，该复合材料还拥有 GA 的超轻宏观块状结构与易于回收的优势，充分发挥硅球表面丰富的含氧基团和氨基则有利于对重金属离子的吸附。通过对该复合材料的表征，分析合成机理并对合成方法进行优化，考察 AFSGA 对重金属离子的吸附特性。氨基硅球的合成与重金属离子吸附流程示意图见图 2-1。

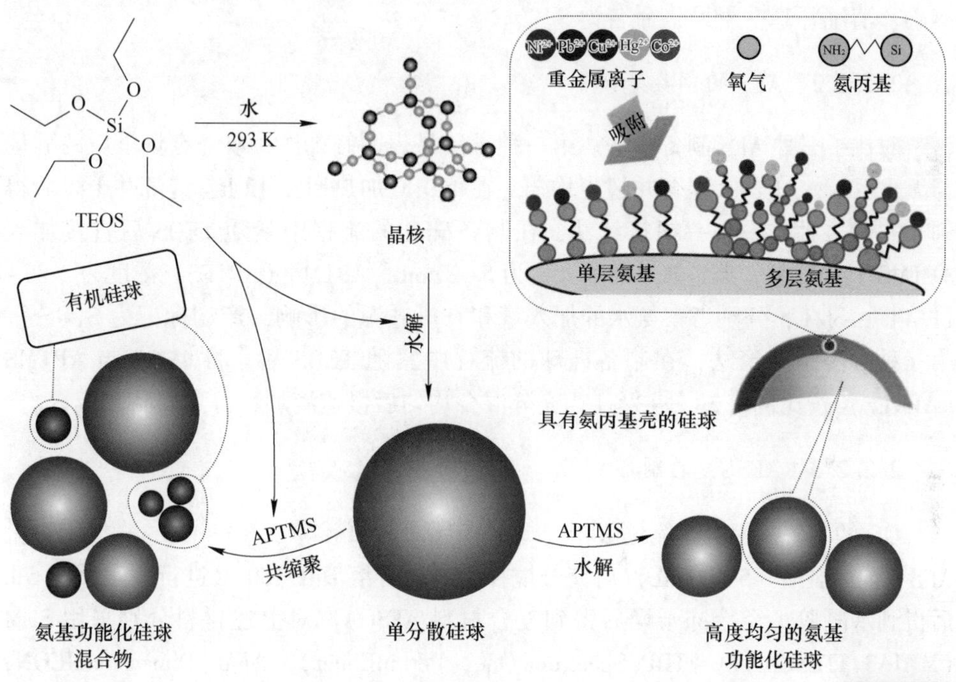

图 2-1 氨基硅球的合成与重金属离子吸附流程示意图

图 2-1 彩图

2.2 实验部分

2.2.1 实验试剂

石墨纸纯度为 99.9%，采购自北京晶龙特碳科技有限公司。浓硫酸、正硅酸乙酯（TEOS）、3-氨丙基三甲氧基硅烷（APTMS）、3-氨丙基三乙氧基硅烷（APTES），以及硝酸汞等金属盐均为分析纯。所用水均为去离子超纯水。

2.2.2 材料的制备

2.2.2.1 硅球的制备

采用改进的 Stober 法[11]合成硅球，在室温下向 100 mL 氨水乙醇混合溶液（水、浓氨水、乙醇比例为 5∶3∶12）中加入 800 μL 的 TEOS，搅拌 30 min 后，溶液逐渐变为浅白色，产生了大量的二氧化硅晶粒。向溶液中慢速滴加 25 mL 的 TEOS，得到白色的硅球混合液，继续搅拌 2 h 使得硅球生长完善和老化，将硅球离心、清洗并真空干燥，命名为 S_0。

2.2.2.2 AFS 的制备

对比了三种 AFS 制备方法。第一种方法是表面修饰法，取一定量干燥的硅球与无水甲苯、APTMS 混合并超声均匀，在 110 ℃加热回流 12 h，清洗并干燥后得到 S_1。第二种方法是一锅接续法，在制备硅球的流程中紧随 TEOS 后直接加入 APTMS（APTES）。调整氨水的加入量为 5~20 mL，APTMS（APTES）浓度为 2.86~11.44 μmol/L，分别考察氨水的加入量和有机硅源的影响，产物标记为 S_2~S_{14}。第三种方法是共聚法，在制备硅球的流程中紧随 TEOS 后，将 TEOS 与 APTMS（APTES）按比例（2∶3~3∶1）充分混合均匀后慢速滴加，得到样品 S_{15}~S_{19}。

2.2.2.3 AFSGA 的制备

GO 的制备采用电解氧化法[12]，取一定量的 GO 溶液（8 mg/mL），加入适量 AFS、抗坏血酸（5 mg/mL）后充分搅拌，将混合溶液在 130 ℃进行水热反应 6 h 后得到水凝胶，经冷冻干燥后得到复合材料 AFSGA。对上述材料分别采用 SEM（MAIA3，TESCAN）、FTIR（Spectrum One，PerkinElmer）、AFM（Dimension ICON，Bruker）等方法进行表征与分析。

2.2.3 吸附实验

向 15 mL 浓度为 100 mg/L 的重金属离子溶液中加入一定量的 AFS 或 AFSGA，经过充分振荡后抽取混合溶液并用孔径为 0.22 μm 尼龙膜过滤。采用 X 射线荧光法（XRF，Primus Ⅳ，日本理学公司）测试滤液中的重金属离子浓度，根据结果采用以下公式计算吸附量 Q：

$$Q = \frac{(C_s - C)V}{m} \tag{2-1}$$

式中，C_s 为重金属离子初始浓度；C 为滤液定量检测得到的重金属离子浓度；V 为重金属离子溶液体积；m 为加入的复合吸附材料的质量。

2.3 结果与讨论

2.3.1 AFS 的结构表征

基于 Stober 法一锅合成了粒径均一、可调的硅球。由图 2-2（a）中的 SEM 图像可见硅球表面光滑，呈现单分散球形形貌，粒径约为 700 nm。AFS 的粒径增大到了 1 μm 左右［见图 2-2（b）］，其形貌依然呈规则的球形。多次试验发现，当材料的粒径大于 300 nm 时，能够与 GO 进行稳定的复合反应，石墨烯对硅球颗粒包裹较为充分，未观察到硅球渗漏到 GA 之外。

图 2-2　硅球（a）和 AFS（b）的 SEM 图像

AFS 的合成主要包括晶核的形成、硅球的生长、氨基硅外层的形成三个阶段。首先，在碱性条件下加入的 TEOS 发生水解缩聚反应形成晶核。下一阶段加入的 TEOS 发生水解并在晶核表面缩聚使得硅球体积不断增大；根据不同的 TEOS 加入量，得到特定粒径的硅球。接下来，加入的氨基硅源也发生水解反应，在硅球外表形成一层富含氨丙基的有机硅外壳。多次试验发现在后两个阶段以较慢的速度分别滴加 TEOS 和氨基硅烷有利于得到粒径高度均一的材料。这是由于硅源分子发生水解缩聚反应需要一定的时间，加入速度过快会导致溶液中的—Si—中间体浓度过高而形成新的晶核，使得最终产物粒径不一，且不同粒径的材料颗粒表面氨基含量各异。此外，对比图 2-2（a）和图 2-2（b）可见硅球的 SEM 图像要比 AFS 有更加明显的景深（立体）效应，这是由于 AFS 的外层富含大量的氨丙基，导致其导电性降低，从而 SEM 图像细节减弱。

原子力显微镜（AFM）可通过检测探针与样品的相互作用力来表征样品的表面形貌，揭示材料表面的粗糙度、颗粒度等[13]。由图 2-3（a）可见，AFS 的

2D-AFM 高度变化均匀，无明显突起斑点，3D-AFM 更直观地表现出了其光滑的表面。利用 XRD 进行表征，AFS 与硅球的衍射图谱形态相似［见图 2-3（b）］，均在 22°处出现较宽的衍射峰，衍射强度一致，这是由于二者均为 Si—O 结构的弱晶态材料。但 AFS 的最强衍射角度比硅球稍大，且半峰全宽（FWHM）稍小，意味着其粒径更大。该现象与 SEM 测试结果中 AFS 的粒径大于硅球粒径的结果相符。

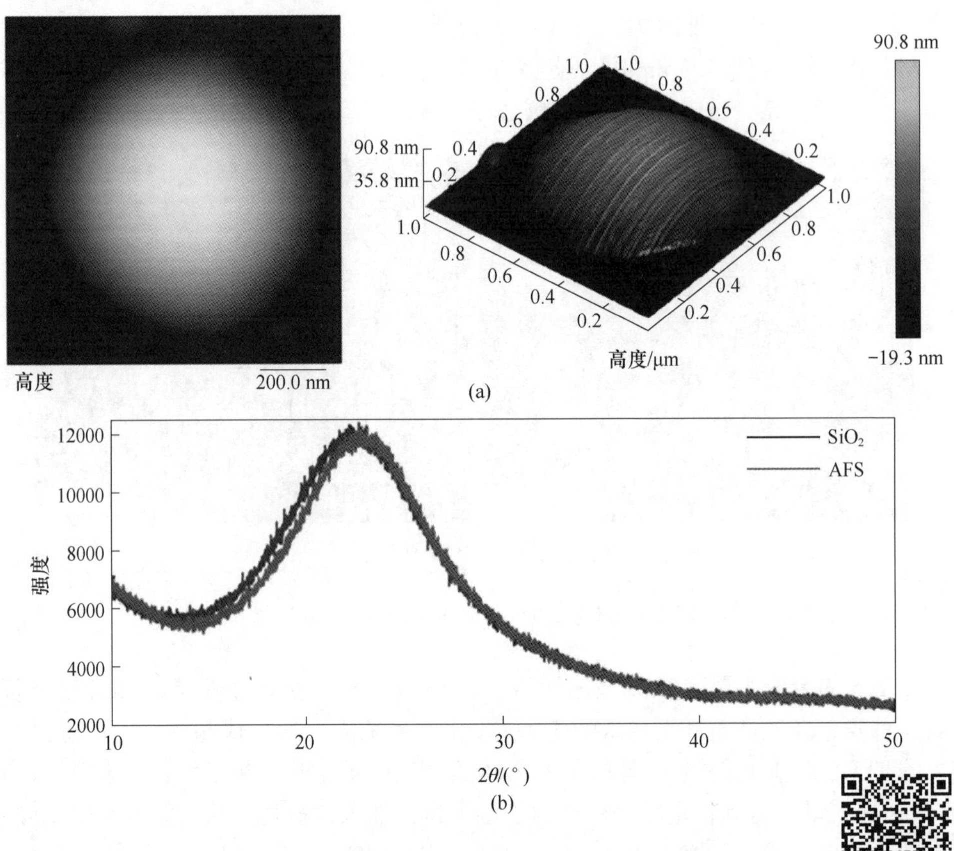

图 2-3 AFS 的 AFM 表征（a）与硅球和 AFS 的 XRD 图谱（b）

图 2-3 彩图

2.3.2 AFS 合成条件优化与机理分析

在 AFS 的合成中，反应物料的种类、比例，以及酸碱度等条件对 AFS 材料的形貌、表面结构与特性有显著的影响。采用茚三酮显色法[14]对 AFS 表面的氨基官能团进行分析验证。如图 2-4 所示，无色的茚三酮与氨基化合物反应生成还原性茚三铜、氨气等。还原性茚三铜与氨气分子反应生成呈蓝色或紫色的茚三铜二聚体（罗曼紫）。分析罗曼紫的颜色和浓度可对 AFS 表面氨基进行评价。

图 2-4 茚三酮氨基显色反应流程

基于上述茚三酮反应，考察了采用 APTMS 和 APTES 两种氨基硅烷对硅球进行表面修饰所得到的 AFS 材料结构和表面性质的影响。以一锅接续合成法为例，如图 2-5（a）所示，硅球 S_0 无显色反应。在相同的氨水浓度（体积分数为 5%、10%、15%）下，采用 APTMS 合成的 S_2、S_4、S_6 的显色效应要比采用 APTES 合成的 S_3、S_5、S_7 更为明显，在比色管底部沉积的 AFS 材料的颜色更深，意味着材料表层吸附了一定量的罗曼紫［见图 2-5（b）］，表明 APTMS 具有更高的反应活性，合成的 AFS 材料表层具有更多的开放性氨丙基。

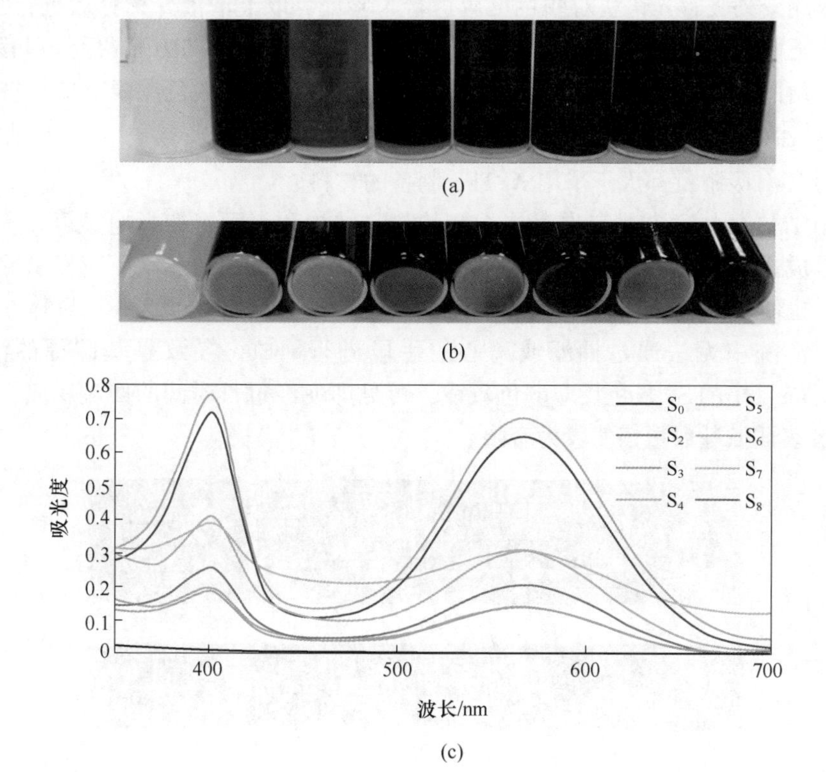

(a)

(b)

(c)

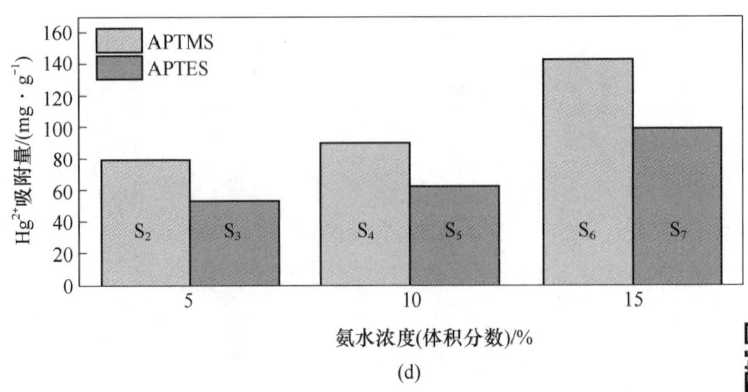

(d)

图 2-5 彩图

图 2-5 不同条件制备 AFS 的显色反应结果（a）（b）与紫外吸收光谱（c）和 Hg^{2+}吸附量（d）

催化剂氨水浓度是氨基硅源在硅球表面发生偶联反应的重要条件。以 APTMS 作为氨基硅源，当氨水浓度由 5%增大到 15%时，S_2、S_4、S_6 的显色逐渐加深，而继续增大氨水浓度到 20%（S_8）时颜色保持不变，表明适当的氨水浓度有利于充分的催化效应，氨水浓度为 15%是较为理想的合成条件。

采用紫外吸收光谱法对颜色反应进行了验证。取上清液并稀释后进行测试，茚三酮无明显的吸收，而罗曼紫在波长 390~410 nm、560~580 nm 处分别有强烈吸收。由图 2-5（c）可见 S_0~S_8 的吸收强度与其上清液颜色深浅对应。进一步对上述 AFS 的 Hg^{2+}吸附能力进行测试，如图 2-5（d）所示，采用 APTMS 制备的 AFS 的 Hg^{2+}吸附量都大于采用 APTES 制备的材料。

APTMS 的加入方式和浓度对 AFS 的材料结构和表面特性影响显著。表面修饰法合成 AFS 需要较高的回流温度为 APTMS 在硅球表面的偶联反应提供反应活化能，也使得 APTMS 发生自聚合反应而产生大量的低聚体，这些低聚体在后续的材料清洗中无法通过抽滤或离心的手段进行回收，导致氨基硅源的浪费。图 2-6（a）中的 S_1 显色反应颜色较浅，可见即使经过长时间的回流反应，得到的 AFS 表面氨基数量依然较为有限。

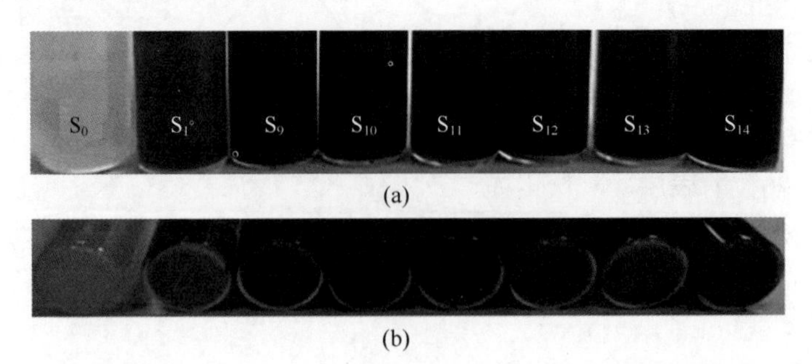

(a)

(b)

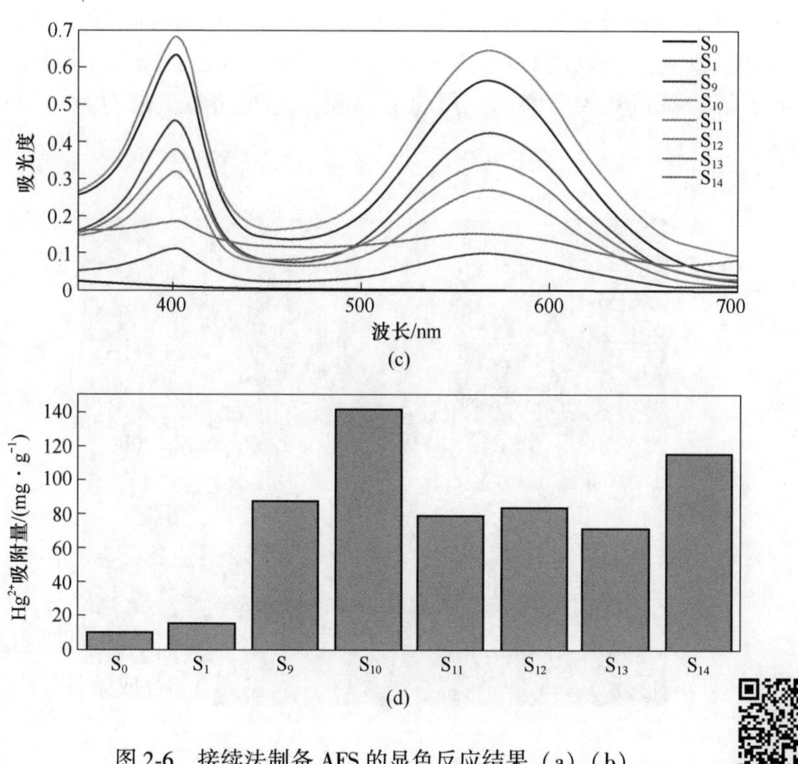

图 2-6 接续法制备 AFS 的显色反应结果（a）（b）与紫外吸收光谱（c）和 Hg^{2+}吸附量（d）

图 2-6 彩图

在一锅接续合成法的氨基硅外层形成阶段，加入的 APTMS 分子发生快速水解反应，不断地偶联生长到材料表面形成氨丙基氧化硅层。图 2-6（a）中，S_9~S_{14}分别为 APTMS 浓度为 2.86~11.44 μmol/L 时得到的 AFS 的显色反应结果。加入少量的 APTMS 不足以在 AFS（S_9，APTMS 浓度为 2.86 μmol/L）外表形成充分的氨基层，当 APTMS 浓度为 4.3 μmol/L 时，得到的 S_{10}显色反应呈现深紫色。而继续增大 APTMS 浓度（S_{11}~S_{14}，APTMS 浓度分别为 5.72 μmol/L、7.16 μmol/L、8.58 μmol/L、11.44 μmol/L）并不能使 AFS 具备更多的开放性氨基。AFS 显色反应中上清液的颜色深浅与其紫外吸收光谱和 Hg^{2+}吸附量相对应，APTMS 浓度为 4.3 μmol/L 时，罗曼紫的紫外吸收最高［见图 2-6（c）］，Hg^{2+}吸附量可达 142 mg/g［见图 2-6（d）］。

由图 2-6（b）中的比色管底部沉降的 AFS 颜色对比可知，采用接续法合成的 AFS 材料颗粒的表层均具有疏松的孔隙结构，因而能够吸附罗曼紫呈现蓝紫色。然而，对比 S_9~S_{14}发现随着 APTMS 浓度不断增大，不同的样品沉降层颜色各异，表明其表层结构存在差异。采用扫描电镜对此进行分析，以 S_{13}为例，材料颗粒尺寸不一（见图 2-7 虚线区域），存在较多的粒径为 100~500 nm 的微球。这是由于 Si—$C_3H_6NH_2$ 不发生水解反应，在 AFS 表面的聚合反应中形成了空间位阻效应，导致过量加入的 APTMS 无法继续在 AFS 表面接枝生长，而是生成了新的氨丙基表面修饰二氧化硅晶粒，这些晶粒表层对罗曼紫的吸附低于 AFS。

图 2-7 S_{13}的 SEM 图像

一锅共聚合成法制备的 AFS 材料结构与接续法相比具有较大的差异，如图 2-8（a）所示，调整 TEOS 与 APTMS 比例为 2∶3、1∶1、4∶3、2∶1、3∶1 合成了 S_{15} ~ S_{19}，这些材料的氨基显色深浅不一，只有 TEOS 与 APTMS 比例较大的 S_{18}表现出较深的颜色。不仅如此，共聚法合成的 AFS 在比色管底部沉降后的颜色显著浅于接续法合成的 AFS［见图 2-8（b）］。这表明在共聚法的氨基硅外层形成阶段，反应体系中共存的 APTMS 和 TEOS 由于各自不同的水解聚合反应活性，形成了更为致密的材料结构，大量的氨丙基被“掩埋”在较深层的材料内部，无法与外界环境接触。

(a)

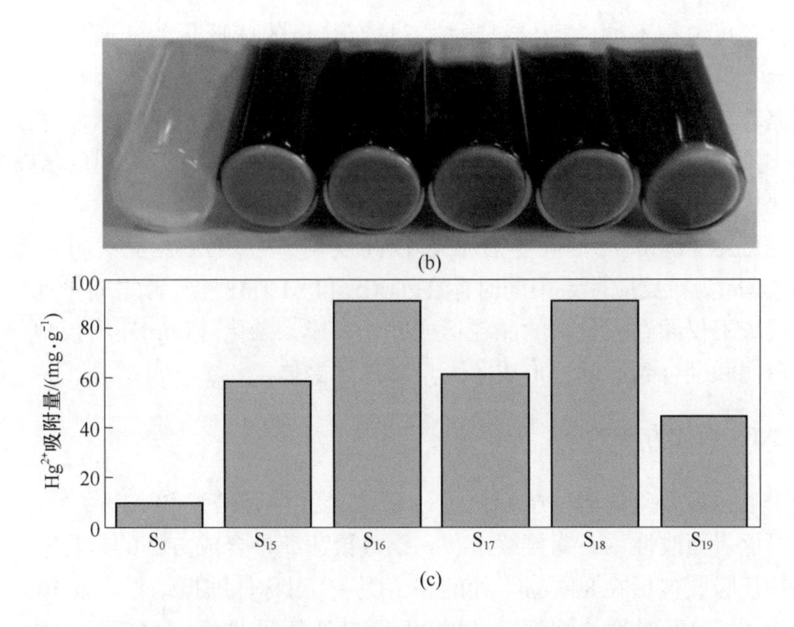

图 2-8 共聚法制备 AFS 的显色反应结果（a）（b）及 Hg^{2+} 吸附量（c）

Hg^{2+} 吸附量测试为上述结果提供了对照。图 2-8（c）中，当 TEOS 与 APTMS 体积比为 1∶1 和 2∶1 时，AFS 的 Hg^{2+} 吸附量达到 91.06 mg/g 和 90.23 mg/g。其他比例合成的 AFS 的 Hg^{2+} 吸附量均较低，这些数据与接续法合成的 AFS 相比差距明显。

为了进一步分析共聚法合成的 AFS 材料的外层性质，对上述样品中的 S_{15} 和 S_{19} 进行 SEM 表征。如图 2-9（a）所示，在较小的 TEOS 与 APTMS 比例下合成的

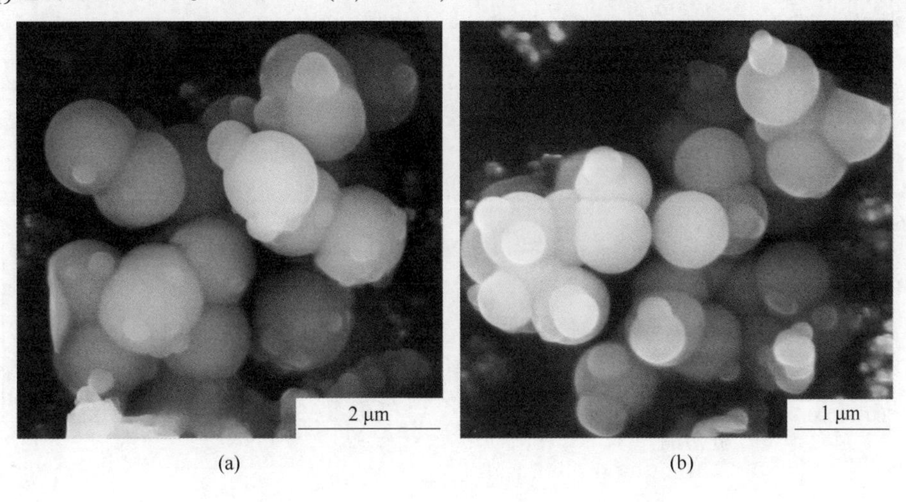

图 2-9 S_{15}（a）、S_{19}（b）的 SEM 图像

AFS 材料颗粒大小不均，且材料颗粒不具有光滑的球形形貌，或颗粒生长不完整、融合。这表明反应体系中的 TEOS 和 APTMS 发生水解共聚反应形成了大量的新的晶粒，而非在已有的硅球表面聚合生长。图 2-9（b）显示，在 TEOS 与 APTMS 比例较大时，同样存在颗粒大小不均的现象。同时，得到的 AFS 颗粒的融合情况更为严重，甚至出现规模化团聚。

由此可见，共聚法不利于合成粒径高度均一、表层覆盖氨丙基吸附层的 AFS。这是因为在反应体系中同时存在 TEOS 和 APTMS，二者之间迅速发生的水解聚合反应不仅导致大量新的晶粒形成并长大成为杂化硅球，还将反应体系中的已有硅球偶联融合到一起，形成了大量硅球团聚体。

2.3.3 AFS 合成方法对比

基于上述系列验证测试结果，进一步结合红外光谱法和 AFS 对 Hg^{2+} 的吸附效果来对比表面改性、一锅接续法、一锅共聚法三种合成方法的差异。二氧化硅的红外特征吸收包括在 806 cm^{-1} 处的 Si—O—Si 对称伸缩振动，以及 1085 cm^{-1} 处的 Si—O—Si 的不对称伸缩振动。3430 cm^{-1} 处的吸收峰归属于—OH 的对称伸缩振动峰，同时也属于氨基的吸收峰[15]。由于 TEOS 和 APTMS 缩聚形成的材料表层中都存在 Si—O—Si 结构，而根据氨基（羟基）的吸收强弱则可以区分硅球和 AFS，因此将硅球和三种方法制备的 AFS 在 1085 cm^{-1} 处的吸收强度采用归一化法进行处理，对比 3430 cm^{-1} 处的特征吸收强度。由图 2-10（a）可见，由于硅球表面羟基密布，其在该位置的红外吸收强度最高。而氨基修饰的硅球以及两种一锅法合成的 AFS 的吸收强度显著降低，表明在 AFS 材料表层存在大量的—Si—$C_3H_6NH_2$ 基团形成的疏松吸附层，其中的—OH 密度显著低于硅球表面。

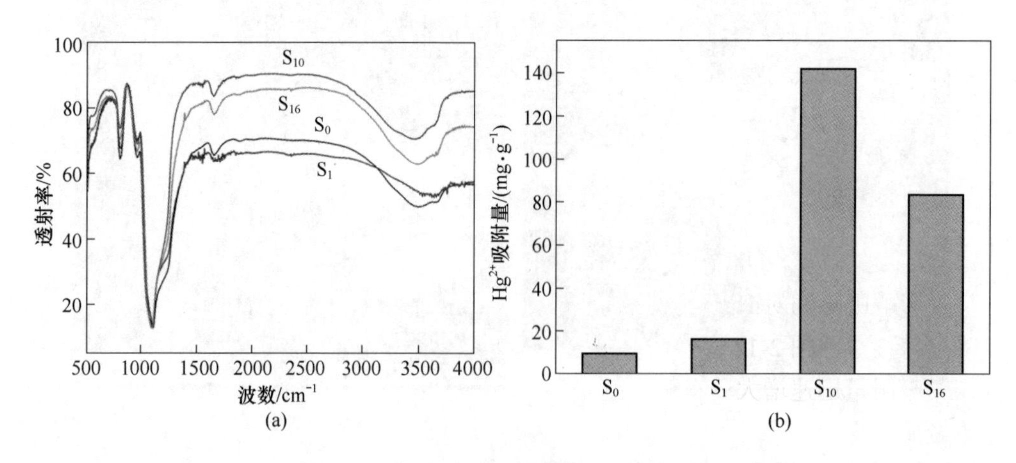

图 2-10 三种方法合成 AFS 的 FTIR 图谱（a）及其 Hg^{2+} 吸附量（b）

从三种方法合成的 AFS 的 Hg^{2+}吸附量对比［见图 2-10（b）］来看，常用的表面改性法无法在硅球表面形成较为显著的吸附层，Hg^{2+}吸附量仅为 16 mg/g。该类方法要使用大量的有机溶剂以及氨基硅烷偶联剂作为反应介质，还要经过 6 h 以上的高温回流反应。因此，表面改性法合成 AFS 的经济性和费效较低。而对于同属于一锅合成法的接续法和共聚法，前者更为便捷，易于对 AFS 的粒径和形貌进行控制。在显著降低氨基硅烷的加入量的同时，能够在材料外层形成显著的吸附层，对重金属离子的吸附去除效果最优。

2.3.4 重金属离子吸附的影响因素

氨基能够与多种重金属离子形成配位效应，选择 Ni^{2+}、Co^{2+}、Cu^{2+}、Pb^{2+}、Hg^{2+}作为吸附质，考察 AFS 的吸附性能。如图 2-11（a）所示，AFS 对 5 种重金属离子的吸附能力顺序为 $Hg^{2+}>Pb^{2+}>Co^{2+}>Cu^{2+}>Ni^{2+}$，因此后续吸附实验选择 Hg^{2+}作为吸附质。

AFS 在不同温度下对 Hg^{2+}的吸附活性也有差异。分别选择 15 ℃、20 ℃、25 ℃、30 ℃、40 ℃、50 ℃进行吸附实验，结果表明 AFS 在室温条件下即表现出良好的吸附活性［见图 2-11（b）］，升高环境温度反而导致其 Hg^{2+}吸附量下降。

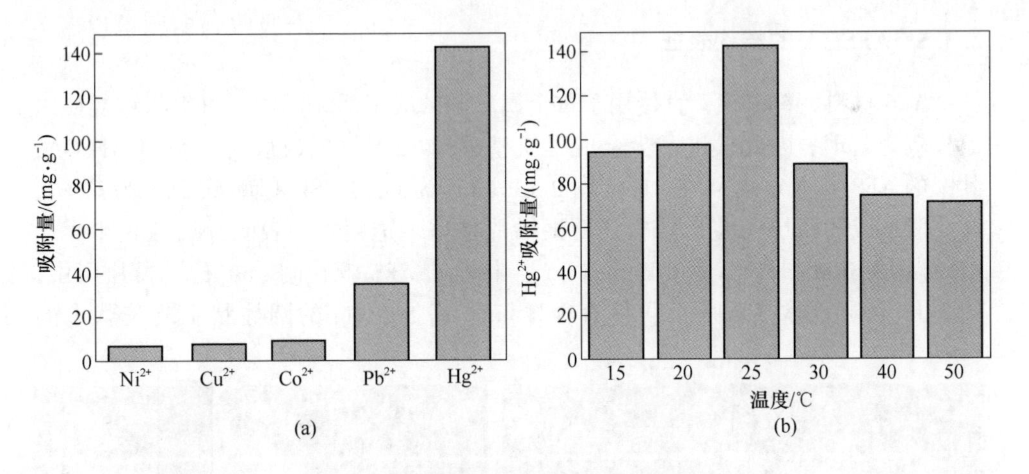

图 2-11 AFS 对 5 种重金属离子的吸附量

溶液的酸碱度会影响 AFS 的质子化程度、表面电荷以及 Hg^{2+}的存在形式，从而影响吸附剂对 Hg^{2+}的吸附能力。调节溶液的 pH，考察 AFS 在不同酸度下的吸附特性。由图 2-12（a）可见 pH<4 时，AFS 的 Hg^{2+}吸附量很小。当 pH>4 时，Hg^{2+}吸附量迅速增大。在 pH<4 时，溶液中所含氢离子较多，可能与带正电荷的重金属离子形成竞争而导致后者吸附量较低[16-17]。在实际应用中，选择在 pH=6 的条件下进行吸附较为理想。

AFS 的 Hg^{2+}吸附量还受到二者的接触时间的影响。将 AFS 与 Hg^{2+}混合后在不同时间段定时取样并检测浓度变化。图 2-12（b）中，随着吸附时间的增加，Hg^{2+}吸附量不断增大，在 120 min 内 Hg^{2+}吸附量可达到最大吸附量的 85%，在 6 h 后达到饱和吸附状态。

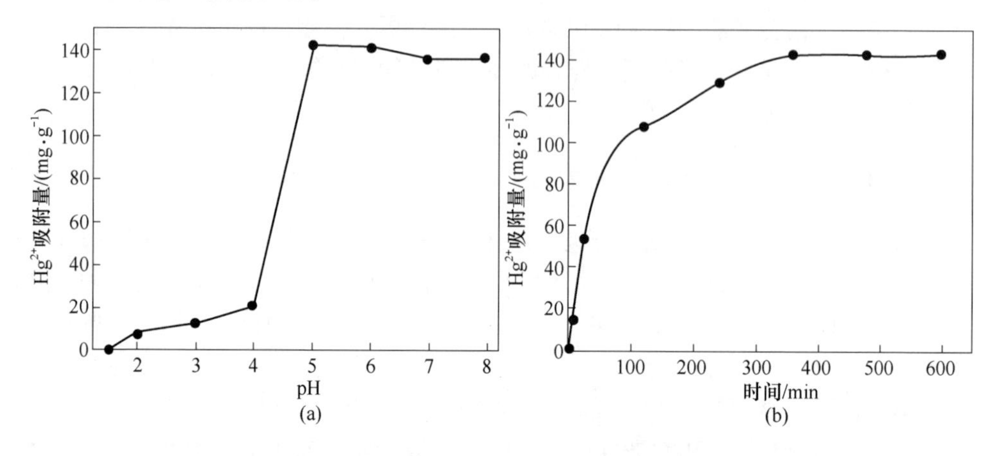

图 2-12　pH 对 Hg^{2+}吸附的影响（a）和 Hg^{2+}吸附量-时间变化趋势（b）

2. 3. 5　AFSGA 的结构表征

AFS 材料为粉末状，直接用于重金属离子的吸附后，回收、再生与重复使用流程较为繁琐。因此，进一步合成了氨基硅球-石墨烯气凝胶复合材料 AFSGA，其中的 AFS 质量分数为 78. 1%。图 2-13（a）为 GA 的 SEM 图像，GA 为 GO 立体交联形成的薄层无定形结构。石墨烯片层呈半透明状，表明其层数较少。从 AFSGA 的 SEM 图像［见图 2-13（b）］中可见 AFS 颗粒附着在石墨烯片层中。图 2-13（c）为水热反应后，呈直径 3 cm、高 5. 5 cm 的圆柱状水凝胶状态的

(c)

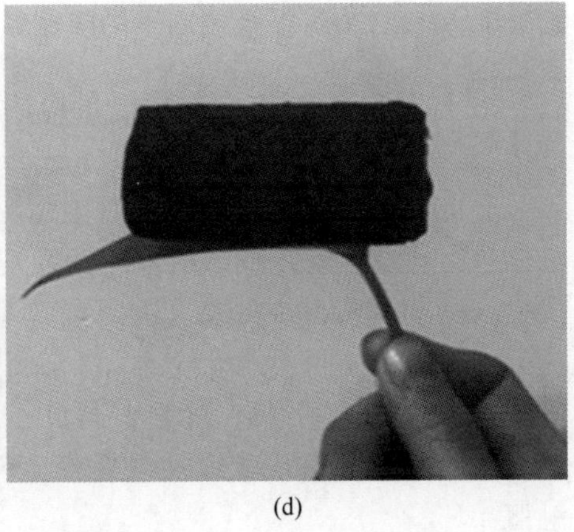
(d)

图 2-13 GA（a）和 AFSGA（b）的 SEM 图像、AFSGA 实物图（c）（d）

AFSGA。尽管内部含有大量的水，水凝胶依然能够不依赖浸泡而独自站立，表现出优异的结构强度。AFSGA 还具有超低密度，可以稳定地放在植物叶片上［见图 2-13（d）］。

采用 FTIR、XRD 分别对材料进行表征，由图 2-14（a）可见，AFS 和 AFSGA 在 1085 cm^{-1} 处都表现出 Si—O—Si 的不对称伸缩振动峰。图 2-14（b）中，AFS 在 22°有较宽的衍射包峰，GA 在 28°表现出石墨烯片层结构专属的较强的衍射峰，AFSGA 的 XRD 图谱中同时出现了前两者的衍射信号，表明 AFS 的存在并未对 GA 的网络结构造成显著影响。

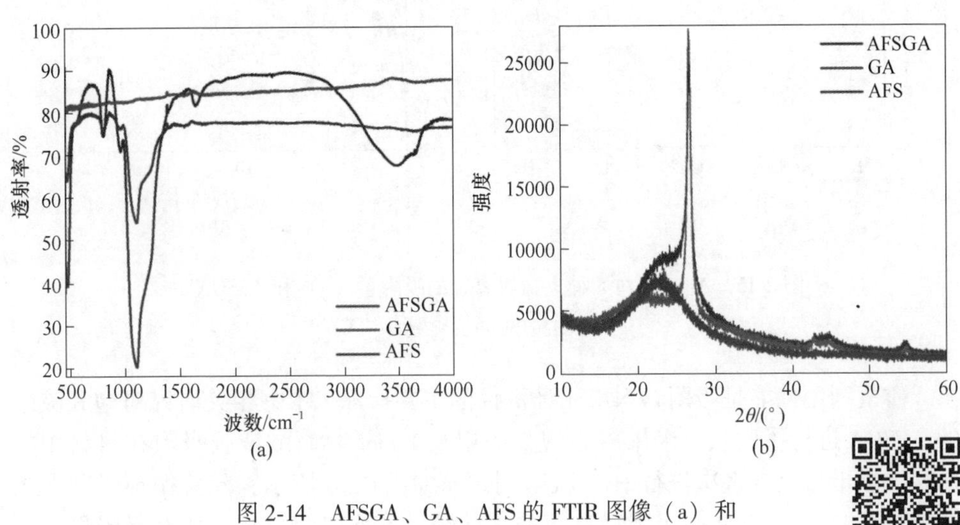

图 2-14 AFSGA、GA、AFS 的 FTIR 图像（a）和 XRD 图谱（b）

图 2-14 彩图

2.3.6 AFSGA 对重金属离子的吸附特性

关于 AFSGA 对重金属离子的吸附特性，其 Hg^{2+} 吸附量达到 102 mg/g［见图 2-15（a）］，Pb^{2+} 吸附量为 8.5 mg/g，Ni^{2+}、Co^{2+}、Cu^{2+} 吸附量较低。这些结果显著低于 AFS 的重金属离子吸附量。针对此现象，抽取 AFSGA 水凝胶周围的液体进行氨基显色测试，结果并未发现变色，排除了 AFSGA 材料在合成过程中发生 AFS 材料渗漏或氨基官能团裂解等原因。本书相关研究中的 GA 是由片层较大、含氧官能团比例较低的 GO 合成的。GA 自身的 Hg^{2+} 吸附量仅为 20 mg/g，其作为载体拉低了 AFS 对重金属离子的吸附量。同时，由于部分 AFS 材料颗粒在石墨烯表面呈堆积或被包裹状，因而降低了重金属离子与部分氨丙基的接触概率。

重金属离子吸附量的变化趋势与吸附时间呈一定的正相关性。AFSGA 的 Hg^{2+} 吸附量［见图 2-15（b）］在最初的 60 min 内快速增大，达到最大吸附量的 60%以上，之后缓慢增大并于 12 h 趋于平衡。与 AFS 的吸附趋势相比，AFSGA 的片层结构有利于对进入气凝胶中的 Hg^{2+} 的扩散进行约束，从而提高 Hg^{2+} 与 AFS 的接触概率。

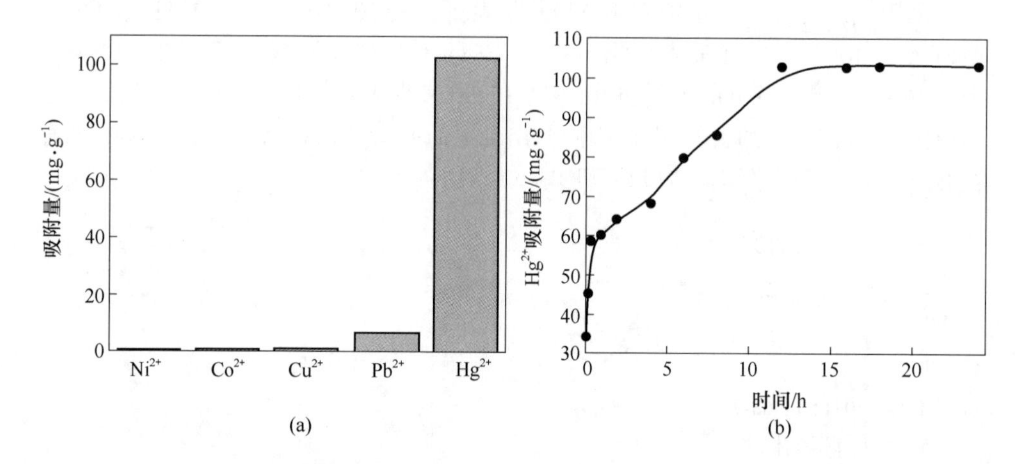

图 2-15 AFSGA 对 5 种重金属离子的吸附量（a）和 AFSGA 的 Hg^{2+} 吸附量-时间变化趋势（b）

重复利用性能是吸附材料应用经济性的主要指标。本书相关研究对饱和吸附的 AFSGA 进行了回收，采用离心的方法用 0.1 mol/L 硝酸洗脱吸附在材料中的 Hg^{2+}，烘干后反复多次进行 Hg^{2+} 吸附测试。如图 2-16 所示，随着循环吸附次数的增加，AFSGA 的 Hg^{2+} 吸附量有所减少。经过 5 次吸附之后，Hg^{2+} 吸附量可达 85.56 mg/g。可见，AFSGA 的重复使用具有良好的可行性。

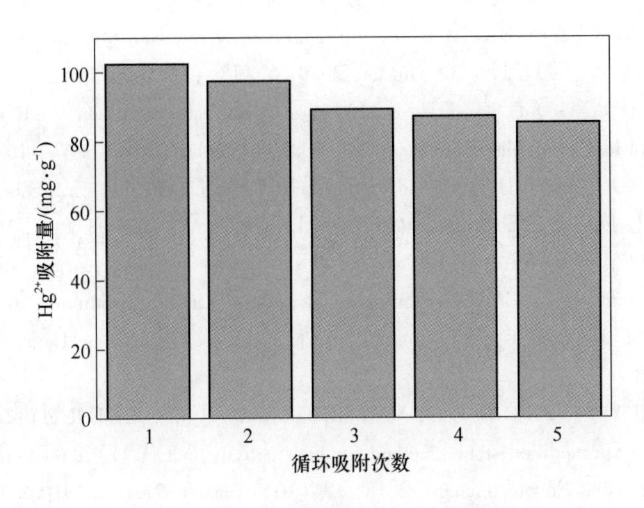

图 2-16 AFSGA 重复使用时的吸附性能

2.4 本 章 小 结

采用一锅接续合成法在碱性条件下制备了单分散 AFS。与传统吸附材料相比，该材料的合成反应与后处理时间短，氨基硅烷用量低，无需使用表面活性剂，因而表现出优异的应用经济性。基于 AFS 和 GO 合成的复合吸附材料 AFSGA，具备超低密度、良好的力学强度等优势，凭借其块状宏观形貌，可在吸附重金属离子后直接打捞回收、清洗并重复使用，有望在环境修复和水污染治理领域实现广泛的研究与应用。

参 考 文 献

[1] 万旭兴，黄亚宁，王梦芸，等．三维电极电解法处理含铬废水的研究［J］. 电镀与环保，2019，39（5）：68-72.

[2] 毛银海，郭泽林．氧化钙二段中和沉淀法处理铜矿酸性废水的应用与改造［J］. 给水排水，2003，29（5）：46-50.

[3] LIN F，LIU D，DAS S M，et al. Recent progress in heavy metal extraction by supercritical CO_2 fluids［J］. Industrial & Engineering Chemistry Research，2014，53（5）：1866-1877.

[4] 糜志远，肖瑞，张佳，等．玉米芯活性炭吸附重金属离子的研究［J］. 化学试剂，2020，42（7）：780-785.

[5] 何荔枝，王美城，姚思聪，等．改性核桃壳炭基吸附材料对 Cu^{2+} 的吸附性能研究［J］. 化工新型材料，2020，48（2）：173-178.

[6] 张立剑，周睿．活性炭材料对 Cr(Ⅵ) 的吸附研究［J］. 水处理技术，2018，44（8）：49-52.

[7] GAO C J, DONG Z L, HAO X C, et al. Preparation of reduced graphene oxide aerogel and its adsorption for Pb(Ⅱ) [J]. ACS Omega, 2020, 5 (17): 9903-9911.

[8] TRINH T, QUANG D T, TU T H, et al. Fabrication, characterization, and adsorption capacity for cadmium ions of graphene aerogels [J]. Synthetic Metals, 2019, 247: 116-123.

[9] YU B W, XU J, LIU J H, et al. Adsorption behavior of copper ions on graphene oxide-chitosan aerogel [J]. Journal of Environmental Chemical Engineering, 2013, 1 (4): 1044-1050.

[10] SINGH D K, KUMAR V, MOHAN S, et al. Polylysine functionalized graphene aerogel for the enhanced removal of Cr(Ⅵ) through adsorption: Kinetic, isotherm, and thermodynamic modeling of the process [J]. Journal of Chemical & Engineering Data, 2017, 62 (5): 1732-1742.

[11] THANH H V T, HONG N V H, VAN NGUYER A, et al. Core-shell Fe@ SiO_2 nanoparticles synthesized via modified stober method for high activity in Cr(Ⅵ) reduction [J]. Journal of Nanoscience and Nanotechnology, 2018, 18 (10): 6867-6872.

[12] 李琳, 辛智慧, 秦君, 等. 氧化硅-石墨烯气凝胶介孔复合材料的合成及其对苯的吸附性能 [J]. 化学通报, 2021, 84 (10): 1054-1059.

[13] 蔡潇. 原子力显微镜在页岩微观孔隙结构研究中的应用 [J]. 电子显微学报, 2015, 34 (4): 326-331.

[14] 李红武, 王璐, 周桂园, 等. 用茚三酮显色反应测定烟草中氨基酸含量 [J]. 安徽农业科学, 2010, 38 (27): 14926-14928.

[15] HERNÁNDEZ-MORALES V, NAVA R, ACOSTA-SILVA Y L, et al. Adsorption of lead (Ⅱ) on SBA-15 mesoporous molecular sieve functionalized with $—NH_2$ groups [J]. Microporous and Mesoporous Materials, 2012, 160 (15): 133-142.

[16] FERNANDEZ M E, BONELLI P R, CUKIERMAN A L, et al. Modeling the biosorption of basic dyes from binary mixtures [J]. Adsorption-Journal of the International Adsorption Society, 2015, 21 (3): 177-183.

[17] SONG Y, YANG L Y, WANG Y G, et al. Highly efficient adsorption of Pb(Ⅱ) from aqueous solution using amino-functionalized SBA-15/calcium alginate microspheres as adsorbent [J]. International Journal of Biological Macromolecules, 2018, 125: 808-819.

3 巯基硅球-石墨烯复合材料的合成与重金属离子吸附

3.1 引　言

随着现代工业的迅速发展，工业废物的排放导致各种重金属离子在生态环境中不断富集，严重威胁着生态环境和大众身体健康[1]。对水相中重金属离子进行去除的方法多种多样，吸附法凭借可重复利用及良好的应用经济性备受关注[2]。在众多的吸附材料中，介孔二氧化硅既具备二氧化硅材料的耐酸性、耐高温和结构强度优异等特点，其介孔结构和高比表面积也带来更优的吸附性能。由于羟基对重金属离子的络合能力较弱，需要向介孔材料表面引入能够高效络合重金属离子的活性基团[3]。例如，通过硅烷偶联剂表面修饰将介孔二氧化硅材料表面的硅羟基转变为氨基[4]、巯丙基[5]或其他配位基团[6-7]。这些高活性的官能团极大地增强了对重金属离子的去除能力，其 Hg^{2+} 吸附量达到 100 mg/g 以上[8]。然而，介孔二氧化硅合成所需的高分子表面活性剂的价格较高，材料后处理与表面改性流程较为复杂，不利于其规模化应用。

本章研究采用一锅法直接合成具有巯基吸附外层的二氧化硅球（MFS），将 MFS 与氧化石墨烯（GO）共聚合成复合吸附材料 MFSGA，通过材料表面的巯基官能团吸附重金属离子（见图 3-1）。考察合成条件、pH 等因素对 MFS 和 MFSGA 的重金属离子吸附能力的影响，对复合材料的应用可行性进行探讨。

3.2 实验部分

3.2.1 实验试剂与仪器

3-巯丙基三甲氧基硅烷（MPTMS）、3-巯丙基三乙氧基硅烷（MPTES）、硅酸乙酯（TEOS）、抗坏血酸等试剂均为分析纯。Hg^{2+}、Cd^{2+} 等重金属离子溶液由其硝酸盐配制（100 mg/L）。GO 采用电解氧化法合成[9]。实验用水均为去离子超纯水（Milli-Q Academic）。采用扫描电子显微镜（SEM，TESCAN MAIA3 LM）、X 射线衍射（XRD，Rigaku SmartLab SE）、波长色散 X 射线荧光（XRF，Rigaku Primus Ⅳ）、热重分析（Netzsch，TG-209F3）等方法表征材料结构。

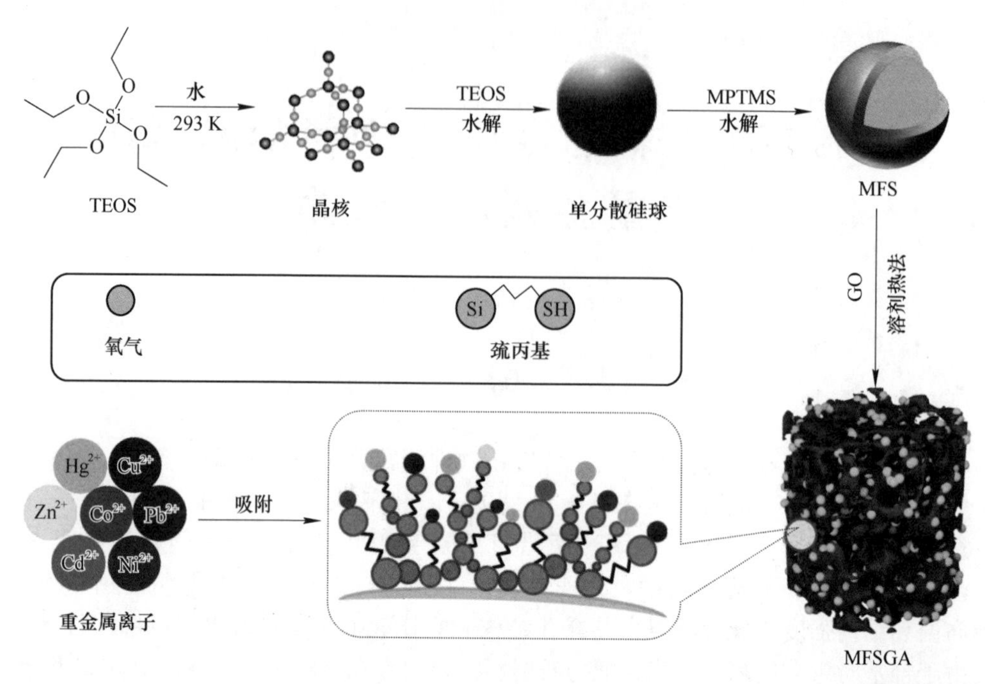

图 3-1 MFSGA 合成路线及重金属离子吸附机理

图 3-1 彩图

3.2.2 材料的制备

3.2.2.1 MFS 的制备

MFS 的制备采用一锅法[10]，室温下将 25 mL 去离子水、15 mL 氨水、60 mL 乙醇、0.07 g 氯化钾（作为稳定剂）混合后搅拌 30 min，滴加 0.8 mL 的 TEOS 水解反应得到二氧化硅晶核。继续搅拌 10 min 后，滴加适量 TEOS 得到无表面修饰的硅球；转为滴加一定量的 MPTMS（MPTES）并继续反应 2 h，用去离子水和丙酮洗涤白色沉淀得到 MFS。

3.2.2.2 MFSGA 的制备

将 75 mL 的 GO 分散液（8 mg/mL）调节 pH 至 8~9。加入 0.5 g 抗坏血酸、2 g MFS 并搅拌混匀。将混合液于 130 ℃水热反应 3 h 后得到水凝胶。冷冻干燥 48 h 后得到 MFSGA 气凝胶。

3.2.3 吸附实验

向 30 mL 的 Hg^{2+}等重金属离子（100 mg/L）溶液中加入 0.3 g/L 的 MFS 粉末或切片粉碎为 2~3 mm 的 MFSGA 颗粒，振荡并计时取样，经滤膜过滤后采用

XRF分析滤液中的重金属离子浓度，根据重金属离子浓度变化来计算复合吸附材料的吸附量。

3.3　结果与讨论

3.3.1　材料的结构表征

MFS材料的外观为精细的白色粉末，由SEM图像可见MFS颗粒具有表面平滑且粒径高度均一的球形形貌，平均直径约为751 nm［见图3-2（a）］。MFS材料表层覆盖高密度的巯基官能团使得其导电性和SEM图像景深较浅。基于MFS合成的MFSGA复合材料中，石墨烯片层相互交联形成无定形的网络结构，MFS颗粒堆积附着在石墨烯表面［见图3-2（b）］。水热反应法是合成MFSGA复合材料的理想方法，反应后得到的水凝胶产物呈表面光滑、边缘完整的标准圆柱体［见图3-2（c）］，无需浸泡即可独立放置，表明MFSGA具有优异的结构强度。

(a)　(b)　(c)　(d)

图3-2　MFS（a）和MFSGA（b）的SEM图像、MFSGA水凝胶（c）和MFSGA气凝胶（d）实物图

水凝胶周边溶液中无白色材料渗漏，意味着 GA 对 MFS 实现了充分而稳定的封装。MFSGA 气凝胶仍然呈表面完整的圆柱体［见图 3-2（d）］，无收缩变形现象，表明冷冻干燥过程对 MFSGA 的结构强度没有显著影响。

由 XRD 分析可见 MFSGA 复合材料在 22°、26°出现了特征峰，分别对应 SiO_2 与 GA 特征衍射峰，表明 MFS 充分地嵌入在石墨烯结构中（见图 3-3）。质地均一性是复合材料结构强度的重要指标，分别从 MFSGA 圆柱体的顶部中心、内部中心、底部中心取样，利用 XRF 检测 Si 元素含量。如图 3-4 所示，MFSGA 三个不同位置的 Si 的质量分数为 95.2%～98.1%，RSD 为 1.53%，表明 MFS 在复合材料中的分布较为均匀。

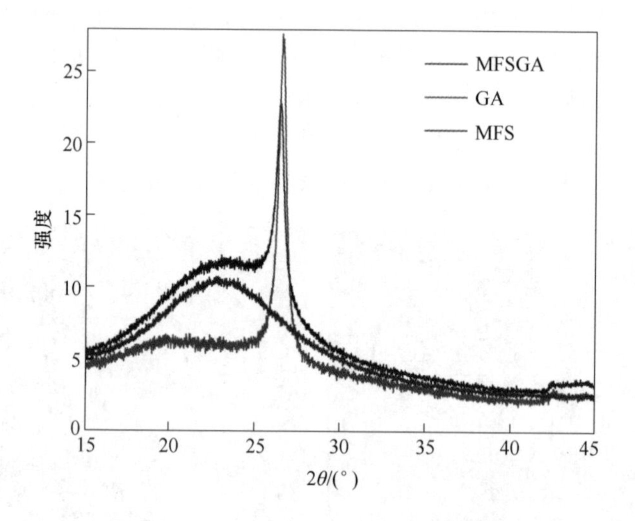

图 3-3 彩图

图 3-3 MFS 与 MFSGA 的 XRD 结构表征

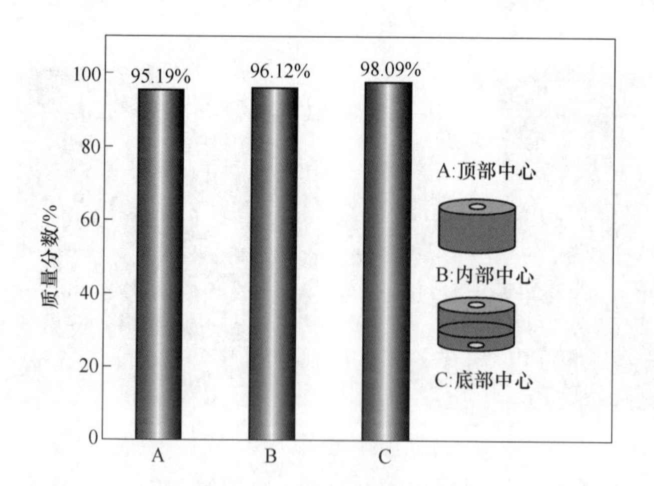

图 3-4 硅含量分布考察 MFSGA 的结构均一性

对 MFS 进行 FTIR 表征，图 3-5 中波数 1120 cm^{-1}处的强吸收峰对应 Si—O—Si 非对称伸缩振动。3400 cm^{-1}附近为羟基和水分子之间的吸收峰，对硅球进行巯基修饰后该吸收峰消失，而在 2490 cm^{-1}处出现对应 S—H 伸缩振动的显著吸收峰，表明材料表面的羟基被巯基取代，修饰反应较为充分。此外，未发现 S—O 特征吸收峰，说明 MFS 表面的巯基未受到水热反应的影响，复合材料 MFSGA 中的 GA 仅为 MFS 的载体。

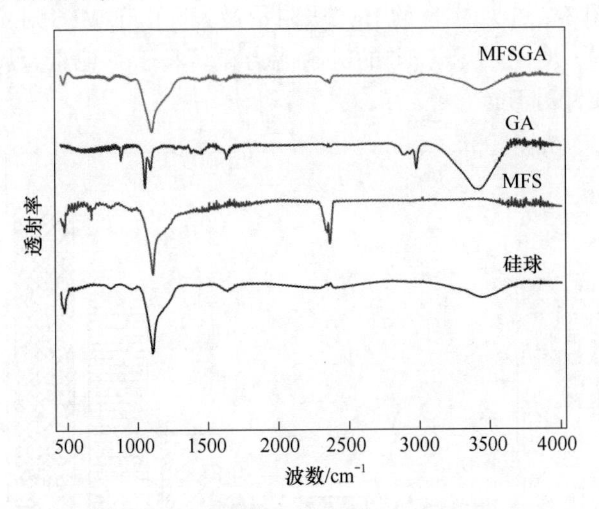

图 3-5 MFS、MFSGA 与相关材料的 FTIR 分析

图 3-6 展示了 MFS 的 TGA 分析结果，在 53 ℃时出现第一个失重峰，失重率为 5.3924%，归因于清洗 MFS 的丙酮分子从材料表面的脱附。371 ℃前后出现 9.4193%的第二次失重，这是由材料表层巯丙基的脱附所导致的[11]。

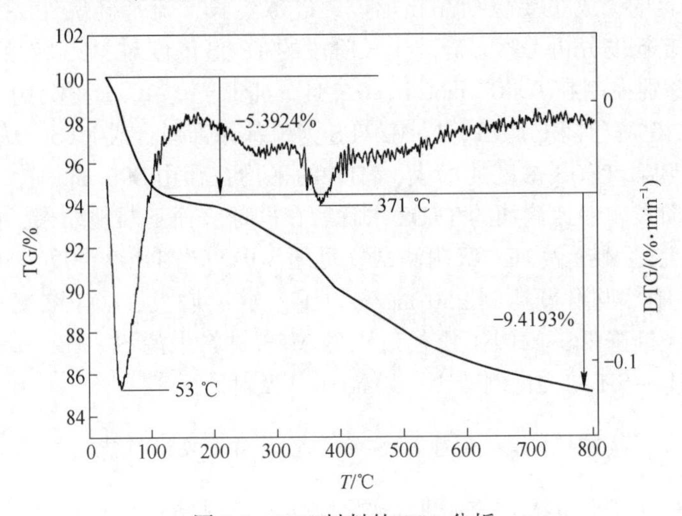

图 3-6 MFS 材料的 TGA 分析

3.3.2 MFS 的合成条件与重金属离子吸附性能分析

3.3.2.1 硅源 TEOS 浓度对 MFS 的重金属离子吸附性能的影响

为了考察 MFS 对常见重金属离子的吸附效应，将 MFS 分别加入 Hg^{2+}、Pb^{2+}、Cu^{2+}、Co^{2+}、Ni^{2+}、Zn^{2+}、Cd^{2+} 这 7 种重金属离子溶液中，经充分振荡后进行 XRF 分析。由图 3-7 可见 MFS 的 Hg^{2+} 吸附量最大。由于 MFS 对不同重金属离子的吸附能力各异，对 Hg^{2+} 和 Cd^{2+} 的吸附能力显著高于其他重金属离子，因此后续吸附测试主要针对 Hg^{2+}。

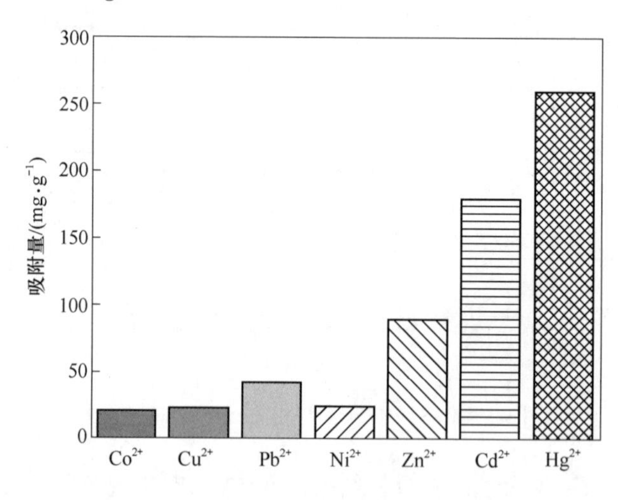

图 3-7 MFS 对重金属离子的吸附性能对比

MFS 材料的合成主要包括晶核形成、硅球生长、巯基硅烷外层形成三个阶段。通过激光粒度分析考察了硅球生长阶段的 TEOS 浓度对 MFS 粒径的影响。将 TEOS 浓度分别控制在 0.407 mol/L、0.584 mol/L、0.746 mol/L、0.890 mol/L，氨水浓度为 15%（体积分数），以 MPTES 为巯基修饰剂合成 MFS。从图 3-8 的粒径分布可见随着 TEOS 浓度的增大，MFS 的平均粒径由 396 nm 增大到 751 nm。在硅球生长阶段，慢速滴加的 TEOS 水解后在硅球表面不断地缩聚，因而材料粒径增大。对上述 MFS 做 Hg^{2+} 吸附测试（见图 3-9）；当 TEOS 浓度为 0.407 mol/L 时，MFS 的 Hg^{2+} 吸附量达到 250 mg/g 以上。继续增大 TEOS 浓度后，MFS 的 Hg^{2+} 吸附量不断降低，归因于粒径较大的 MFS 材料中的 Si—O—Si 结构比例更大，Si—C_3H_6—SH 结构比例减小，导致 Hg^{2+} 吸附量下降。

3.3.2.2 催化剂氨水浓度对 MFS 的重金属离子吸附性能的影响

氨水用作 TEOS 和巯基修饰剂水解反应的催化剂。由图 3-10 可见，氨水浓度

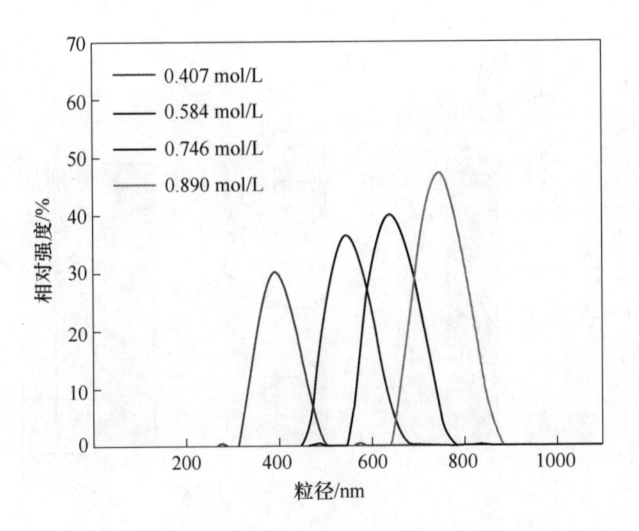

图 3-8 彩图

图 3-8 材料粒径对 MFS 吸附重金属离子的影响

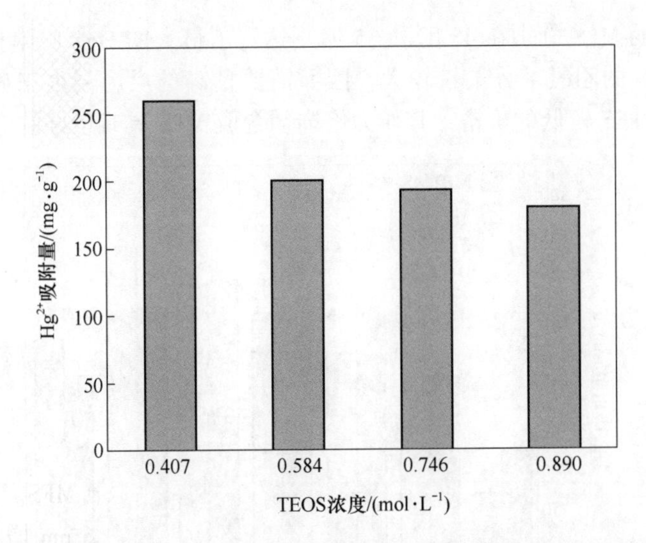

图 3-9 硅源 TEOS 加入浓度对 MFS 的合成以及重金属离子吸附的影响

较低时，MPTES 制备的 MFS 的 Hg^{2+}吸附量较低。当氨水浓度提高到 15%（体积分数）后，MPTMS 和 MPTES 合成的 MFS 均实现了较高的 Hg^{2+}吸附量；进一步增大氨水浓度到 20%（体积分数）时，合成的 MFS 的 Hg^{2+}吸附量并未继续提升，可见 15%（体积分数）的氨水浓度已经达到充分的催化性能。

3.3.2.3 合成温度对 MFS 的重金属离子吸附性能的影响

巯基修饰剂的水解反应受温度的影响较大。如图 3-11 所示，MPTMS 和

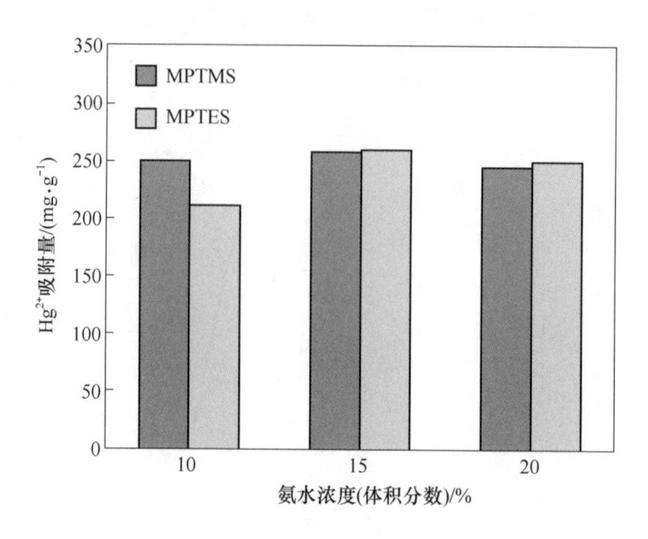

图 3-10 氨水浓度对 MFS 吸附 Hg^{2+}的影响

MPTES 合成的 MFS 分别在 45 ℃和 55 ℃下达到了最大的 Hg^{2+}吸附量。两种修饰剂中，MPTES 的乙氧基分子量较大，因而需要稍高的反应温度来确保其反应活性。鉴于 MPTES 较低的价格，其作为修饰剂合成 MFS 具有较好的应用经济性。

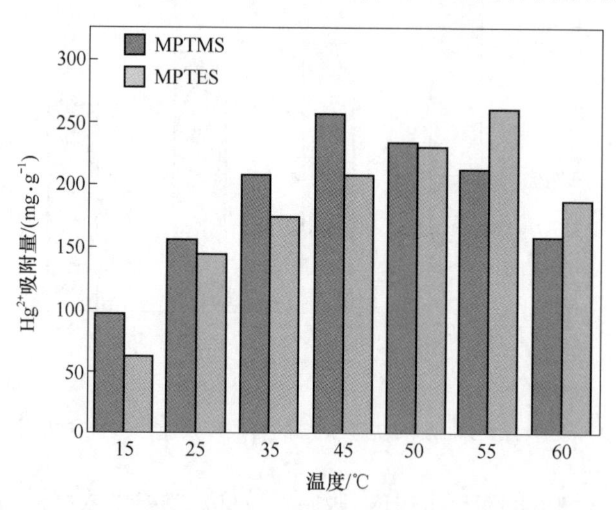

图 3-11 MFS 合成温度对其重金属离子吸附性能的影响

3.3.2.4 MPTES 浓度对 MFS 的重金属离子吸附性能的影响

巯基修饰剂 MPTES 浓度决定 MFS 的外层结构。通过 Hg^{2+}吸附测试来直接考察不同 MPTES 浓度（0.02~0.06 mol/L）合成的 MFS 的差异。如图 3-12 所示，当 MPTES 浓度为 0.03 mol/L 时，Hg^{2+} 吸附量高达 260.19 mg/g，表明 MFS 表面形成了较为理想的巯基吸附层。

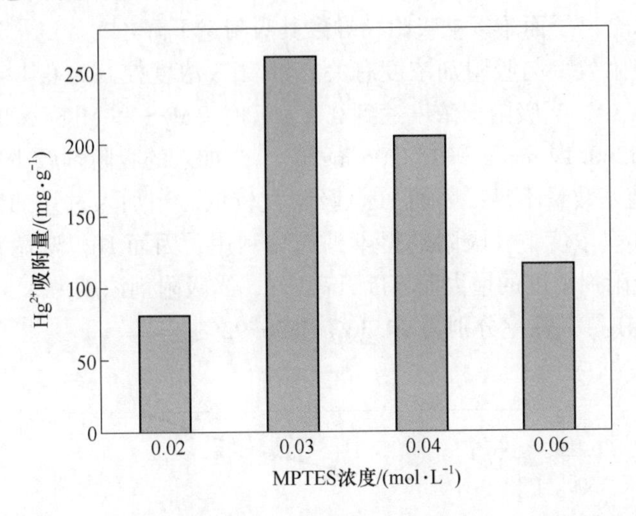

图 3-12 修饰剂 MPTES 浓度对 MFS 吸附重金属离子的影响

3.3.2.5 MFS、MFSGA 的重金属离子吸附性能分析

酸碱度对 Hg^{2+} 吸附的影响显著，如图 3-13 所示，GA、MFS 和 MFSGA 在 pH=4~5 的弱酸性条件下的 Hg^{2+} 吸附量达到最大，分别为 260.19 mg/g、158.06 mg/g、91.74 mg/g。GA 对 Hg^{2+} 的吸附主要依赖—OH，MFS 的加入带来大量的络合性能更好的—SH，但由于部分 MFS 材料颗粒堆积在 GA 中，降低了表面—SH 与 Hg^{2+}

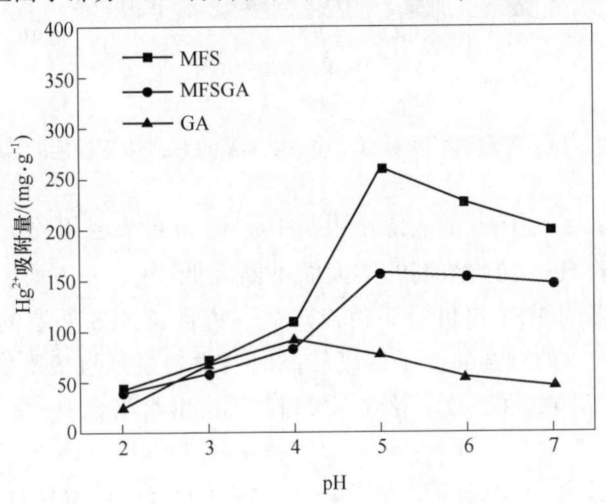

图 3-13 酸碱度对材料的 Hg^{2+} 吸附性能的影响

的接触概率，所以对于 Hg^{2+} 吸附能力，MFS>MFSGA>GA。在 pH 较低时由于—SH 容易被氧化[12]，导致对 Hg^{2+} 的吸附能力下降。当溶液接近中性时，Hg^{2+} 会水解形成水合离子而难以被吸附，导致其吸附量下降[13]。

Hg^{2+} 的吸附效率与吸附剂浓度有关。将 MFS 浓度控制为 0.1~0.5 g/L 进行测试，图 3-14 中，当吸附剂浓度达到 0.3 g/L 时，MFS 和 MFSGA 的 Hg^{2+} 吸附量均达到最大（260.19 mg/g 和 158.06 mg/g）。当加入的吸附剂较少时，能够用于吸附 Hg^{2+} 的巯基数量不足，因而 Hg^{2+} 吸附量较低。当加入过量的吸附剂时，在相同的初始 Hg^{2+} 浓度下，吸附剂得不到充分利用，因而 Hg^{2+} 吸附量下降。Hg^{2+} 去除率随着吸附剂浓度的增大而不断升高[14]，当吸附剂浓度为 0.5 g/L 时，MFS 和 MFSGA 的 Hg^{2+} 去除率分别为 99.36%和 56.92%。

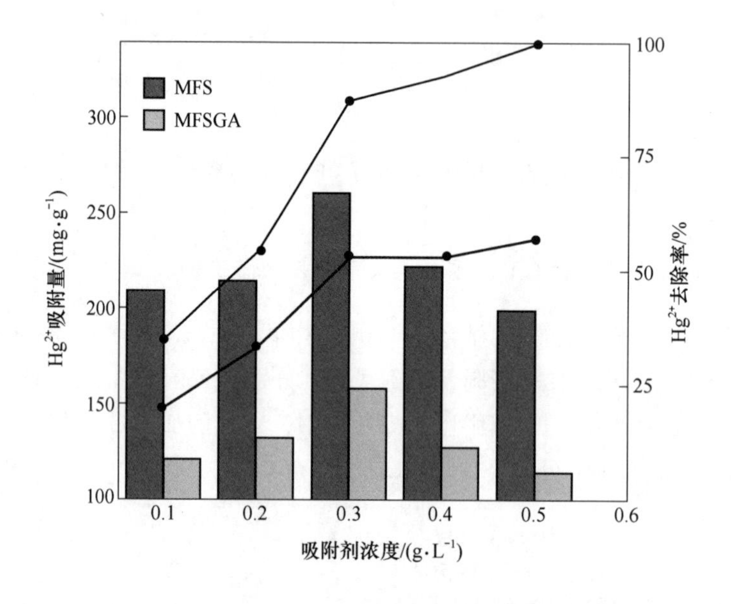

图 3-14 吸附剂浓度对 MFS 和 MFSGA 的 Hg^{2+} 吸附性能的影响

MFS、MFSGA 对 Hg^{2+} 的去除率也与 Hg^{2+} 的初始浓度相关。由图 3-15 可见 Hg^{2+} 去除率随着 Hg^{2+} 初始浓度的增大而不断降低[15]。一方面，大量的重金属离子也需要更多的 MFS 提供吸附位点。另一方面，MFS 外层的巯基吸附层较为复杂，当溶液中的重金属离子浓度较高时与材料最外层巯基发生络合，由于 $Si—C_3H_6—SH$ 基团的屏蔽效应导致深层巯基无法继续络合 Hg^{2+}，因而 Hg^{2+} 去除率不断降低。

吸附温度对 Hg^{2+} 去除率也有影响，由图 3-16 可见 MFS 对 Hg^{2+} 去除率在 35 ℃时即接近饱和。在较高温度下，离子运动的加强有利于巯基与 Hg^{2+} 的

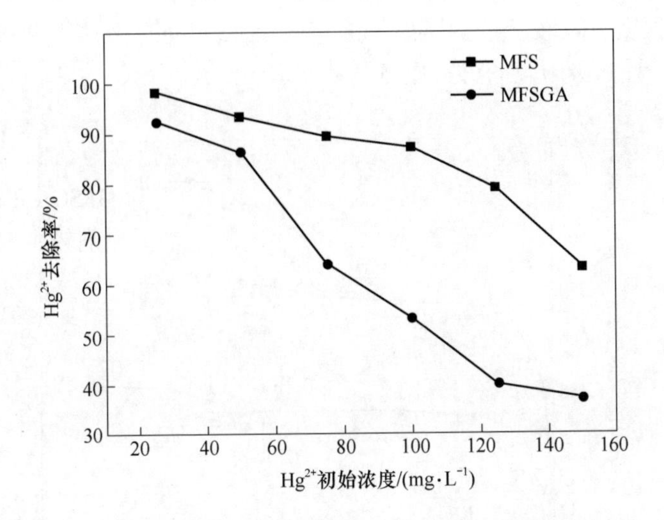

图 3-15　Hg^{2+}初始浓度对 MFS 和 MFSGA 的 Hg^{2+}吸附性能的影响

接触。对于 MFSGA，吸附反应温度的上升也有利于 Hg^{2+}向材料中扩散和被吸附。

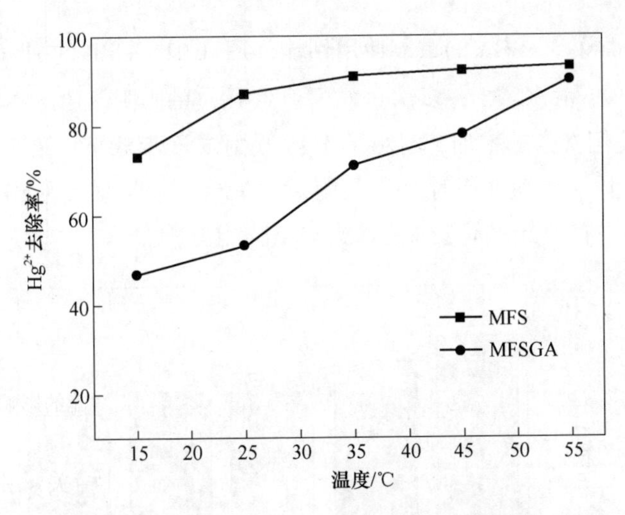

图 3-16　温度对 MFS 和 MFSGA 的 Hg^{2+}吸附性能的影响

由图 3-17 中的饱和吸附测试结果可见，Hg^{2+}被加入的 MFS 迅速去除，10 min 内达到了最大吸附量的 61.3%，之后的去除速度显著下降，在 120 min 时达到较为饱和的吸附状态。MFSGA 对 Hg^{2+}的去除速度低于 MFS 且最大吸附量为 158.06 mg/g，主要原因包括以下几方面：（1）部分 MFS 材料颗粒在 GA 中处于堆积状态，降低了表面基团与重金属离子接触的概率。（2）GA 复杂的内部片层结构在一定程度上减缓了重金属离子的扩散。(3) 对重金属离子吸附能力较弱的 GA 增大了计算吸附量的材料质量基数。

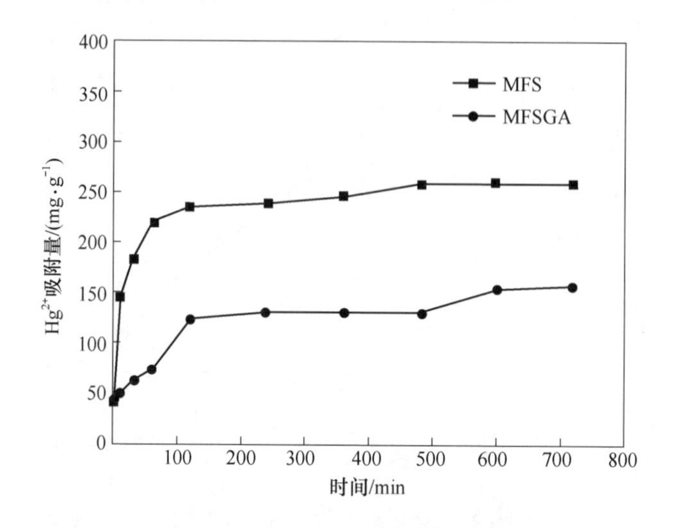

图 3-17 MFS 和 MFSGA 的 Hg^{2+}吸附量随时间变化曲线

进一步考察了 MFSGA 的重复使用性能。用 0.01 mol/L 的 HNO_3 和去离子水清洗吸附 Hg^{2+}的 MFSGA，并多次重复用于对 Hg^{2+}的吸附。由图 3-18 可见，随着 MFSGA 重复使用次数的增加，材料的 Hg^{2+}吸附量逐步减小，第 5 次重复使用时的 Hg^{2+}吸附量降到首次使用时 Hg^{2+}吸附量的 76%，主要原因为 MFSGA 在多次清洗—干燥过程中有部分巯基被氧化而失去络合能力。

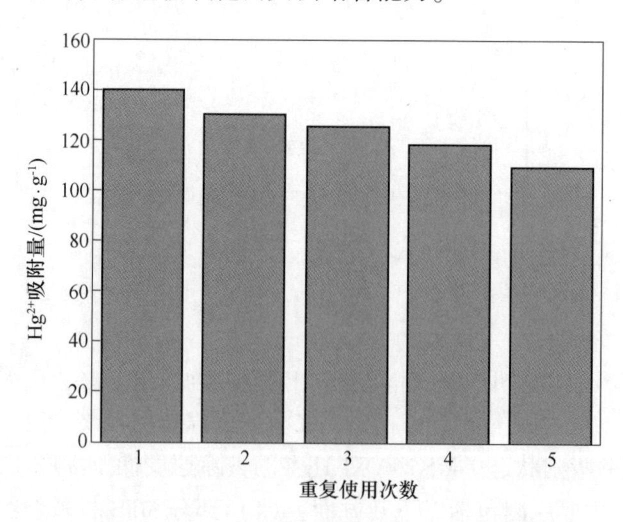

图 3-18 MFSGA 多次重复使用的 Hg^{2+}吸附性能变化

3.4 本章小结

采用一锅接续法制备了巯基功能化硅球 MFS，以 TEOS 为硅源形成硅球核心，MPTES 为巯基修饰剂形成官能团外壳，合成方法快捷且易于放大，应用经济性较好。材料的 Hg^{2+} 吸附量可达 260.19 mg/g。采用水热法进一步合成的复合材料 MFSGA 表现出良好的结构强度，与普通粉末吸附材料相比更易于回收和再生，多次重复使用后依然具有较高的重金属离子吸附性能，有望在重金属离子去除领域实现广泛应用。

参考文献

[1] PASCHOALINI A L, SAVASSI L A, ARANTES F P, et al. Heavy metals accumulation and endocrine disruption in Prochilodus argenteus from a polluted neotropical river [J]. Ecotoxicology and Environmental Safety, 2019, 169: 539-550.

[2] SIYAL A A, SHAMSUDDIN M R, KHAN M I, et al. A review on geopolymers as emerging materials for the adsorption of heavy metals and dyes [J]. Journal of Environmental Management, 2018, 224: 327-339.

[3] SAMAN N, JOHARI K, MAT H. Adsorption characteristics of sulfur-functionalized silica microspheres with respect to the removal of Hg(Ⅱ) from aqueous solutions [J]. Industrial & Engineering Chemistry Research, 2013, 53 (3): 1225-1233.

[4] YOKOI T, KUBOTA Y, TATSUMI T. Amino-functionalized mesoporous silica as base catalyst and adsorbent [J]. Applied Catalysis A: General, 2012, 421-422: 14-37.

[5] IDRIS S A, HARVEY S R, GIBSON L T. Selective extraction of mercury (Ⅱ) from water samples using mercapto functionalised-MCM-41 and regeneration of the sorbent using microwave digestion [J]. Journal of Hazardous Materials, 2011, 193: 171-176.

[6] ZHENG L, YANG Y, ZHANG Y, et al. Functionalization of SBA-15 mesoporous silica with bis-schiff base for the selective removal of Pb(Ⅱ) from water [J]. Journal of Solid State Chemistry, 2021, 301: 122320-122333.

[7] MUMTAZ K, IQBAL S, SHAHIDA S, et al. Synthesis and performance evaluation of diphenylcarbazide functionalized mesoporous silica for selective removal of Cr(Ⅵ) [J]. Microporous and Mesoporous Materials, 2021, 326: 111361-111371.

[8] LIN L C, THIRUMAVALAVAN M, LEE J F. Facile synthesis of thiol-functionalized mesoporous silica—Their role for heavy metal removal efficiency [J]. CLEAN-Soil Air Water, 2015, 43 (5): 775-785.

[9] PEI S F, WEI Q W, HUANG K, et al. Green synthesis of graphene oxide by seconds timescale water electrolytic oxidation [J]. Nature Communications, 2018, 9 (1): 1-9.

[10] 李悦，李小梅，秦君，等．氨基硅球及其复合材料的合成与金属离子吸附 [J]. 化学通报，2022，85 (9)：1113-1120.

[11] WANG X G, CHENG S, CHAN J C C. Propylsulfonic acid-functionalized mesoporous silica synthesized by in situ oxidation of thiol groups under template-free condition [J]. The Journal of Physical Chemistry C, 2007, 111 (5): 2156-2164.

[12] 刘岩, 白晓, 李婷婷, 等. 新型巯基功能化二氧化硅微球的制备及其对银离子的吸附 [J]. 中山大学学报, 2016, 55 (6): 136-139.

[13] LI J, LI X, ALSAEDI A, et al. Synthesis of highly porous inorganic adsorbents derived from metal-organic frameworks and their application in efficient elimination of mercury (Ⅱ) [J]. Journal of Colloid and Interface Science, 2018, 517: 61-71.

[14] REN C, DING X, LI W, et al. Highly efficient adsorption of heavy metals onto novel magnetic porous composites modified with amino groups [J]. Journal of Chemical & Engineering Data, 2017, 62 (6): 1865-1875.

[15] CHEN K, ZHANG Z, XIA K, et al. Facile synthesis of thiol-functionalized magnetic activated carbon and application for the removal of mercury (Ⅱ) from aqueous solution [J]. ACS Omega, 2019, 4 (5): 8568-8579.

4 $CuMn_2O_4$@GA 复合材料的合成与 CO 催化转化

4.1 引 言

一氧化碳（CO）是一种危险的有害气体，其主要来源是碳的不完全燃烧。例如，火灾烟雾中就含有高浓度的 CO[1]。CO 无色、无味、无刺激性，一旦有相当浓度的 CO 随着人体呼吸进入血液就会迅速与血红蛋白结合使其失去携氧能力，引起头晕头痛、全身无力、恶心呕吐、意识不清等中毒症状，如不及时采取救治措施，将会出现昏迷、脑缺氧甚至死亡等严重后果。因此，如何在工业生产和生活中实现 CO 的有效消除非常重要。铜锰氧化物（$CuMnO_x$）催化消除 CO 的应用广受关注[2]。得益于 $Cu^{2+}+Mn^{3+} \leftrightarrow Cu^{+}+Mn^{4+}$ 的共振体系，CO 先与 Mn^{4+} 反应得到 Mn^{3+}，再由 Cu^{2+} 将 Mn^{3+} 氧化为 Mn^{4+}，亚稳态的 Cu^{+} 在富氧条件下迅速转化为 Cu^{2+}[3-4]。由于 CO 在 Cu^{2+}/Mn^{4+} 和 O_2 在 Cu^{+}/Mn^{3+} 上的高效吸附[5]，该类材料具有较高的催化活性。Hutchings 等[6]发现，铜与锰摩尔比为 1∶2 时催化活性更高。催化剂的材料形态和结构也是影响 CO 转化性能的关键因素。$CuMnO_x$ 通常被制成毫米级颗粒，大量使用时回收困难且易污染环境[7]。研究人员开发了各种载体以减少催化剂的使用，如使用活性赤泥（ARM）作为 CuO 的催化剂载体[8]，利用介孔结构泡沫（MCF）二氧化硅负载 CuO-CeO_2 催化剂[9]等。石墨烯材料具有良好的热稳定性，氧化石墨烯（GO）聚合形成的石墨烯气凝胶（GA）具有超低密度和丰富的内部孔隙率的优势[10]，有望成为 $CuMnO_x$ 催化剂的优良载体。

本章分别采用共沉淀法和水热法合成 $CuMn_2O_4$ 多孔微球及其石墨烯气凝胶复合材料 $CuMn_2O_4$@GA（见图 4-1），并对材料的结构进行表征，分析材料结构与形成机理；采用程序升温催化氧化法评价复合催化剂在高通量进气下的 CO 催化转化性能，考察进气流量、环境湿度和多次重复活化等条件的影响。

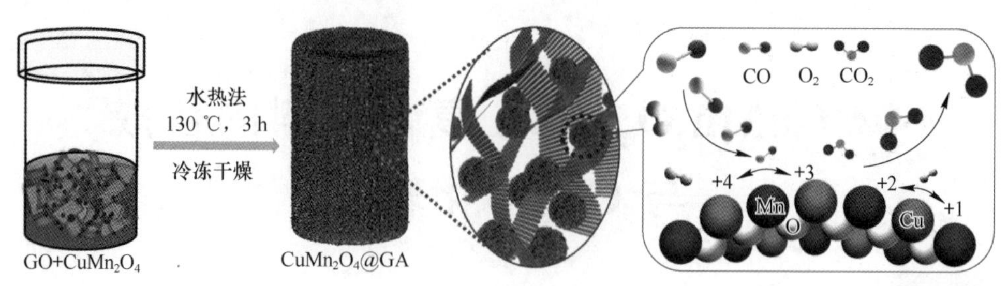

图 4-1 $CuMn_2O_4$@GA 的合成与 CO 催化转化机理示意图

图 4-1 彩图

4.2 实验部分

4.2.1 实验试剂与仪器

乙醇、乳糖、四水合乙酸锰、三水合硝酸铜和无水碳酸钠等均为分析纯试剂(上海麦克林生化有限责任公司)，实验用水为去离子超纯水。分别采用 MAIA Ⅲ型扫描电子显微镜（SEM，捷克 TESCAN 公司)、JEM-2800 型透射电子显微镜(TEM，日本 JEOL 公司)、SmartLab SE 型 X 射线衍射仪（XRD，日本 Rigaku 公司）和 Primus Ⅳ型 X 射线荧光仪（XRF，日本 Rigaku 公司）等设备对材料结构进行表征。CO 催化转化特性采用 BSD-MAB 型多组分竞争性吸附仪（北京贝士德仪器科技有限公司）进行测试。

4.2.2 材料的制备

在高速搅拌下，将 Na_2CO_3[$n=1.1(n_{Mn}+n_{Cu})$] 溶液缓慢滴加到 Mn^{2+} 和 Cu^{2+} ($n_{Mn}:n_{Cu}=2:1$) 混合溶液中，继续搅拌 1 h 后抽滤得到 $CuMn_2(CO_3)_y$ 沉淀，离心清洗 5 次后烘干且在 300 ℃下煅烧 4 h，得到的催化剂命名为 DTUC1。作为对比，将 Mn^{2+} 和 Cu^{2+} 同时滴加到 Na_2CO_3 溶液中，沉淀经煅烧后得到的产物标记为 DTUC2。

采用水热反应法制备复合材料[11]。向 75 mL 的 GO 分散液（15 mg/mL）中分别加入 5.5 g DTUC1（DTUC2)、10 mL 乙醇和 0.5 g 乳糖，搅拌均匀后转入聚四氟乙烯内胆并在 130 ℃下水热反应 3 h。反应完成后将水凝胶中间体冷冻干燥，得到 DTUC1@GA 和 DTUC2@GA 两种复合气凝胶材料。

4.2.3 催化剂活性测定

将 0.5 g 复合催化材料均匀地装填到内径 6 mm、长 10 cm 的样品池中。对样品池进行25~200 ℃程序升温加热，升温速度为2 ℃/min，O_2 为载气，设置CO的体积浓度为0.4 %，总进气流量为500~2000 mL/min，根据质谱数据计算CO完全转化温度 T_{100}。在湿度影响测试时，控制水蒸气的体积浓度为1.0 %。

4.3 结果与讨论

4.3.1 材料的结构表征

$CuMn_2O_x$ 催化剂的合成方法对其结构影响显著。首先考察了沉淀剂 Na_2CO_3 的加入顺序对材料形貌的影响，向金属离子溶液中加入 Na_2CO_3 得到DTUC1，微米级尺寸的材料颗粒呈单分散的球形形貌［见图4-2（a）］。较高浓度的 Cu^{2+} 和 Mn^{2+} 溶液混合在一起会发生显著的水解反应而产生沉淀；较低浓度的 Cu^{2+} 和 Mn^{2+} 溶液混合后不会沉淀，但是溶液体积较大，所需的滴加时间较长。因此，采用向 Na_2CO_3 溶液中同时滴加金属离子的合成方法来制备DTUC2。如图4-2（b）所示，该材料颗粒大小不一、形貌无序。可见，将 CO_3^{2-} 滴入混合均匀的 Mn^{2+}、Cu^{2+} 二元稀溶液有利于得到成核均一、结构有序的 $CuMn_2(CO_3)_y$ 颗粒，而向 CO_3^{2-} 中滴加 Mn^{2+} 和 Cu^{2+} 则会由于两种离子的反应速度差异导致材料成核不均。

(a) (b)

图4-2 DTUC1（a）和DTUC2（b）两种材料的SEM测试结果

材料合成方法中沉淀剂的加入顺序对材料的影响还体现在二元氧化物材料中Mn、Cu的元素分布差异。由高角环形暗场扫描透射HAADF-TEM测试结果（见图4-3）可知：DTUC1球形颗粒由大量的微小晶粒堆积形成，表层密度较低；DTUC2材料同样由晶粒致密堆积而成，其材料密度稍低于DTUC1。进一步采用

HRTEM-EDX mapping 对材料结构进行测试，如图 4-4（a）所示的 DTUC1 颗粒内核中的 Mn 元素密度较高，外层的 Cu 元素密度较高；而如图 4-4（b）所示的 DTUC2 中的两种金属元素的分布较为均一，二者的材料结构差异会显著影响催化反应。复合材料的形貌与结构也各异，DTUC1@ GA 中的催化剂较为分散，材料颗粒被石墨烯片层分隔而降低了堆积密度［见图 4-5（a）］，DTUC2@ GA 中的催化剂和石墨烯片层无序堆积［见图 4-5（b）］。显然，材料颗粒分散性良好的 DTUC1@ GA 更有利于反应气体通过并与催化反应位点充分接触。

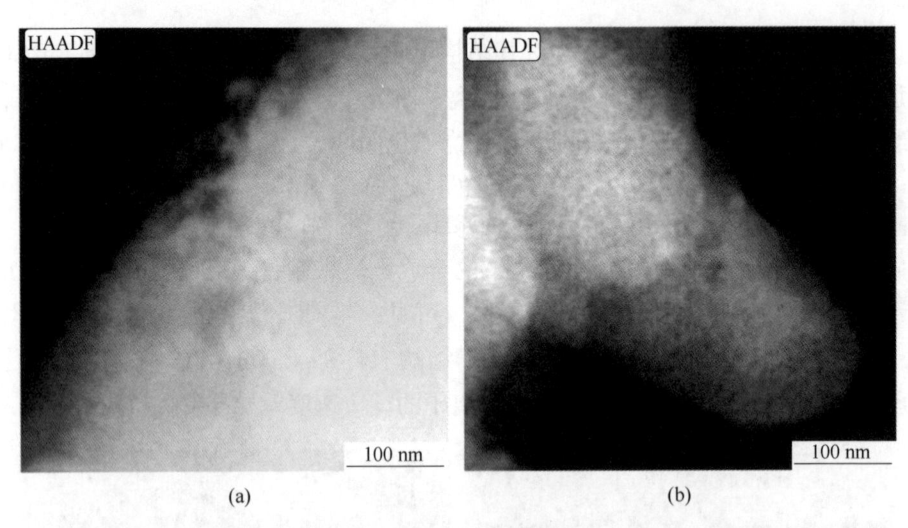

图 4-3 DTUC1（a）和 DTUC2（b）两种材料的 HAADF-TEM 测试结果

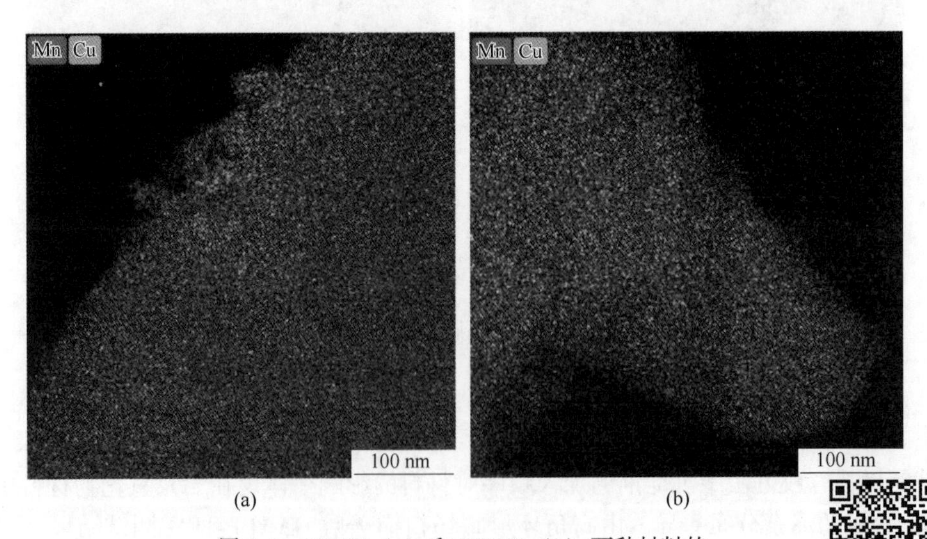

图 4-4 DTUC1（a）和 DTUC2（b）两种材料的 HRTEM-EDX mapping 测试结果

图 4-4 彩图

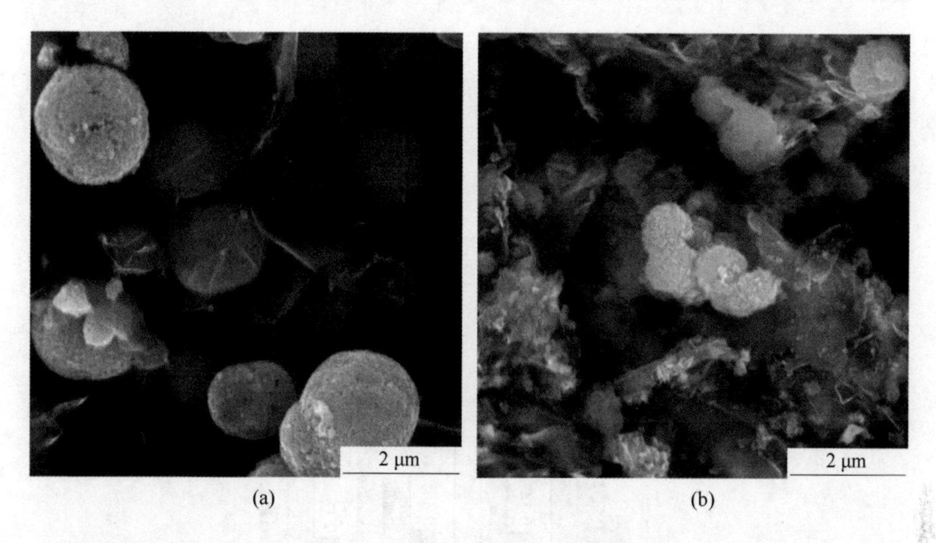

(a) (b)

图 4-5 DTUC1@ GA（a）和 DTUC2@ GA（b）两种材料的 SEM 表征结果

材料的结构强度也是其应用特性的重要表征。水热反应后得到的 DTUC1@ GA 水凝胶［见图 4-6（a）］饱满且外表光滑，无需浸泡即可长时间独立放置而不坍塌，表现出优异的结构强度。经过冷冻干燥后得到的 DTUC1@ GA 依然保持完整的圆柱体状［见图 4-6（b）］，未出现文献［12］所报道的结构收缩现象，表明水热法是理想的石墨烯气凝胶复合材料合成方法。

(a) (b)

图 4-6 DTUC1@ GA 水凝胶（a）及其气凝胶（b）实物图

复合材料的化学稳定性至关重要，在材料合成过程中分别测试了 $CuMn_2(CO_3)_y$ 沉淀清洗前后、DTUC1、DTUC1@ GA 的元素组成。图 4-7（a）中的 XRF 测试结果表明 Mn 和 Cu 的比例始终保持高度一致。材料中的杂质 Na 的质量分数经过 4 次清洗后由 0.79%降至 0.34%，继续增加清洗次数后 Na 含量无明显下降，可见余下的 Na 主要存在于 DTUC1 材料内部，因而不会影响催化剂的催化性能。

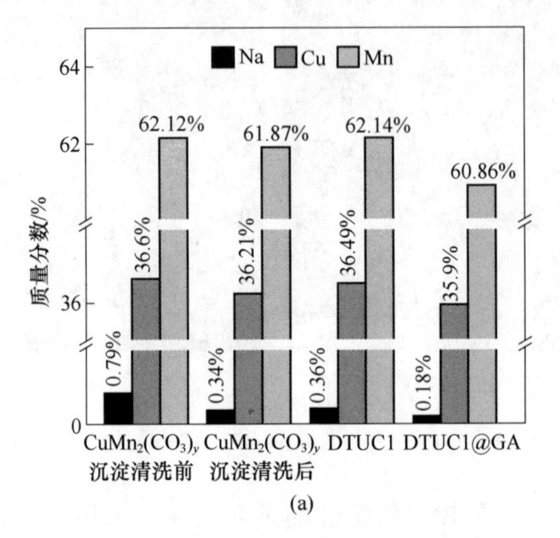

(a)

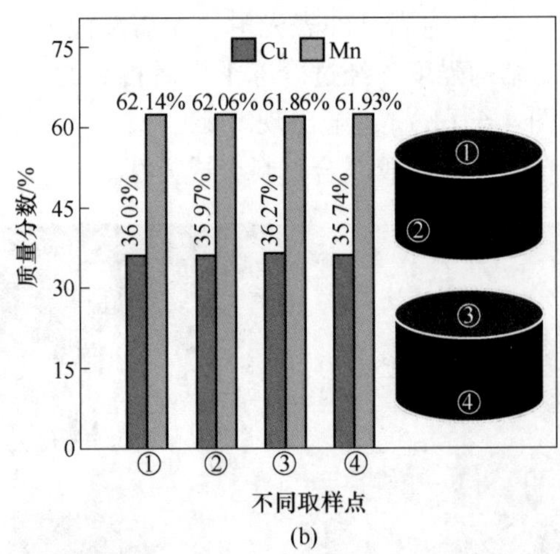

(b)

图 4-7 材料制备不同阶段的样品主要元素分析图（a）和 DTUC1@GA 的元素分布图（b）

复合材料的结构强度还与其内部结构相关，采用 XRF 分析了一个完整的 DTUC1@GA 气凝胶的元素分布。由图 4-7（b）可见材料的顶部中心①、中部表层②、中部中心③和底部中心④四个位置的 Mn、Cu 两种金属元素分布高度一致，相对标准偏差分别是 0.25%、0.76%，表明水热反应过程中催化剂在石墨烯溶液中分散性良好，无显著沉降和渗漏现象，合成的复合材料质地均一，对催化剂的负载包裹性优异。

催化剂与复合材料的 XRD 图谱中在 18.66°、30.52°、35.88°、43.83°、

57.8°和63.45°等位置都出现了$CuMn_2O_4$特有的衍射信号（见图4-8），与JCPDS No.74-2422中的数据相符，分别对应（111）、（220）、（311）、（400）、（511）、（440）等晶面。DTUC1的衍射强度更高，表明其结晶度更高。复合材料的衍射强度均超过了纯催化剂，这一现象有两方面原因：一方面，复合材料的超低密度使得X射线能入射到材料的深层，辐照更多的$CuMn_2O_x$颗粒而加强了衍射信号；另一方面，催化剂颗粒在水热反应中得到了老化，材料颗粒的结构更完整。

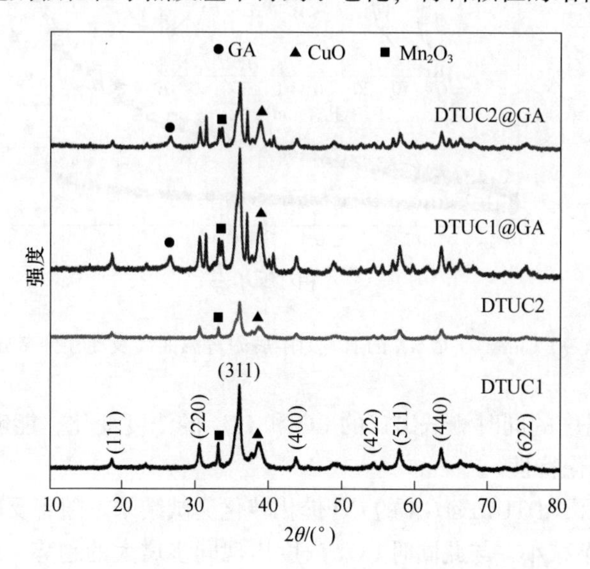

图4-8 $CuMn_2O_4$@GA等材料的XRD分析结果对比

氮气吸附-脱附分析表明复合材料中存在介孔孔道，DTUC1@GA材料在相对压力p/p_0为0.8~1.0区域出现滞后环（见图4-9），孔径分布曲线也显示复合材料的孔径范围主要集中于8~66 nm。DTUC2@GA的吸附曲线和脱附曲线较为接近，意味着复合材料与吸附质之间相互作用主要为单层分散和多层分散。

4.3.2 催化剂活性分析

为了对催化剂的CO催化转化特性进行研究，常见的做法是将在线气相色谱仪与固定床反应装置相连，直接对反应后的气体成分进行分析。这样做的优点是成本低廉，缺点是难以同时对CO和CO_2进行监控，因为这两种物质的检测需要使用不同的检测器。本书相关研究采用配备质谱检测器的竞争性吸附仪考察催化剂的CO催化转化活性及其影响因素，质谱仪可以同时对CO、CO_2和O_2的浓度进行分析并得出连续变化曲线。同时，得益于复合材料的超低密度，可将进气控制在120000 mL/[g(cat)·h]的较高流量下。将复合催化材料直接装填在长径比为12∶1的石英反应池中，控制恒定的CO浓度，采用程序升温法分析，在不

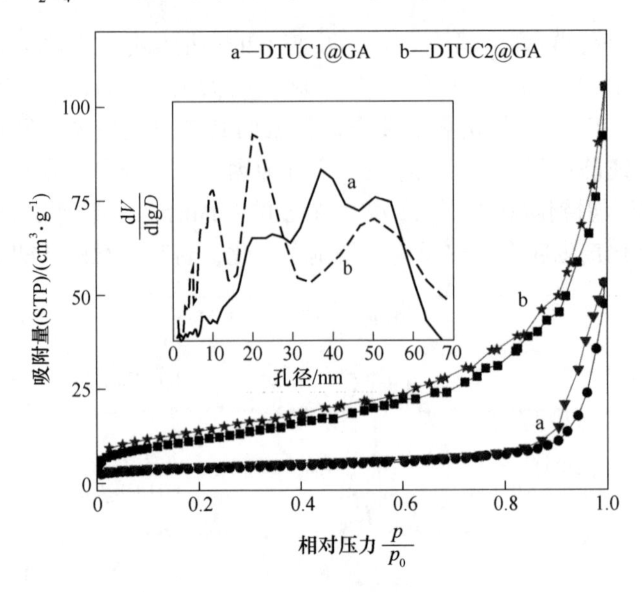

图 4-9 $CuMn_2O_4$@ GA 的 N_2 吸附-脱附等温曲线及孔径分布分析

断升高反应池温度的同时测试出口的 CO 和 CO_2 的浓度变化，能够直观得到材料对 CO 的催化氧化特性。

图 4-10 展示了 DTUC1@ GA 的 CO 催化转化测试结果。随着反应温度的不断升高，CO 浓度逐渐减小，与此同时 CO_2 浓度出现同步增大的趋势，DTUC1 的 CO 催化氧化活性随着温度升高而增强。当 CO 信号降低到虚线标记的拐点时，DTUC1 的催化性能达到最大，在拐点作纵向垂线与温度曲线 c 相交，经过交点作水平线与温度纵坐标相交，即可得到 DTUC1@ GA 对 CO 的完全转化温度（T_{100}）为 135 ℃。

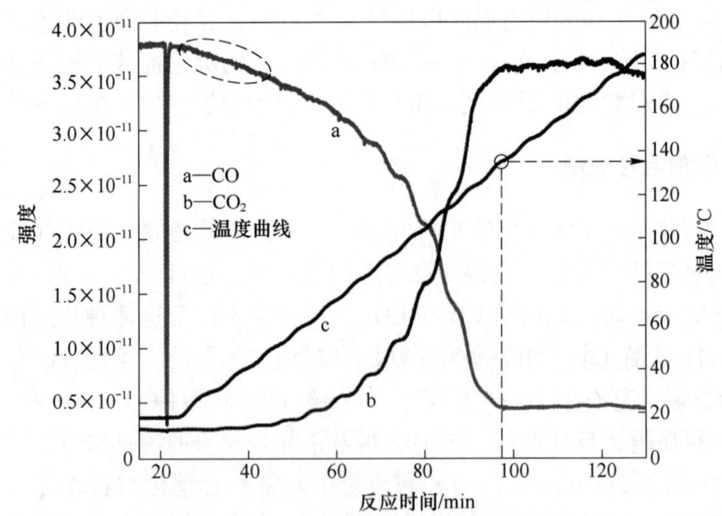

图 4-10 DTUC1@ GA 在 120000 mL/[g(cat)·h] 进气流量下的 CO 催化转化特性分析

该测试过程中出现一个有趣的现象，CO 的下降趋势（椭圆形虚线标记区域）在 80 ℃之前明显大于 CO_2 的上升速度，也就是说 CO_2 浓度并未随着 CO 的消耗而出现对称性增长，一部分 CO 没有转化为 CO_2，这表明在催化剂表面存在 CO 的吸附效应。该现象与 DTUC1 的介孔结构密切相关，介孔孔隙对 CO 的捕集效应有利于 CO 与催化反应位点的接触。此外，随着反应温度的不断上升，CO_2 曲线在达到完全转化后，出现了波动变化以及随后的明显下降趋势。这表明之前在较低温度下吸附在催化剂表面的 CO 最终在反应温度达到 T_{100} 以上后被完全氧化转化。

DTUC2@ GA 对 CO 的催化转化特性与 DTUC1 有显著的差异。CO 的下降趋势与 CO_2 的生成趋势明显对称（见图 4-11）。CO 信号仅在室温下出现了较小的下降，意味着 CO 在 DTUC2 表面的吸附行为较弱，再加上较弱的材料结构有序性，导致 DTUC2@ GA 对 CO 的 T_{100} 高达 161 ℃。

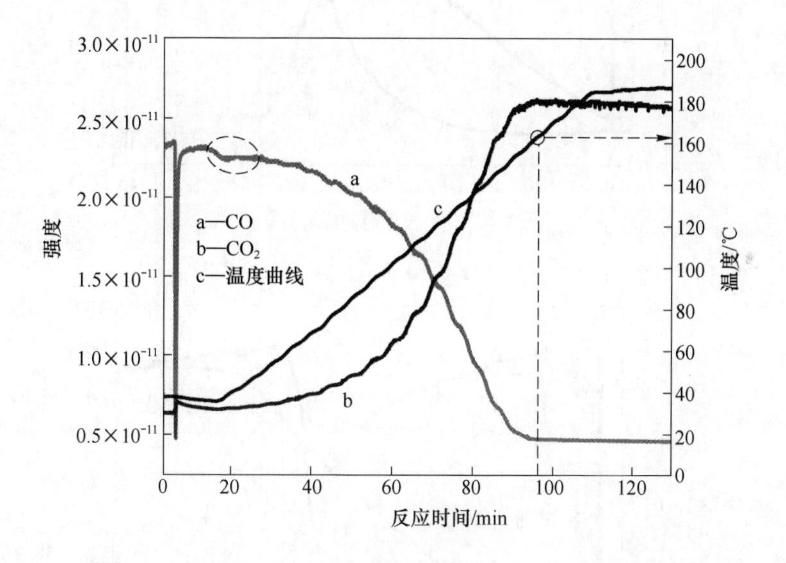

图 4-11　DTUC2@ GA 在 120000 mL/[g(cat)·h] 进气流量下的 CO 催化转化特性分析

催化剂对 CO 的催化转化应用性能与进气流量直接相关。在相同的条件下，分别将进气流量设定为 60000 mL/[g(cat)·h][见图 4-12（a)] 和 240000 mL/[g(cat)·h][见图 4-12（b)]，进一步考察 DTUC1@ GA 的 CO 催化转化特性。由图 4-12 可见，无论是高进气流量还是低进气流量条件，在较低温度范围同样存在 CO 的吸附，反应温度高于 T_{100} 后材料表面吸附的 CO 开始转化为 CO_2。60000 mL/[g(cat)·h] 和 240000 mL/[g(cat)·h] 的进气流量下，DTUC1@ GA 对 CO 的 T_{100} 分别为 128 ℃和 150 ℃。在较高的气体流量下，CO 分子与催化剂表面反应位点接触的时间更短，且单位时间内到达催化剂表面的 CO 分子更多，因而需要较高温度以提升催化反应活化能。与其他研究相比（见表 4-1），本书研究在更高的进气流量下实现了较低的完全转化温度，且无需添加分散剂直接进行 CO 催化转化。如此一来，有利于复合催化材料的回收、再生和重复利用，表现出更优的 CO 催化转化性能与应用经济性。

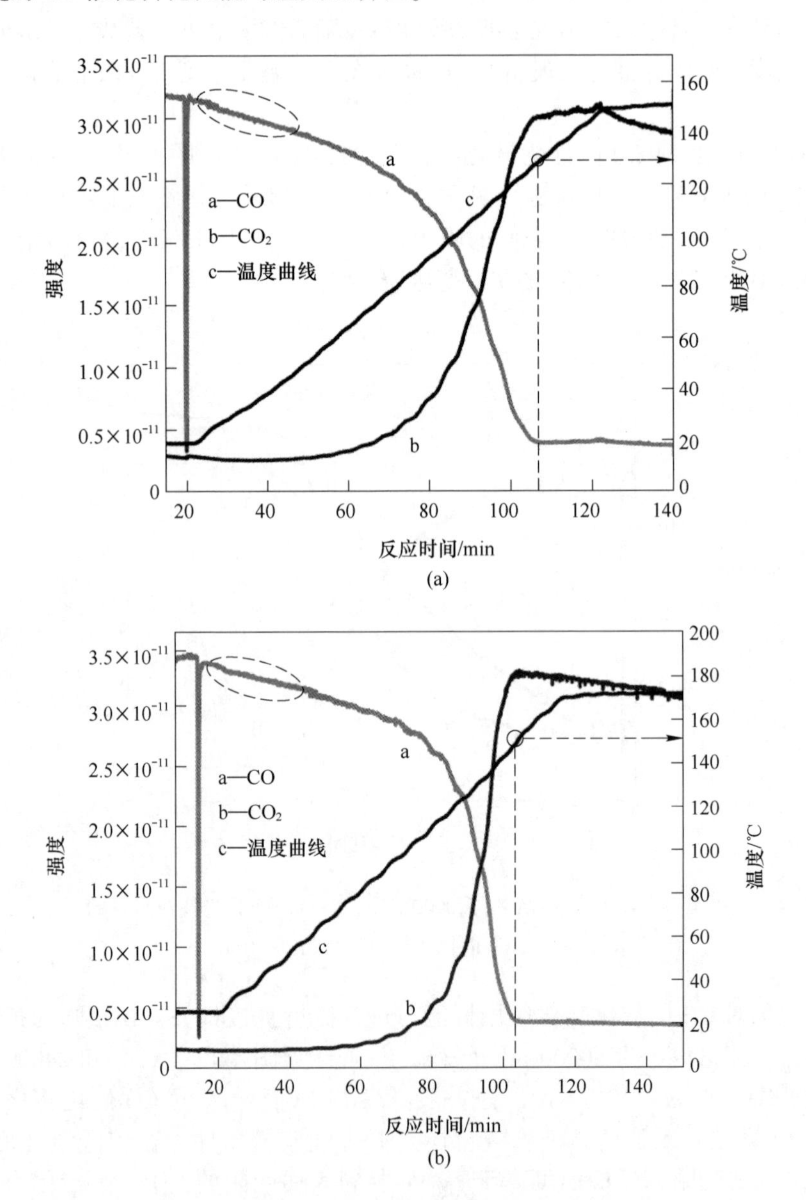

图 4-12 DTUC1@GA 在 60000 mL/[g(cat)·h]（a）和 240000 mL/[g(cat)·h]（b）进气流量下的 CO 催化转化特性分析

表 4-1 铜锰氧化物的 CO 催化转化性能对比

催化剂（$n_{Cu}:n_{Mn}=1:2$）	$m(CuMnO_x)$/mg	$\varphi(CO)$/%	进气流量/{mL·[g (cat)·h]$^{-1}$}	T_{100}/℃	参考文献
$CuMnO_x$	100	2.5	36000	180	[2]
$CuO/2MnO_2$	50	1	24000	130	[3]
$CuMnO_x$	100	0.67	40000	150	[13]
介孔 $CuMnO_x$	50	1	24000	160	[14]
$CuMnO_x$	60	1	50000	125	[15]
$CuMn_2O_4$@GA	500	0.4	60000	128	本书

为了更为直观地研究 CO 在 DTUC1@ GA 表面的转化和吸附动态，在恒温条件 80 ℃下考察了 CO 的转化趋势。图 4-13 中，在反应开始的瞬间，进气中的 CO 浓度下降到最低后开始回升（曲线 b），CO_2 浓度急速上升到高点后开始回落（曲线 c），表明 CO 被 DTUC1@ GA 迅速转化为 CO_2，但由于反应温度低于 T_{100}，有限的反应活化能下，CO 在催化剂表面不断地吸附和屏蔽反应位点，在达到 38.21%的最大 CO 转化率且出气中 CO_2 浓度达到最大后开始连续下降。

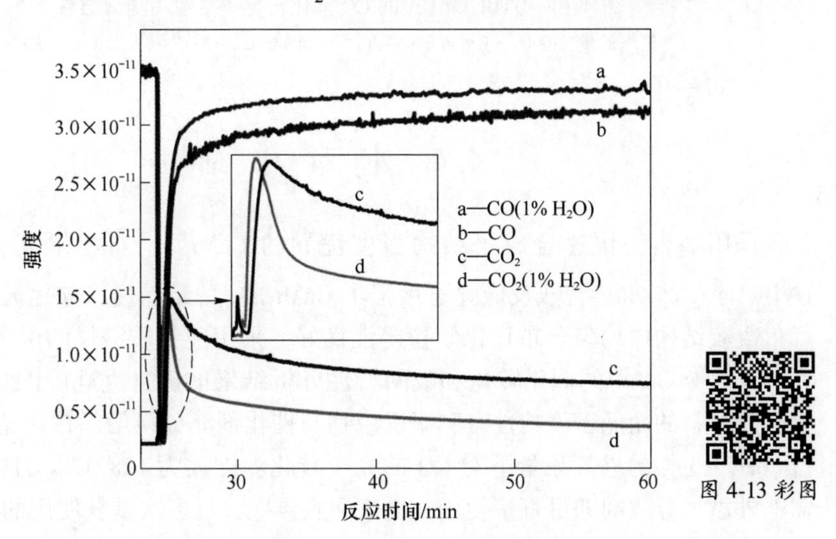

图 4-13 湿度对 DTUC1@ GA 的 CO 催化转化性能的影响
{进气流量 120000 mL/[g(cat)·h]，温度 80 ℃，CO 气流量 1.2 mL/min}

当进气中加入 1%（体积分数）H_2O 时，CO 最大转化率不变，然而 CO_2 在浓度高点后下降更为迅速，表明水分子在催化剂表面出现竞争性吸附，进一步降低了 CO 的转化性能。同时，CO_2 浓度的下降幅度大于 CO 浓度的上升幅度，该现象归因于部分 CO_2 与 H_2O 反应生成了 CO_3^{2-}。在材料重复使用测试中（见图 4-14），重新活化（150 ℃）后的 DTUC1@GA 对 CO 催化转化能力未见下降，表明 CO 在 DTUC1@GA 上的吸附可逆，材料的结构保持性良好，能够反复使用。

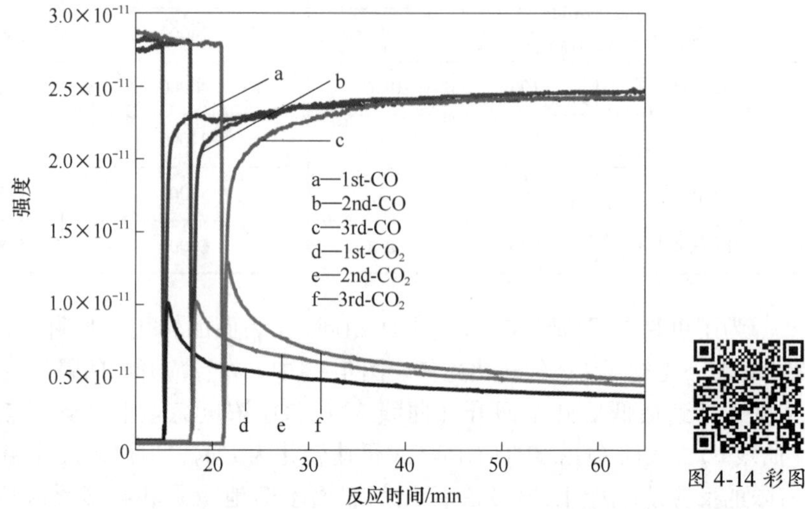

图 4-14 彩图

图 4-14 DTUC1@GA 的 CO 催化转化重复使用测试结果
{进气流量 120000 mL/[g(cat)·h]，温度 80 ℃，CO 气流量 1.2 mL/min}

4.4 本章小结

采用水热法快速合成了结构强度优异的 $CuMn_2O_4$ 石墨烯复合催化材料 DTUC1@GA，水热合成反应显著增强了 $CuMn_2O_4$ 的结晶度，催化剂颗粒在石墨烯气凝胶结构中均匀分布且化学稳定性良好。采用配备质谱仪的国产仪器对 CO 在 DTUC1@GA 中的催化转化和吸附特性分析结果准确且直观。DTUC1@GA 复合催化材料的超低密度特性有利于反应物与催化剂充分接触，在高达 60000 mL/[g(cat)·h] 的进气流量下对 CO 的完全转化温度仅为 128 ℃。DTUC1@GA 无需额外添加分散剂即可直接使用，易于回收再生，且多次重复使用的催化活性稳定，应用性能与经济性优异。

参考文献

[1] HARDUAR-MORANO L, WATKINS S. Review of unintentional non-fire-related carbon monoxide poisoning morbidity and mortality in Florida, 1999—2007 [J]. Public Health Reports, 2011,

126 (2): 240-250.

[2] DEY S, DHAL G C, PRASAD R, et al. Effects of doping on the performance of $CuMnO_x$ catalyst for CO oxidation [J]. Bulletin of Chemical Reaction Engineering & Catalysis, 2017, 12 (3): 370-383.

[3] QIAN K, QIAN Z, HUA Q, et al. Structure-activity relationship of CuO/MnO_2 catalysts in CO oxidation [J]. Applied Surface Science, 2013, 273 (2): 357-363.

[4] KONDRAT S A, DAVIES T E, ZU Z, et al. The effect of heat treatment on phase formation of copper manganese oxide: Influence on catalytic activity for ambient temperature carbon monoxide oxidation [J]. Journal of Catalysis, 2011, 281 (2): 279-289.

[5] DEY S, DHAL G C. Ceria doped $CuMnO_x$ as carbon monoxide oxidation catalysts: Synthesis and their characterization [J]. Surfaces and Interfaces, 2020, 18: 100456.

[6] HUTCHINGS G J, MIRZAEI A A, JOYNER R W, et al. Effect of preparation conditions on the catalytic performance of copper manganese oxide catalysts for CO oxidation [J]. Applied Catalysis A: General, 1998, 166 (1): 143-152.

[7] TANG Z R, JONES C D, ALDRIDGE J K W, et al. New nanocrystalline Cu/MnO_x catalysts prepared from supercritical antisolvent precipitation [J]. ChemCatChem, 2009, 1 (2): 247-251.

[8] HU Z P, ZHU Y P, GAO Z M, et al. CuO catalysts supported on activated red mud for efficient catalytic carbon monoxide oxidation [J]. Chemical Engineering Journal, 2016, 302: 23-32.

[9] LUO Z, MAO D, SHEN W, et al. Preparation and characterization of mesostructured cellular foam silica supported Cu-Ce mixed oxide catalysts for CO oxidation [J]. RSC Advances, 2017, 7 (16): 9732-9743.

[10] REN H, SHI X, ZHU J, et al. Facile synthesis of N-doped graphene aerogel and its application for organic solvent adsorption [J]. Journal of Materials Science, 2016, 51 (13): 6419-6427.

[11] 李悦，李小梅，秦君，等. 氨基硅球及其复合材料的合成与金属离子吸附 [J]. 化学通报, 2022, 85 (9): 1113-1120.

[12] 王敬楠，于珊珊，李程，等. 石墨烯气凝胶的制备及其对有机溶剂的吸附 [J]. 化工环保, 2023, 43 (3): 387-395.

[13] BIEMELT T, WEGNER K, TEICHERT J, et al. Hopcalite nanoparticle catalysts with high water vapour stability for catalytic oxidation of carbon monoxide [J]. Applied Catalysis B: Environmental, 2016, 184: 208-215.

[14] HASEGAWA Y, FUKUMOTO K, ISHIMA T, et al. Preparation of copper-containing mesoporous manganese oxides and their catalytic performance for CO oxidation [J]. Applied Catalysis B: Environmental, 2009, 89 (3/4): 420-424.

[15] HASEGAWA Y I, MAKI R U, SANO M, et al. Preferential oxidation of CO on copper-containing manganese oxides [J]. Applied Catalysis A: General, 2009, 371 (1/2): 67-72.

5　介孔二氧化硅-脱氧胆酸钠二元复合室温磷光增敏体系

5.1　引　　言

介孔二氧化硅材料（mesoporous silica，MS）的人工合成法的核心在于采用表面活性剂作为模板剂，根据模板剂的性质和制备方法不同，能够合成2D和3D孔道的MS。2D孔道MS的代表是Mobil composition matter-41（MCM-41）系列[1]。这类材料主要采用十六烷基三甲基溴化铵（CTAB）为模板制备。材料粒径约为100 nm，孔径范围在2～4 nm，如图5-1所示，所有孔道相互平行，呈六边形、蜂窝状堆叠。

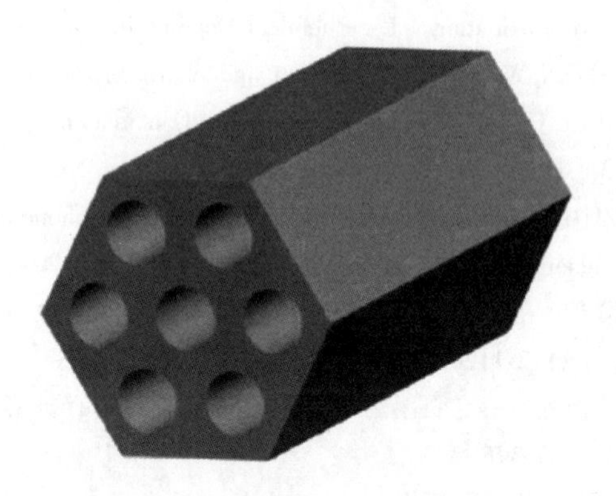

图5-1　MCM-41的2D线性孔道结构示意图

与2D线性孔道MS的合成方法不同，3D孔道MS使用嵌段共聚物（block copolymer）等非离子型表面活性剂。嵌段共聚物是由两种或更多的性质不同的单体分子聚合而成的一种聚合物。如图5-2所示，由两种嵌段以a—b—a或者a—b—b等方式聚合而成，就称为三嵌段共聚物。常见的三嵌段共聚物有P123和F127，其命名与其理化性状有关，即糊状（paste）和雪花状（flake）。以相对分子质量为13400的F127为例，其分子结构式为$EO_{106}PO_{70}EO_{106}$，由乙氧基EO和丙氧基PO两种嵌段聚合而成。

$$H-\left[O-CH_2-CH_2\right]_a-\left[O-CH(CH_3)-CH_2\right]_b-\left[O-CH_2-CH_2\right]_a-OH$$

图 5-2 F127 三嵌段共聚物的分子结构

研究表明，将强电解质如 KCl 加入嵌段共聚物胶束中，可以明显降低胶束临界浓度（CMC）和胶束临界温度（CMT），从而使胶束在较低浓度和温度下依旧保持良好有序的液晶相[2]。因此，在较低温度下将 KCl 加入 F127 胶束中，利用其“盐析”效应，有助于制备出具有有序的笼状介孔孔道的 MS，并在一定程度上改善 MS 颗粒形貌[3]。另外，由于 F127 类表面活性剂分子中的亲水基团体积较大，当向其中加入 TMB 等疏水性助溶剂后，反而有助于提高介孔孔道的有序度[4]。这是由于加入的 TMB 与 F127 中的 PO 嵌段亲和度较高，增大了胶束体系的疏水部分体积，从而促使胶束体系由 *Fm*3*m* 面心立方晶相向 *Im*3*m* 体心立方晶相转变（见图 5-3）[5]。

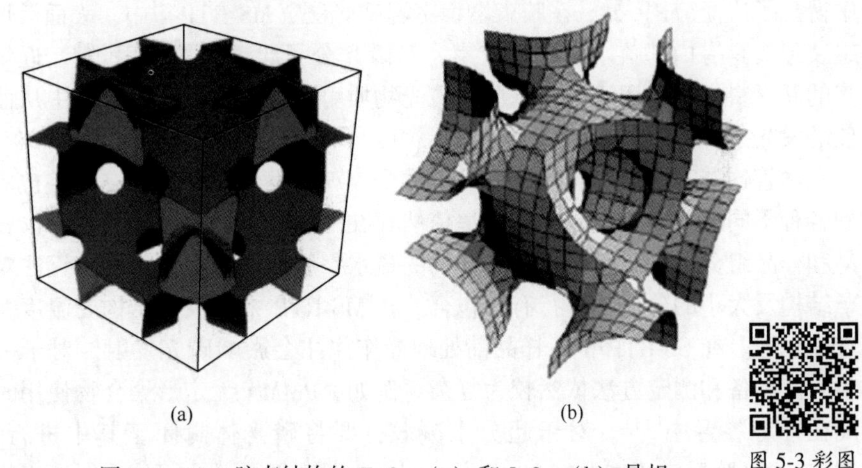

图 5-3 彩图

图 5-3 F127 胶束结构的 *Fm*3*m*（a）和 *Im*3*m*（b）晶相

面心立方晶格的 FDU 系列材料也受到广泛关注。Fan 等[4]在相似的 F127 与 TEOS 比例、40 ℃和高酸度（2 mol/L 的 HCl 溶液）条件下，加入 TMB 和 KCl 作为扩孔剂和稳定剂，得到孔径大于 10 nm 的材料。随后，又研究了不同反应温度下制得的材料晶格的区别，发现在较低温度下材料的晶格、孔径更大[6]。以单一 F127 表面活性剂体系制备的 MS 的孔径小于 10 nm，孔道结构为高度有序的 3D 立方型，材料颗粒互相粘连。加入 TMB 后有效地将材料的孔径扩大到 15 nm 以上。

MS 材料具有由 Si—O 键构成的晶体结构，对紫外光无显著吸收。鉴于 MCM-41 等材料在分子发光光谱分析领域有广阔的应用潜力，近年来也有一些关于 MS 在荧光分析中的应用报道开始涌现。例如将羟磷灰石（hydroxyapatite）作为模板制备出具有自激发荧光效应的中空纳米椭圆体[7]，对抗癌药物的装载和缓释情况进行荧光指示。D′Amico 等利用介孔二氧化硅干凝胶从水中吸附色素，探讨了干凝胶作为荧光分析基质的可行性，当色素被封闭在材料内部时即表现出强烈的荧光发光特性[8]。Knutson 等也考察了不同孔径的 MS 对增强型绿色荧光蛋白的吸附和保护性能，结果表明孔径过大的 MS 无法对荧光蛋白提供保护以防止其被水解[9]。相对而言，MS 在磷光分析中的应用则较少见于报道。

室温磷光（room temperature phosphorescence，RTP）以其良好的选择性和灵敏度得到了研究者的广泛关注，但是在室温条件下，溶解氧分子和溶剂分子的动态碰撞很容易导致化合物的 RTP 发光猝灭[10]。为了解决这个问题，研究者们提出了多种磷光保护方法。例如，添加脱氧剂以去除氧气[11]；或者将含磷光物质的溶液滴加到特定固体表面，以消除各种猝灭及非辐射失活过程（固体基质室温磷光法 SS-RTP），且方法检出限可达到 nmol/L 水平。基于环糊精等大环化合物对磷光分子的包合作用也可诱导产生室温磷光，β-环糊精等化合物在 RTP 分析中得到了广泛应用[12]。在胶束增稳室温磷光法（MS-RTP）中，表面活性剂分子组装形成具有内部疏水空腔的胶束，对磷光分子起到保护作用[13]。近年来，诸多的新材料也被应用于固体基质，磷光物质可以被包合在这些物质中从而达到更佳的发光条件[14]。

尽管这些方法能够在一定程度上减少猝灭的发生，并且已有一些被成功应用到各种不同环境中，但是上述方法依然存在一些局限性[10]。除氧剂 Na_2SO_3 很容易和样品组分发生反应。大环化合物的疏水空腔通常为固定尺寸，无法对不同分子结构及大小的分析物进行有效包合。在 MS-RTP 中的胶束结构受温度变化影响较为显著。在 SS-RTP 中，样品前处理操作往往会影响磷光发射。对于一些新材料，其制备和测定方法依然较为复杂。例如：PMMA 无定形聚合物使用时必须装配在特定装置中[15]。对于超分子凝胶，要将磷光体封闭于其中进行 RTP 检测[16]。凝胶反应还需要在 80 ℃下。实际上，高温条件也可能会对磷光物质产生影响，造成非预期的副反应。

据文献［17］和［18］报道，脱氧胆酸钠（NaDC）胶束有着显著的 RTP 诱导能力。和其他表面活性剂不同，NaDC 分子的一面亲水，另一面全部为甲基而具有疏水性。在水中，NaDC 分子背靠背通过疏水亲脂作用形成胶束（见图 5-4），可以将疏水小分子包夹于其中，处于高度保护的刚性微环境中，一定程度上隔绝了溶解氧和溶剂分子对磷光物质发光过程的干扰，从而得到较强的磷光。

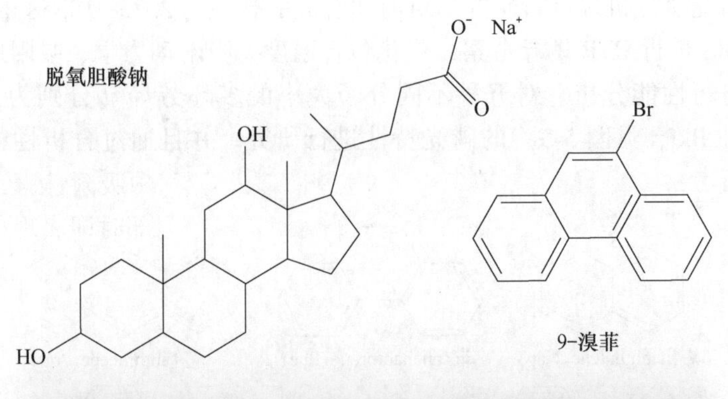

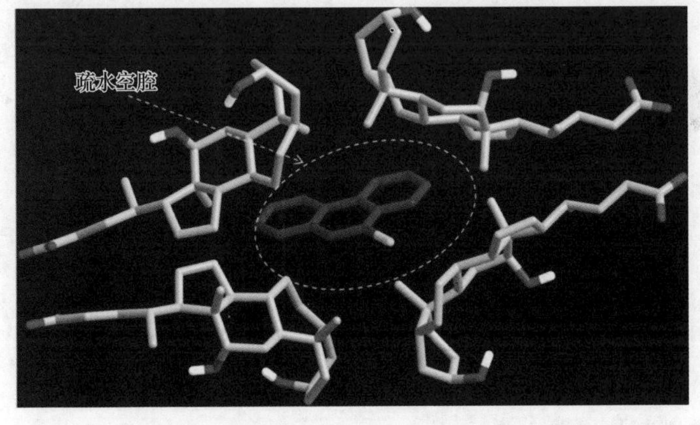

图 5-4 彩图

图 5-4　脱氧胆酸钠胶束对 9-溴菲的包合[19]

综合上述因素认为一种理想的磷光基质应该具备以下特性[19-21]：(1) 为待测磷光物质提供刚性保护条件，消除各种猝灭及非辐射失活过程。(2) 基质本身不引入发光背景，以应对各种检测条件。(3) 操作步骤简单（易操作），以保证分析精度。(4) 合适尺寸的疏水空腔以应对不同大小的被测物，扩大其应用范围。(5) 能够基于常规仪器对待测物进行检测。

本章利用十六烷基三甲基溴化铵为模板合成 MCM-41 型介孔二氧化硅，将合成的产品用于待分析物的吸附基质。同时利用 1,3,5-三甲苯作为扩孔剂，对 MCM-41 型介孔二氧化硅进行扩孔。以三嵌段共聚物 F127 为模板制备出具有高度单分散特性的中、大孔径的 3D 孔道 MS 材料。考察不同孔径的介孔二氧化硅材料和孔道结构特性，将材料应用于 RTP 分析基质，构建介孔二氧化硅-脱氧胆酸钠（MS-NaDC）协同包合室温磷光增敏体系，研究不同的待测物质的 RTP 发光光谱定量分析性能。首次提出了一种新型“hard-soft”RTP 基质。将 MS 分散于水中形成外层刚性介质；再将 NaDC 加入 MS 水溶液中作为内层吸附分子结构，共同作用形成 MS-NaDC 协同磷光基质。利用 9-BrP 作为磷光探针对 MS-NaDC 协同基质的磷光诱导机理进行研究。对前期合成的孔径为2.73~18.58 nm的五种不同尺寸的MS进行RTP诱导考察，优化包合温度、吸附动力学、吸附助剂等实验条件，并进行性能分析。对五种不同分子大小的多环芳烃（分别为Nap、Phe、Ant、Pyr和Bkf，见图5-5）的磷光特性进行研究。并且通过分析性能实验对新建方法进行考察。

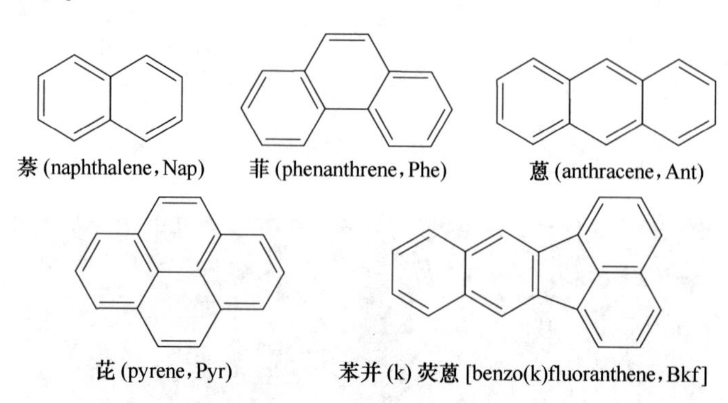

图5-5 五种多环芳烃（PAHs）分子结构

5.2 实验部分

5.2.1 实验试剂与仪器

相关实验中所用到的试剂与仪器规格分别列于表5-1和表5-2中。

表5-1 化学试剂种类与规格

试剂名称	分子式/缩写	CAS号	纯度/%	生产厂商
三嵌段共聚物	F127	9003-11-6	98	Sigma Aldrich
氢氧化钠	NaOH	1310-73-2	99.9	Sigma Aldrich
1,3,5-三甲基苯	TMB	108-67-8	99	Aladdin
氯化钾	KCl	7447-40-7	99.99	Aladdin
硅酸乙酯	TEOS	78-10-4	99.9	Aladdin
盐酸	HCl	7647-01-0	AR	Aladdin
乙醇	EtOH	64-17-5	99.5	Aladdin
9-溴菲	9-BrP	573-17-1	97	Acros organics

续表 5-1

试剂名称	分子式/缩写	CAS 号	纯度/%	生产厂商
环己烷	CYH	110-82-7	99.5	Aladdin
脱氧胆酸钠	NaDC	302-95-4	98	Acros organics
萘	Nap	91-20-3	≥99.5	Aladdin
菲	Phe	85-01-8	≥99.5	Aladdin
蒽	Ant	120-12-7	≥99.0	Aladdin
芘	Pyr	129-00-0	99	Aladdin
苯并（k）荧蒽	Bkf	207-08-9	≥98	Aladdin

表 5-2 所用仪器型号与参数

仪器名称	型号	参数设置
扫描电子显微镜	MAIA3 field emission/TESCAN	30 kV
透射电子显微镜	JEM-2100/JEOL	170 kV
X 射线衍射仪	D8 Advance XRD system /Bruker	扫描范围 0°~10°
氮气吸附孔径分析仪	Autosorb IQ/Quantachrome	吸附-脱附时间：10 h
磷光光谱仪	LS-55/ Perkin Elmer	延迟时间为 1 ms； 门限时间为 5 ms； 激发与发射狭缝为 5~20 nm
紫外光谱仪	Lambda-35 /Perkin Elmer	
集热式磁力搅拌	DF-101	300~800 r/min
超声波细胞破碎机	JY-650Y，上海乔跃	

5.2.2 材料的制备

2D 孔道介孔二氧化硅的合成参考文献［22］中的方法并加以改进，具体路径如下：将 1.0 g CTAB、480 mL 去离子超纯水、7.0 mL NaOH（1.0 mol/L）加入一个聚四氟乙烯（PTFE）烧瓶中。将混合物置于 80 ℃水浴中搅拌至澄清后，再向其中加入 TMB（0 mL、2 mL、6 mL），充分搅拌后，逐滴加入 TEOS（5 mL），加入过程中可见生成白色沉淀。生成的混合物继续搅拌 2 h 后置于室温冷却。过滤后收集固体样品，于 323 K 真空干燥箱中放置约 12 h 后将样品置于 823 K 焙烧 6 h 以完全除去 CTAB，得到合成产物介孔二氧化硅。依 TMB 的添加顺序将产物依次命名为 MCM-41、LPMS1 和 LPMS2。

3D 孔道介孔二氧化硅的合成方法参考文献［6］和［23］并进行了优化。在循环水浴恒温 40 ℃和磁力搅拌的反应条件下，向盛有 60 mL 的 2 mol/L 盐酸溶液的平底塑料烧瓶中加入 4 g 的硫酸钾、2 g 的 F127，连续搅拌 12 h 后快速加入 4.2 g 的 TEOS（约 4.5 mL），密封并继续搅拌 12 h。将混合物转移到四氟乙烯内胆的高压反应釜内在 100 ℃下老化 12 h，然后用布氏漏斗对混合物进行过滤，用去离子水和乙醇混合液交替、多次冲洗白色产物，直至抽下来的滤液中泡沫明显减少。将抽滤得到的产物分散于乙醇中，利用细胞破碎机再次超声处理 10 min；再将分散液离心、除去上清液后，置于 323 K 真空干燥箱中干燥 24 h。将烘干的固体产物于 550 ℃下煅烧 300 min，得到白色细腻的粉末，命名为 LPMS3A。同时，将反应温度控制在 15 ℃并向反应溶液中分别加入 3 mL 的 TMB 和 2 g 的 KCl 作为扩孔剂和稳定剂，其他条件与 LPMS3A 制备方法相同，制备出的样品命名为 LPMS4A。

5.2.3 MS 样品预处理

MS 溶液的制备：将 MS 烘干后称量适量粉末加入去离子水中，超声振荡 5 min 以得到 MS 均匀分散液，该 MS 分散液与适量的 NaDC 及 9-BrP 储备液混合后，用去离子水定容到 10 mL，摇匀后静置 2 h，即可进行 RTP 测试。

在 UV 检测中，将待测的 9-BrP-MS-NaDC 分散液静置 2 h，于离心机中 5000 r/min 下离心 10 min 以分离 MS。吸取离心上清液进行紫外吸收光谱测试，根据结果对比二元复合体系溶液和单一 NaDC 体系中 9-BrP 的含量。向一定浓度的 NaDC 储备液中添加 9-BrP 后用去离子水定容到 10 mL 得到单一 NaDC 体系溶液。

5.2.4 室温磷光分析方法

基于流动注射液滴法开展 RTP 分析，在 LS-55 光谱分析仪上安装高精度液滴组件，由注射泵（1～2 通道，Cole-Parmer）、注射器（10 mL，Gastight，Hamilton）等组成。如图 5-6 所示，待测样品在平头针头处形成液滴。而液滴正位于光谱仪激发光束照射范围内。与传统光谱分析平台相比，无需清洗比色皿，对激发、发射光束无反射效应，可快速进行平行多次样品测定，可进行多组分混合样品检测，也适用于涉及慢反应的光谱分析，还具有高分析灵敏度和精确度的优势。紫外吸收光谱分析在 Lambda35 紫外光谱仪上进行，扫描速度设定为 480 nm/min。狭缝宽度为 2 nm。

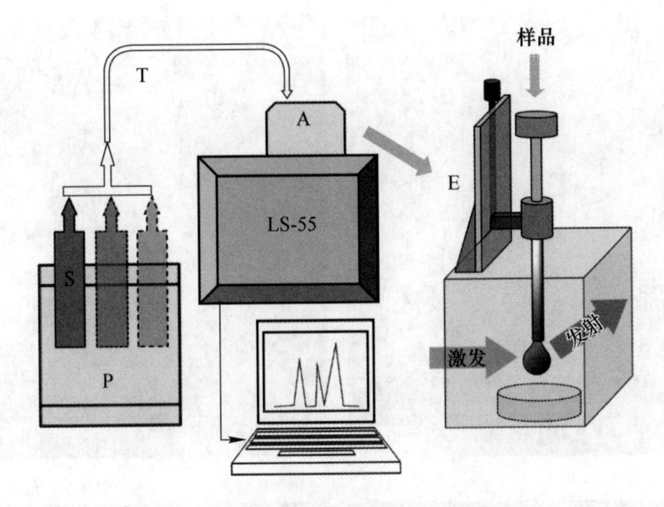

图 5-6 流动注射液滴光化学传感器组成

S—注射器；P—注射泵；T—高密度硅胶管路；A—样品室；E—液滴升降台

5.3 结果与讨论

5.3.1 MS 材料的表征与分析

分别通过扫描电子显微镜（SEM）和透射电子显微镜（TEM）对 MCM-41、LPMS1 和 LPMS2 三种材料的形貌和介孔结构进行表征。其中，MCM-41 材料颗粒外形为标准的球形，直径约为 100 nm［见图 5-7（a）］。LPMS1 和 LPMS2 两种介孔二氧化硅的外形分为球形和短胶囊形两种。由于在制备过程中 CTAB 模板内部嵌入了不同比例的均三甲苯，胶束体积增大，因而平均粒径也较大，分别约为 120 nm 和 140 nm［见图 5-7（b）(c)］。MCM-41 的孔径较小，材料的导电性较低，因此对材料内部的孔结构的 TEM 成像不是很清晰，但依然能看到颜色深浅相间的点阵图形［见图 5-7（d)］，浅色区域即为 MCM-41 的介孔孔道。LPMS1 和 LPMS2 两种材料的孔道尺寸显著增大，因而 TEM 成像更为清楚［见图 5-7 (e)(f)］，孔道呈六边形排列，且排列的形态比 MCM-41 更加有规律和整齐。可见，TMB 作为扩孔剂加入胶束中，在增大了胶束体积的同时，也增加了不同胶束的表面之间的接触面积，使得胶束之间的静电结合更加稳定，从而提升了材料孔道的有序度。

采用 X 射线小角度衍射测试了三种材料的晶体结构和孔道有序性。如图 5-8 所示，三种材料分别在衍射角度为 2.28°、2.28°和 1.98°的位置显示出明显的衍射峰，表明这些材料的孔道结构是高度有序的。进一步采用氮气吸附-脱附法对

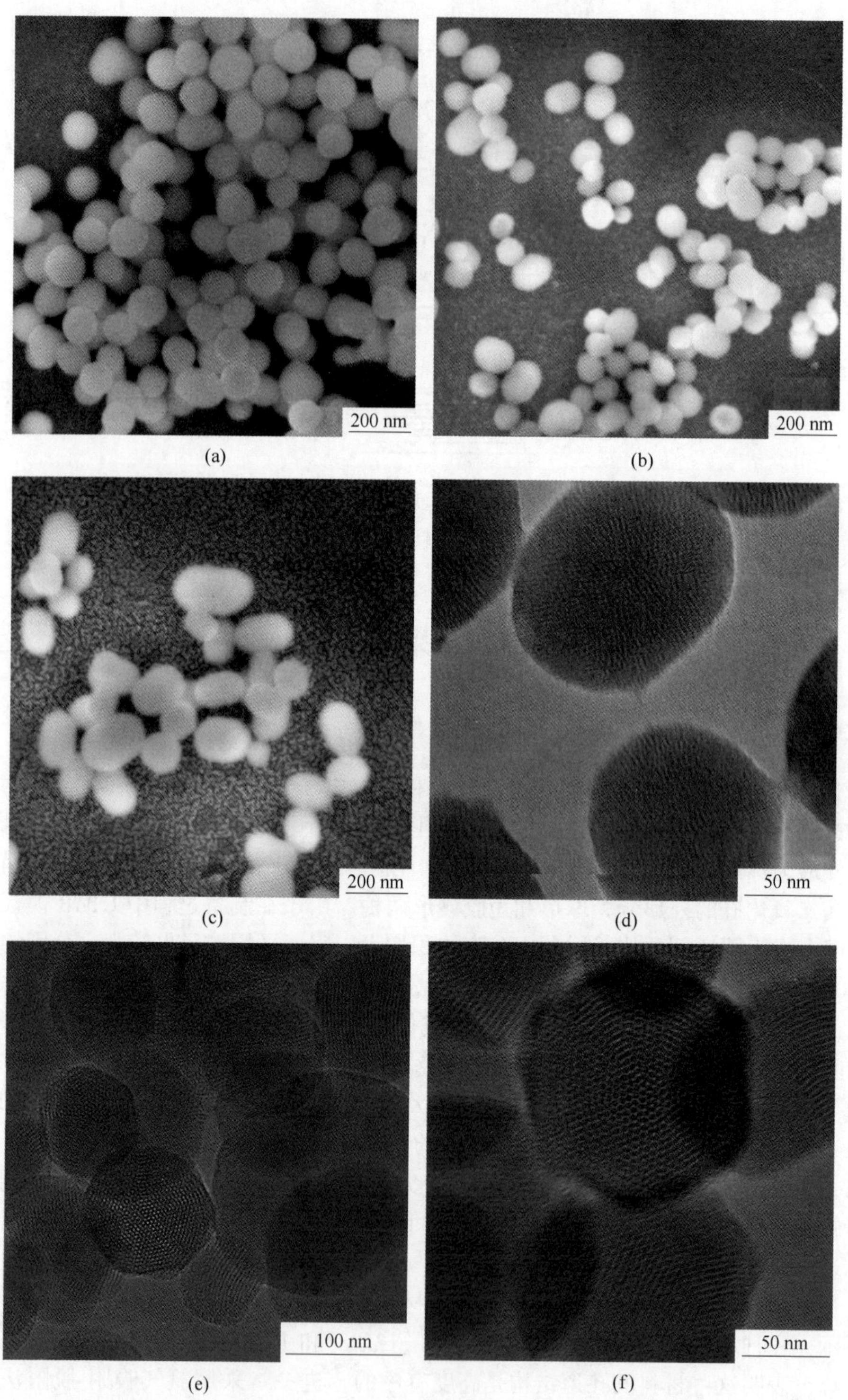

图 5-7 MCM-41、LPMS1 和 LPMS2 的形貌（a）~（c）与孔道结构（d）~（f）

三种介孔材料的孔道性质进行全面分析。如图 5-9 所示，三种材料的吸附等温曲线与 IUPAC 的Ⅵ型等温曲线较为一致，在低相对压力区域具有拐点，表明存在一定的微孔结构。中等相对压力区域存在滞后环。其中，MCM-41 和 LPMS1 的滞后环较小，这主要是由于两种材料的孔径较小，再加上氮气吸附-脱附分析时间较短（10 h）。LPMS2 材料在相对压力为 0.4~0.98 范围内表现出非常明显的滞后环。

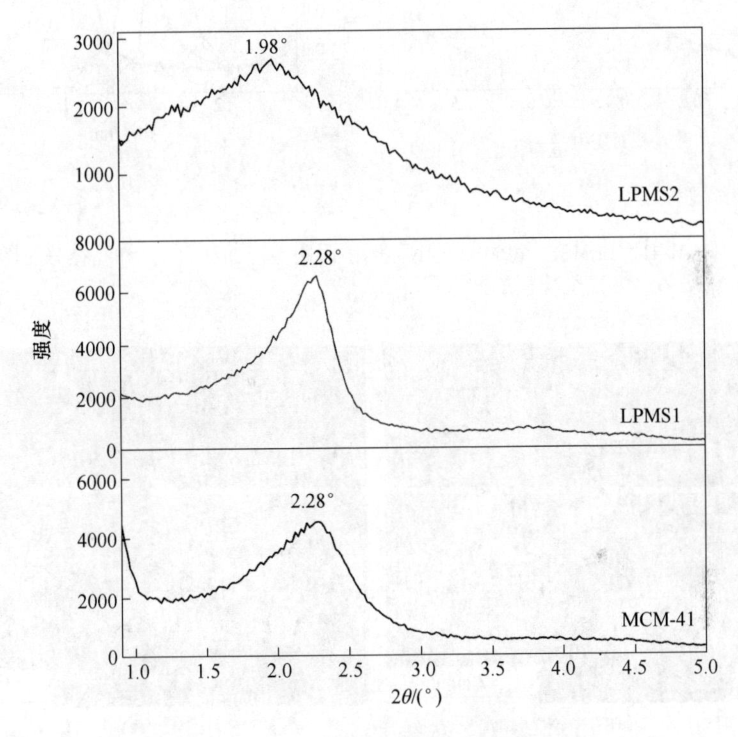

图 5-8 三种材料的 X 射线小角度衍射图谱

利用 Brunauer-Emmett-Teller（BET）和 Barrett-Joyner-Halenda（BJH）两种方法分别对三种材料的比表面积、孔径等进行分析，结果表明 MCM-41、LPMS1、LPMS2 的比表面积分别为 1139.780 m^2/g、1063.087 m^2/g、711.789 m^2/g，平均孔径分别为 2.731 nm、3.049 nm、3.835 nm［见图 5-9（b）］，孔容分别为 1.589 cm^3/g、1.347 cm^3/g、0.949 cm^3/g。

LPMS3A 和 LPMS4A 由于 F127 胶束体积较大，其孔径和形貌均显著大于 MCM 系列的介孔二氧化硅，达到微米级别。胶束形态的差异导致两种材料分别呈现带有金字塔内陷的立方体和六边形块状形貌（见图 5-10）。在恒温条件和 K_2SO_4、KCl 等稳定剂的作用下，LPMS3A、LPMS4A 两种样品颗粒呈单分散性，表现出良好的分析应用潜力。

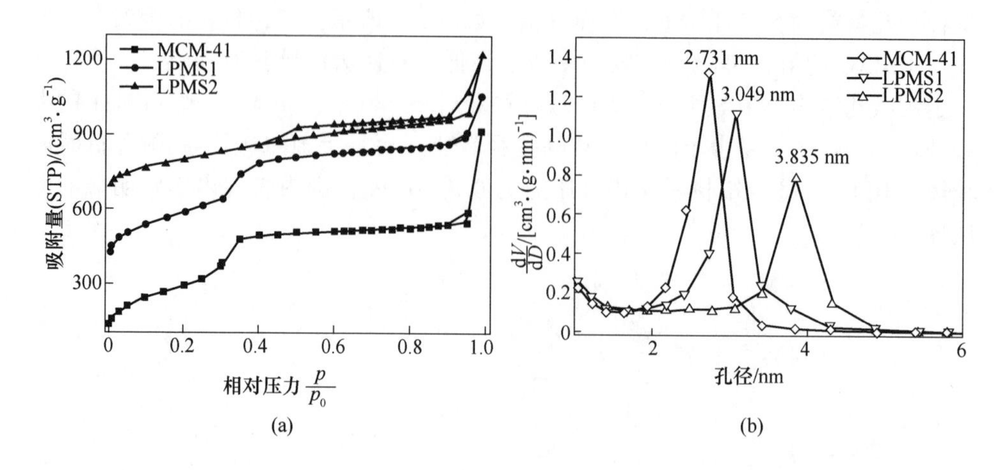

图 5-9 MCM-41、LPMS1、LPMS2 的 N_2 吸附-脱附等温曲线（a）和孔径分布图（b）

图 5-10 LPMS3A（a）和 LPMS4A（b）的 SEM 图像

分别利用 TEM、X 射线小角度衍射和 N_2 吸附-脱附等手段较为详尽地分析 LPMS3A 和 LPMS4A 的材料结构与介孔性质。从图 5-11 的 TEM 图像中可见 LPMS3A 的孔径较小，孔道呈高度有序的点阵状；LPMS4A 的孔道结构较为相似，但孔径更大。图 5-12 为两种材料的 X 射线小角度衍射图谱，两种材料分别在衍射角度为 0.74°和 0.88°处显示出强烈的衍射信号，同样表明这两种材料的介孔结构是高度有序的。与 LPMS1、LPMS2 相比，衍射信号更强，这是因为当孔径较大时，孔道密度降低。同时，由于 LPMS3A 和 LPMS4A 的笼状孔道结构是 3D 立体均一的，因此不同层次孔道衍射信号的相互干涉较弱。

图 5-13（a）为 LPMS3A 和 LPMS4A 的 N_2 吸附-脱附等温曲线，LPMS3A 的

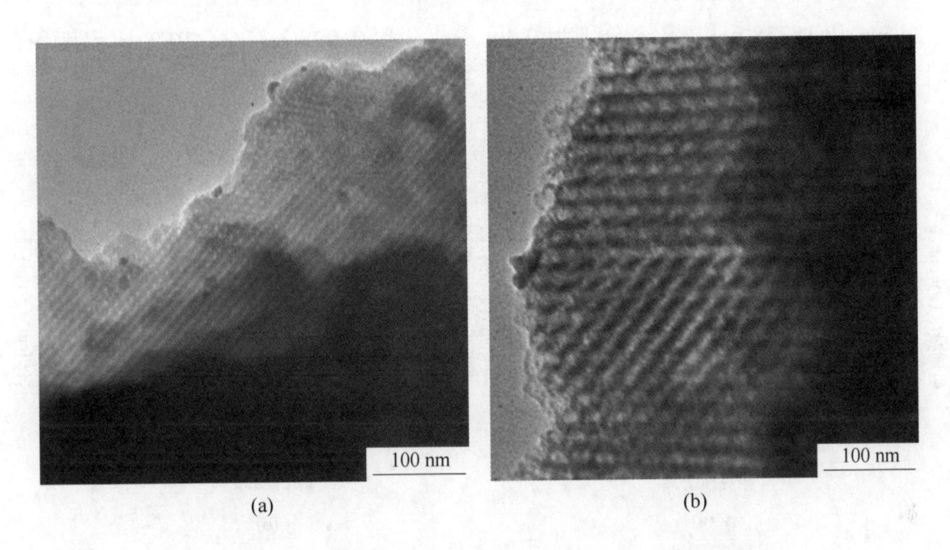

图 5-11 LPMS3A（a）和 LPMS4A（b）的 TEM 图像

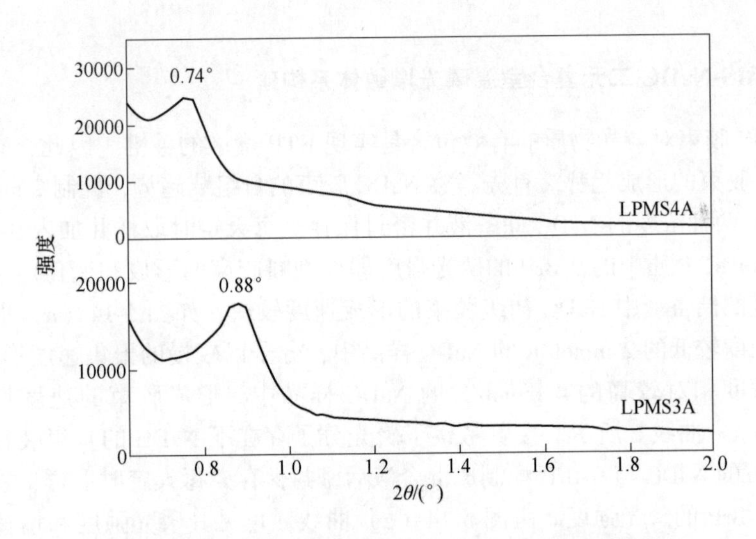

图 5-12 LPMS3A 和 LPMS4A 的 X 射线小角度衍射图谱

等温曲线在低相对压力区域有微弱的拐点，表明存在少部分的微孔结构；在中等相对压力区域形成一个明显的滞后环，且上方一部分脱附曲线较为平坦，即所谓的饱和吸附平台，这代表该材料结构中存在墨水瓶形态的半封闭孔道结构。LPMS4A 的Ⅳ型滞后环更为明显，但其位置处于较高的相对压力区域，并且脱附曲线无显著的平台区域，表明该类材料的介孔尺寸更大，需要较大的压力才能产生 N_2 毛细凝聚效应，孔道结构基本为贯穿性孔道。上述结果明确验证了两种材料的介孔结构是高度有序的。通过孔径分布测试得出两种材料的 BJH 孔径分别为

6.24 nm 和 18.58 nm，孔容分别为 0.98 cm^3/g 和 0.925 cm^3/g，BET 比表面积分别为 774.962 m^2/g 和 243.839 m^2/g。

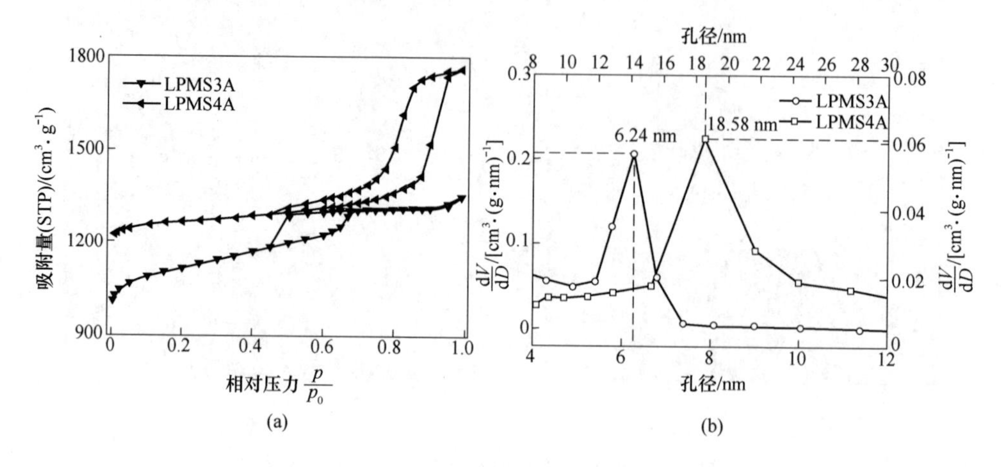

图 5-13 LPMS3A 和 LPMS4A 的 N_2 吸附-脱附等温曲线（a）和孔径分布图（b）

5.3.2 MS-NaDC 二元复合室温磷光增敏体系构建

NaDC 胶束对磷光物质的有效包合是实现 RTP 增敏的关键。因此，有必要研究 NaDC 胶束的形成趋势。首先考察 NaDC 胶束的自组装趋势，配制 2 mmol/L 和 4 mmol/L 两种浓度的 NaDC 储备液并密封保存，每天定时取样并加入 9-BrP，通过检测 NaDC 介质中的 9-BrP 的磷光强度即可判断胶束的形成和变化。结果显示较高浓度的储备液中 NaDC 初级胶束的形成速度较快。如图 5-14（a）曲线 a 所示，在浓度较低的 2 mmol/L 的 NaDC 样品中，分子以较慢的聚集速度形成胶束；但是在浓度相对较高的 4 mmol/L 的 NaDC 样品中，形成胶束的速度加快，如图 5-14（a）曲线 b 所示。接着考察了磷光分子存在下 NaDC 的自组装行为，将 4 mmol/L 的 NaDC 与 9-BrP 配制成混合液后密封保存，每天定时取样，检测混合液中的 9-BrP 的磷光强度。由图 5-14（a）曲线 c 可见其磷光强度和增速远大于单一 NaDC 分子体系，表明 NaDC 胶束对 9-BrP 的包合不仅受其分子自组装行为的影响，更需要以 9-BrP 分子或分子团作为疏水核心，与其周围的 NaDC 分子的疏水面相互作用，从而使得 NaDC 分子加速形成三明治形态的胶束。这是因为 9-BrP 不溶于水，与 NaDC 分子的疏水面具有较高的亲和性。

9-BrP 在 NaDC 溶液中呈现微弱的 RTP 信号。但是，当向 NaDC 溶液中添加 MS 分散液（LPMS2），随后加入 9-BrP，则能够检测到显著的 RTP 发光，其最大激发和发射波长分别位于 251 nm 和 492 nm［见图 5-14（b）］。该 RTP 增敏结果非常显著，RTP 强度增大了 50 倍以上，甚至可以用数码相机进行记录。如

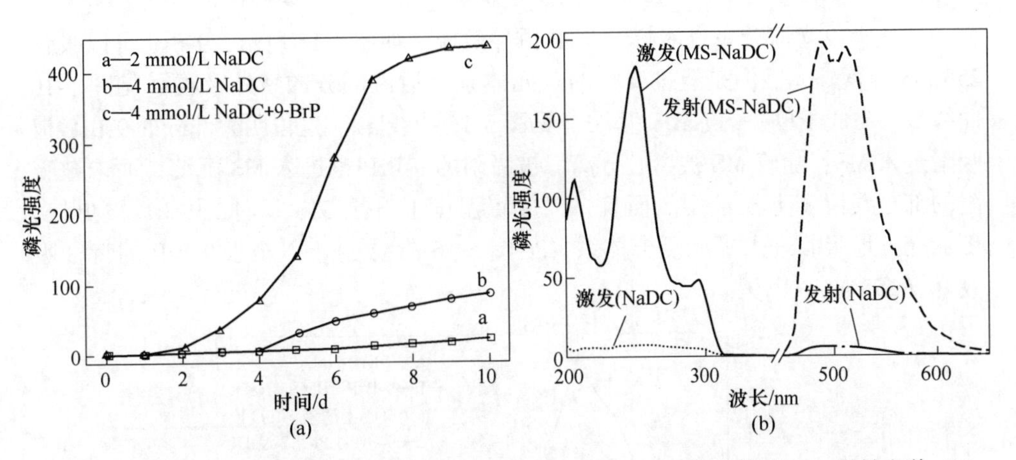

图 5-14 NaDC 自组装趋势对 RTP 的影响（a）与 MS-NaDC 二元复合体系 RTP 增敏光谱（b）

图 5-15 所示，样品 a、样品 b 分别为在室温和 40 ℃下混合静置后的 9-BrP-NaDC 体系，在紫外光下无法被激发出 RTP，仅表现出微弱的蓝紫色荧光；样品 c 和样品 d 分别为在室温和 40 ℃下静置的 9-BrP-LPMS2-NaDC 体系，与样品 a、样品 b、样品 f 相比可见其被紫外线激发出的明亮的绿黄色 RTP 发光。而且，随着放置温度升高，磷光愈加强烈（样品 d）。经过离心的糊状固体 MS（样品 g）也能够发出明亮的磷光，但是样品 e 上清液却没有磷光。上述结果表明，较高的放置温度更有利于 NaDC 分子进入 MS 的孔道，形成相互作用的二元协同包合体系。当磷光物质进入该体系后，立即处于被保护状态，不受溶解氧和溶剂分子的影响；即使暴露在空气中，该二元复合增敏体系也能够诱导发出稳定的 RTP。

图 5-15 彩图

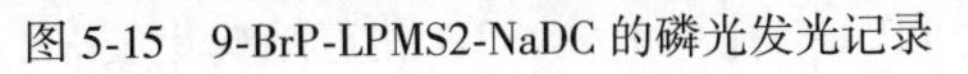

图 5-15 9-BrP-LPMS2-NaDC 的磷光发光记录

紫外吸收光谱分析也能解释 RTP 诱导效应，如图 5-16 所示，9-BrP 可以吸收 256 nm 的紫外光。但是经过离心的三元体系上清液部分的紫外吸收（见图 5-16 曲线 b）要低于单一的 NaDC 基质（见图 5-16 曲线 a）。这说明大部分的 9-BrP 被吸附进入 MS；随着 MS 被离心分离，被吸附的 9-BrP 也进入 MS 沉淀，而未被吸附的部分残留于上清液中。而且，当放置温度上升至 313 K 时，9-BrP 被更快、更加充分地吸收进入二元复合体系（见图 5-16 曲线 c），以至于 9-BrP 的特征吸收峰（255 nm）消失。

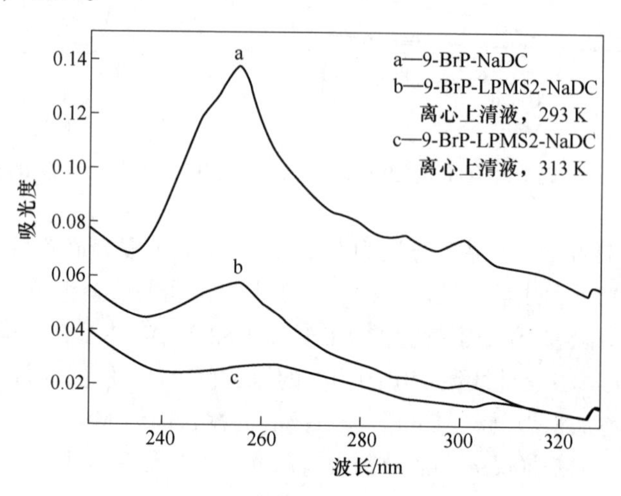

图 5-16 9-BrP 的紫外吸收光谱

基于 9-BrP 在 LPMS2-NaDC 体系中显著、快速的磷光发光特性，以及紫外吸收光谱分析结果的对比，可以推断 RTP 诱导机理是基于 LPMS2 和 NaDC 形成的二元协同包合基质，且该协同包合基质不同于单一 NaDC 胶束。NaDC 分子的亲水面有 2 个羟基和 1 个羧基，而且 MS 表面布满 Si—O 和 Si—OH 基团。当 NaDC 被加入 MS 分散液中，NaDC 通过分子运动进入 MS 的孔道中（见图 5-17）。MS 表面和 NaDC 分子的—OH 发生氢键相互作用，NaDC 分子的亲水面贴于 MS 孔道内壁，其疏水面指向孔道中心，形成能够包合磷光物质的疏水孔道。

5.3.3 MS-NaDC 二元复合室温磷光增敏体系优化

MS-NaDC 的 RTP 增敏效率与 MS 的材料、孔道性质密切相关。要实现 MS 在 RTP 增敏中的成功应用，需要根据不同条件下 RTP 强度和稳定性对 MS 进行筛选，对增敏条件进行优化。表 5-3 列出了前文所述的五种 MS 的孔性质参数。对比材料参数和图 5-17，可以推断出最大的 RTP 诱导能力与 MS 孔容密切相关。当 MS 孔道内壁布满 NaDC，具有较大孔容的 MS 能够为更多的磷光体提供空间。五种 MS 中，LPMS4 比 LPMS2 孔径更大，3D 孔道结构更复杂，虽然 LPMS4 比表面

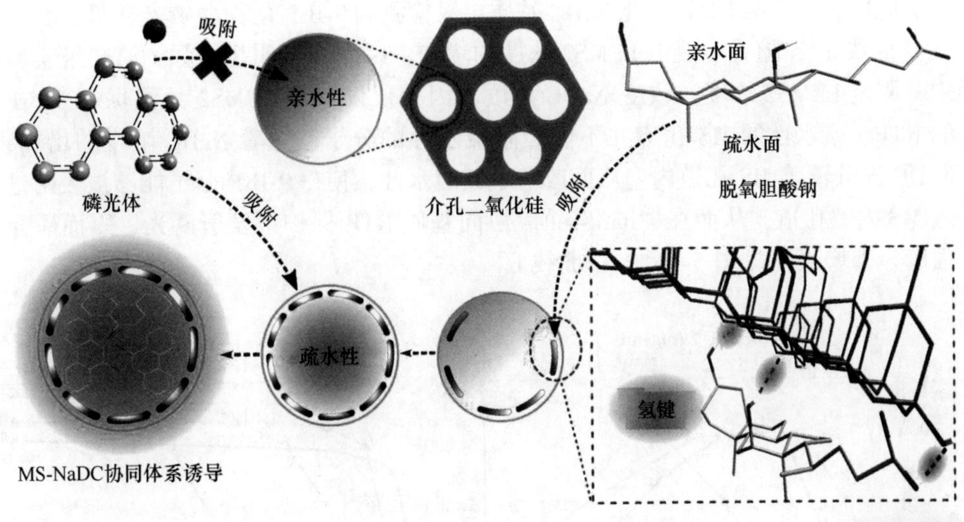

图 5-17 MS-NaDC 二元协同包合机理示意图

图 5-17 彩图

积更小，但其孔容并没有明显减小；LPMS2 和 LPMS4 对磷光物质的吸附量也较为接近，因而两者的最大 RTP 诱导能力非常接近。

表 5-3 MS 材料结构与沉降测试

MS	比表面积 /($m^2 \cdot g^{-1}$)	孔容 /($cm^3 \cdot g^{-1}$)	孔径 /nm	60 min 沉降比例 /%
MCM-41	1139.780	1.589	2.731	4.1
LPMS1	1063.087	1.347	3.049	5.5
LPMS2	711.789	0.949	3.835	5.9
LPMS3	774.962	0.802	6.244	35.3
LPMS4	243.839	0.925	18.58	20.1

注：比表面积通过 BET 法计算；孔容和孔径通过 BJH 法计算。

MS 分散液的稳定性对于保证检测精密度十分重要。9-BrP-LPMS4-NaDC 体系在充分振荡后放置 60 min，磷光强度降低幅度超过 20%，这是由于其微米尺寸级别的颗粒很容易沉降到容器底部。若将 LPMS4 应用到某些磷光发光较慢的过程中，则需要不断地振荡以防止 LPMS4 发生团聚沉降。相比之下，基于 LPMS2 的复合分散液则具有很好的稳定性，长时间静置后材料颗粒的沉降比例较小，是 MS-NaDC 协同体系中非常理想的“hard”基质。

进一步开展了 NaDC 与 MS 浓度配比对 9-BrP 的 RTP 强度影响的测试。第一组实验中，在 3 mmol/L 单纯 NaDC 基质中只检测到 9-BrP 的微弱磷光［见图 5-18（a）曲线 a］，随着溶液中 LPMS2 浓度的增加，磷光强度明显增强。第二组实验中，固定 LPMS2 浓度，改变 NaDC 浓度，因为仅仅依靠 LPMS2 无法保证 9-BrP 的 RTP，亲水性的 MS 孔道并不能吸附疏水性的分子。随着 NaDC 浓度的增加，NaDC 充分覆盖 MS 孔道内壁从而改善了其疏水性，使得 9-BrP 分子能够被吸附进入 MS 内部孔道，从而在“hard-soft”协同基质 RTP 保护下发射磷光，因而磷光强度显著增强［见图 5-18（a）曲线 b］。

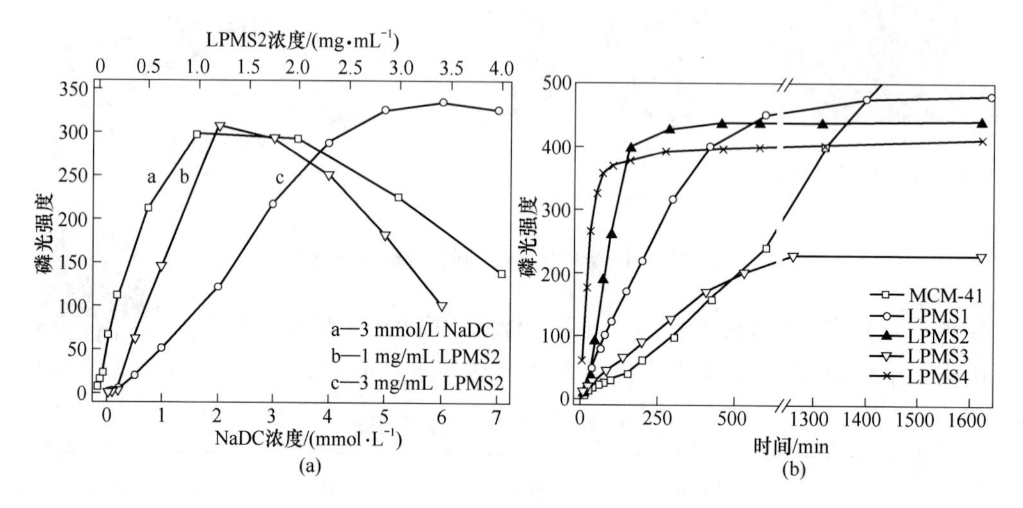

图 5-18 MS 与 NaDC 浓度配比（a）和不同孔径的 MS-NaDC 基质（b）对 9-BrP 的 RTP 的影响

研究表明，为了实现最佳 RTP 诱导能力，NaDC 浓度要控制在其临界胶束浓度（CMC=4.9 mmol/L）附近[24]。然而，测试发现 MS-NaDC 基质中的 9-BrP 的磷光并不受制于 NaDC 的 CMC。当 LPMS2 浓度为 1 mg/mL，9-BrP 的磷光强度在 NaDC 浓度为 2 mmol/L 时达到最大；当 LPMS2 浓度增至 3 mg/mL，9-BrP 的磷光强度在 NaDC 浓度为 6 mmol/L 时达到最大［见图 5-18（a）曲线 c］。可见，NaDC 分子在 MS 中的自组装形态不同于单一 NaDC 体系，而是在自组装的同时还存在如图 5-17 所示的 NaDC 和 MS 的相互作用。当加入 LPMS2 中的 NaDC 过量，9-BrP 的磷光强度明显下降，原因为过量的 NaDC 分子堵塞了孔道入口，导致无法吸附 9-BrP。同样，如果 LPMS2 过量，其内部孔道就不会被 NaDC 充分覆盖，MS 孔道就无法充分吸附磷光物质。因此，0.5 为 MS 与 NaDC 的最佳浓度配比。

MS 的孔径大小、孔结构及比表面积与 RTP 诱导直接相关，分别考察了 5 种 9-BrP-MS-NaDC 的磷光强度随时间变化趋势。室温条件下，向 5 种 MS 分散液中依次加入相同量的 NaDC 和 9-BrP，快速振荡后，立即开始定时取样并测试磷光强度。图5-18（b）显示，在MCM-41-NaDC中9-BrP的磷光强度缓慢升高，且需要24 h以上才能达到最大磷光强度。LPMS1～LPMS4体系的RTP则以更快的速度增强，这显然与其较大的孔径能更快形成复合包合体系并吸纳更多的9-BrP直接相关。尤其在LPMS4-NaDC中，9-BrP只需要130 min就能达到最大磷光强度。同时，也看到了RTP强度的增速和孔道结构的关联，LPMS4-NaDC体系快速形成RTP诱导与其3D孔道直接相关，而LPMS3由于具有墨水瓶状半封闭孔道，NaDC和9-BrP向其内部扩散的速度显然低于其他的MS。可见，较大的孔径更有利于NaDC通过分子碰撞穿透进入MS内部，而相互连通的3D孔道结构则可以为客体分子提供更多的通道，以加速达到饱和吸附状态。

对于单一组分的表面活性剂溶液，温度在以下两个方面对磷光存在明显的影响：一方面，胶束的形成、胶束的结构以及胶束的疏水空腔在很大程度上取决于样品的放置温度；另一方面，溶液黏度和分子运动亦会随温度发生变化，溶剂分子及氧分子会在较高的温度下发生更加激烈的碰撞从而加强RTP猝灭。如图5-19（a）所示，当放置温度和检测温度从283 K增至313 K，9-BrP在单一NaDC基质中的磷光强度降低40%。相比之下，MS-NaDC基质有着很好的稳定性，9-BrP的RTP并未由于温度的升高而出现明显变化。

这种现象是由本研究中独特的“hard-soft”基质的刚性结构导致的。当NaDC分子被吸附进入介孔二氧化硅，贴于孔隙内壁，刚性孔道限制了NaDC分子的运动和胶束的扩张，因而改变温度不会影响到MS-NaDC基质疏水空腔的形状，因此保持稳定的RTP发光，不随温度而变化。同时，较高的温度能够加快NaDC的吸附速度。313 K时，向LPMS2分散液中添加NaDC和9-BrP，磷光强度达到最大值仅需要110 min，缩短时间意味着更快的检测速度和良好的应用前景。

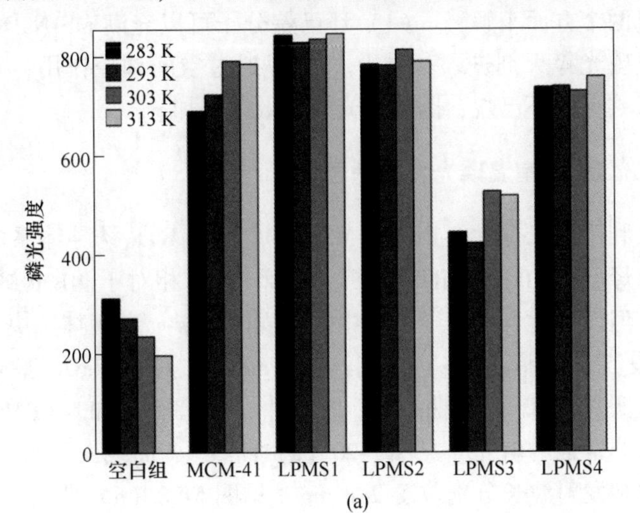

(a)

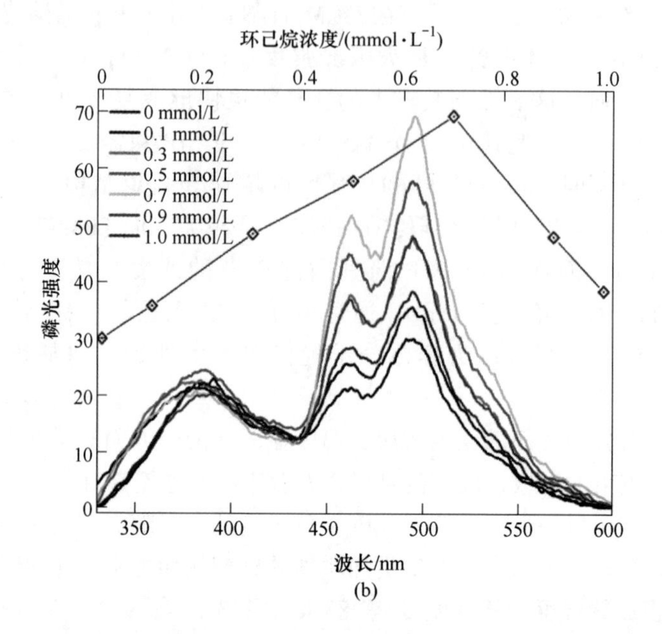

图 5-19 彩图

图 5-19 温度（a）和环己烷浓度（b）对 9-BrP-MS-NaDC 的 RTP 的影响

文献［25］报道环己烷（CYH）通常可以作为辅助 RTP 诱导剂，本书相关实验将环己烷加入 LPMS2-NaDC 基质中希望得到磷光增强效应。结果如图 5-19（b）所示，当环己烷浓度为 0.7 mmol/L（NaDC 与 CYH 浓度配比为 20∶7）时，磷光强度达到最大值。环己烷不溶于水，当适量的环己烷与磷光物质一同被加入，环己烷会很好地吸附进入 MS-NaDC 基质中。但是，加入过量的环己烷后就会难以溶解完全，MS-NaDC 结构也会被过量的环己烷破坏。环己烷的 RTP 诱导能力可以通过两个方面来解释：（1）环己烷分子可以充满 MS-NaDC 基质的疏水空腔从而阻止磷光猝灭剂进入基质中。（2）通过空间调控作用，磷光物质的分子运动受限于共存的环己烷，因此磷光发射效率增加。

5.3.4 五种 PAHs 的室温磷光发光诱导

基于上文利用磷光探针 9-BrP 对 MS-NaDC 复合 RTP 诱导体系的研究，进一步开展多环芳烃（PAHs）的 RTP 分析。尽管 PAHs 相对于 9-BrP 缺少 Br 作为重元素取代基，但该类化合物分子结构中的大规模的 π-π 共轭体系决定了其可以实现 RTP 诱导发光。以菲（Phe）为例，在 4 mmol/L 单一 NaDC 基质中 Phe 发出微弱的磷光［见图 5-20（a）曲线 b、曲线 b′］，而将 Phe 加入 LPMS2-NaDC 基质中则可以发出非常强的磷光［见图 5-20（a）曲线 a、曲线 a′］。Phe 在两种基质中的最大激发和发射波长分别位于 248 nm［见图 5-20（a）曲线 a、曲线 b］和

494 nm［见图 5-20（a）曲线 a′、曲线 b′］，但是后者的磷光强度增强超过 50 倍。Ant 也在 249 nm 和 489 nm 处有很强的磷光［见图 5-20（b）曲线 b、曲线 b′］，内源磷光较弱的 Nap、Pyr、Bkf 也分别在 243 nm 和 490 nm［见图 5-20（b）曲线 d、曲线 d′］、244 nm 和 490 nm［见图 5-20（b）曲线 a、曲线 a′］、247 nm 和 497 nm［见图 5-20（b）曲线 c、曲线 c′］处呈现磷光激发与发射信号。

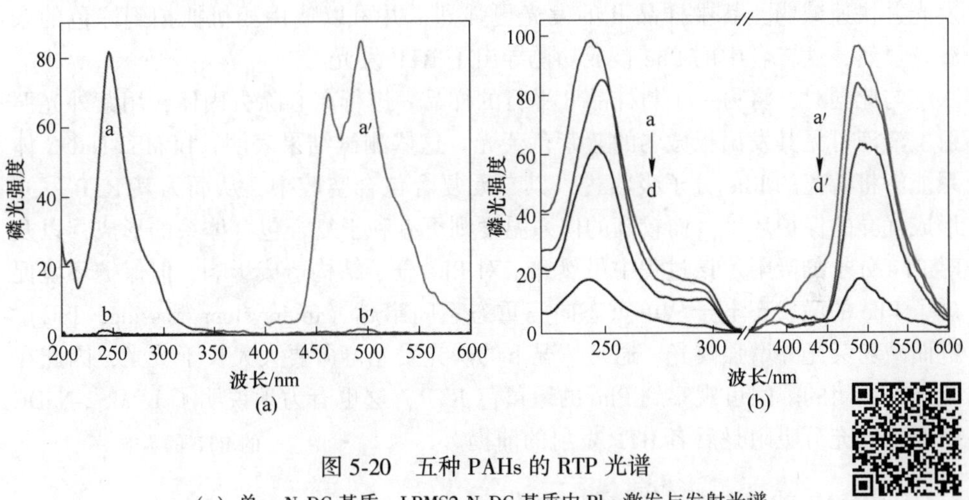

图 5-20 彩图

图 5-20 五种 PAHs 的 RTP 光谱

（a）单一 NaDC 基质、LPMS2-NaDC 基质中 Phe 激发与发射光谱；
（b）LPMS2-NaDC 基质中 Pyr、Ant、Bkf 和 Nap 激发与发射光谱

Phe 的 RTP 发光也能目视并用相机记录。图 5-21 中，Phe 在紫外光照射下的单一 NaDC 溶液中能够观察到蓝紫色的荧光（样品 a），关闭紫外光后荧光立即消

图 5-21 彩图

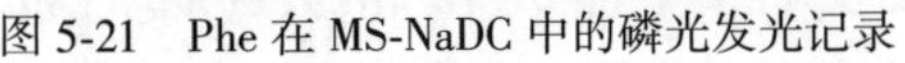

图 5-21 Phe 在 MS-NaDC 中的磷光发光记录

失。将等量 Phe 加入 LPMS2 分散液放置 2 h 并离心分离除去后者，可以观察到上清液在紫外光照射下依然有强烈的荧光（样品 b），意味着 MS 对 Phe 没有显著的吸附。当将 Phe-LPMS2-NaDC 三元体系分别放置在室温（样品 c）和 40 ℃（样品 d）下静置 2 h 后，二者在紫外光照射下可以看到明显的蓝紫色荧光，但样品 d 的发光明显稍弱；关闭紫外光的瞬间，可以看到样品 c 和样品 d 均有黄绿色的发光并快速减弱，其中样品 d 的发光更强烈，并可以使用相机抓拍到绿色的余辉。显然，这二者中的 Phe 被成功诱导出了 RTP 发光。

与此同时，将另一个与样品 d 平行的样品 e 进行离心除去固体，用紫外光照射上清液可见其发出很微弱的蓝紫色荧光。这些测试结果表明，LPMS2-NaDC 体系能够将游离的 Phe 分子吸收进入其二元复合包合空腔中，从而为其 RTP 发光形成优异的保护环境。而较高的体系温度则更有利于复合包合体系的形成，以及对 Phe 分子的吸附。该过程中虽然并未对 Phe 分子结构造成影响，但保护环境促进了 Phe 的激发态电子从单重态向三重态系间窜越（intersystem crossing，ISC），进而减弱荧光并增强磷光。通常情况下的磷光发光寿命要大大长于荧光，因此在紫外灯关闭的瞬间可观察到 Phe 的绿黄色 RTP，这也有力地说明了 LPMS2-NaDC 对 Phe 的充分吸附是后者 RTP 发射的前提。

5.3.5 PAHs 的室温磷光增敏条件优化

为了进一步提升 PAHs 的 RTP 分析的灵敏度，需要对分析条件进行优化。首先考察二元体系物料比例对 RTP 诱导的影响。控制 NaDC 浓度为 3 mmol/L，在单一 NaDC 基质中只检测到微弱的 Phe 的磷光信号（见图 5-22 曲线 a），这是由于新配制的 NaDC 溶液形成的胶束浓度很低。随着溶液中 LPMS2 浓度的增加，磷光强度显著增强。

当 LPMS2 浓度保持不变，随着 NaDC 浓度的增大，RTP 快速增强（见图 5-22 曲线 b）。这说明 NaDC 与 MS 相互作用贴合在孔道内壁改善了 MS 的内部疏水性，Phe 分子得以吸附进入孔道内部，在“hard-soft”体系保护下发射稳定的 RTP。为了保证 NaDC 胶束的最佳磷光诱导能力，当 LPMS2 浓度为 1 mg/mL，最大磷光强度发生在 NaDC 浓度为 2 mmol/L 时。当 LPMS2 浓度增至 3 mg/mL，在 NaDC 浓度为 6 mmol/L 时达到最大磷光强度（见图 5-22 曲线 c）。因此，LPMS2 与 NaDC 最佳浓度配比为 0.5。

继续考察了 3 种不同孔径的 MS 对 PAHs 的 RTP 增敏效果。室温条件下，将相同量的 NaDC 和 Phe 加入介孔二氧化硅 MCM-41、LPMS1 和 LPMS2 的分散液中，快速振荡后，对不同放置时间的 3 种样品的磷光强度进行检测。磷光强度与时间的关系曲线见图 5-23（a）。与 9-BrP 相似，Phe 在 MCM-41-NaDC 中的 RTP 需要超过 24 h 才能达到较高的强度。而孔径较大的 LPMS1-NaDC（3.049 nm）和

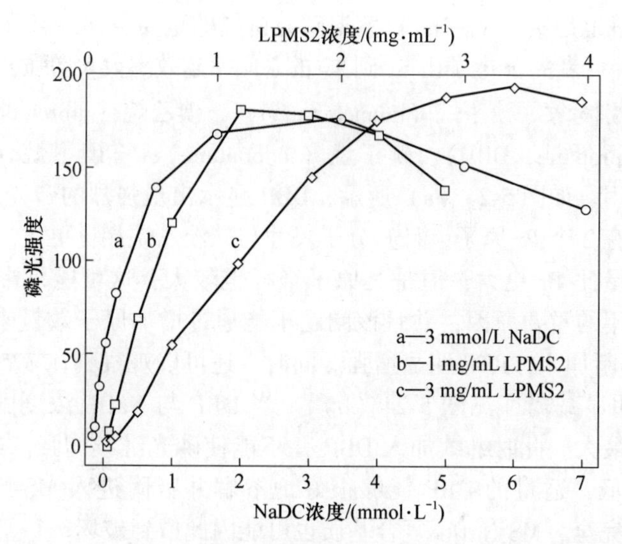

图 5-22 不同 MS 与 NaDC 浓度配比对 Phe 的 RTP 的影响

LPMS2-NaDC（3.835 nm）体系分别需要 10 h 和 260 min 就能达到最大磷光强度。LPMS2 的平均粒径与 MCM-41 相近，纳米级别的粒径尺寸使其在水溶液中有良好的分散能力和稳定性。因此，LPMS2-NaDC 体系对于 PAHs 是较为理想的二元复合 RTP 诱导基质。

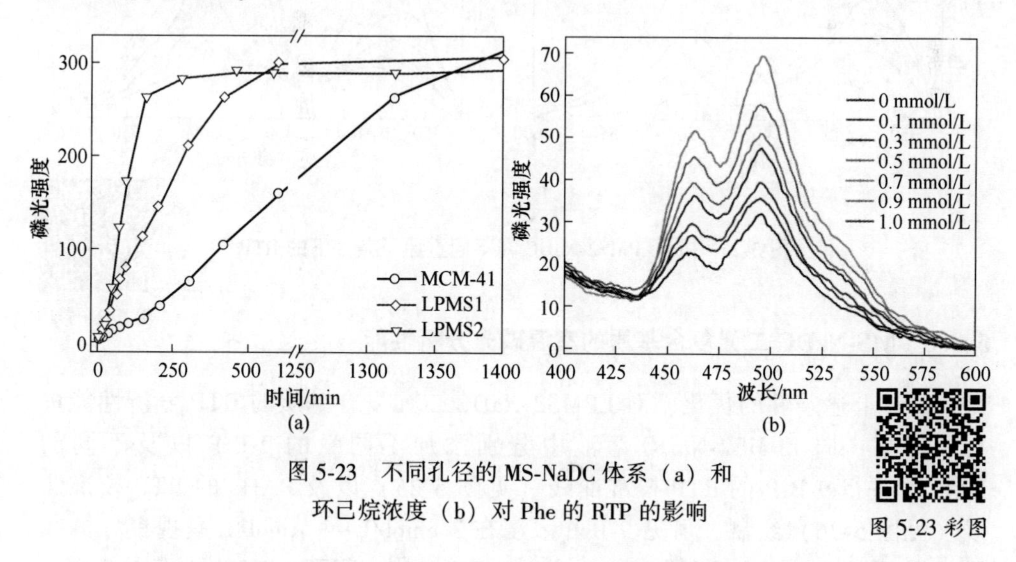

图 5-23 不同孔径的 MS-NaDC 体系（a）和环己烷浓度（b）对 Phe 的 RTP 的影响

图 5-23 彩图

环己烷对 PAHs-LPMS2-NaDC 体系的 RTP 诱导的影响与 9-BrP 相似。如图 5-23（b）所示，随着 CYH 与 NaDC 浓度配比的增大，磷光强度也不断升高。在二者浓度配比为 7∶20 时，磷光强度达到最大值，继续增大 CYH 浓度则会导致磷光强度下降。

重原子微扰也是实现 MS-NaDC 室温磷光诱导的重要条件，当重原子与磷光体尽可能接近时，后者的 π 电子由 S_1 到 T_1 的系间窜越效率大大增强，使磷光量子产率增加[26]。分别考察了溴丁烷（bromobutane）、二溴乙烷（dibromoethane）、二溴丙烷（dibromopropane，DBP）、碘丁烷（iodobutane）、三碘甲烷（iodoform）的重原子微扰作用。如图 5-24（a）所示，DBP 显示出最强烈的磷光诱导能力，原因为其分子内有 2 个 Br 原子，且其分子尺寸与二溴乙烷相比更大。同时，尽管 I 的相对原子质量比 Br 更大，但是其原子半径也较大，这可能是影响其与 PAHs 分子间相互作用的重要原因，并且该问题不能通过增加原子数量来解决。另外，随着 DBP 的不断加入，RTP 明显增强。同时，还可以观察到在 375 nm 处的发光（延迟荧光）明显减弱［见图 5-24（b）］。当 DBP 与 NaDC 浓度配比为 0.5 时，磷光强度达到最大。此时继续加入 DBP 并不能使磷光继续增强。这是因为 DBP 的水溶性比较低，适量的 DBP 能够很好地溶解并吸附进入 MS-NaDC；但过量 DBP 难以溶解完全，MS-NaDC 复合基质也可能因此遭到破坏。

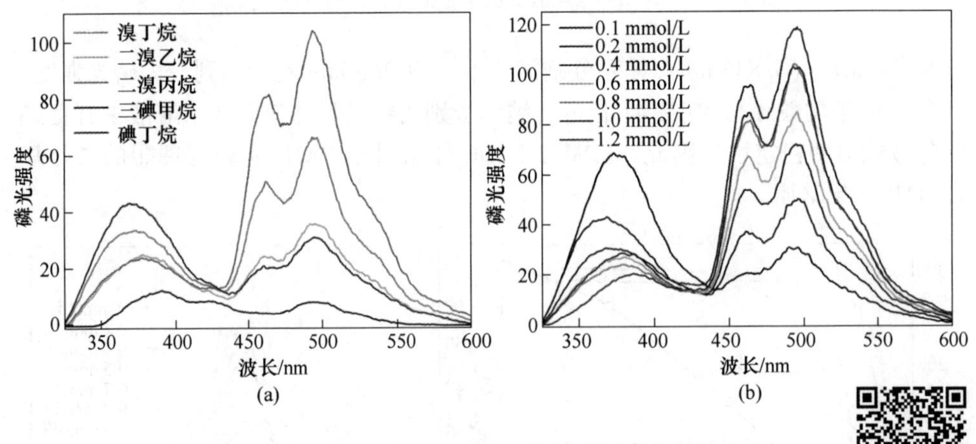

图 5-24　Phe-LPMS2-NaDC 在不同重原子条件下的 RTP

图 5-24 彩图

5.3.6　MS-NaDC 二元复合基质的室温磷光分析性能

经过上述条件的优化，对 LPMS2-NaDC 二元复合基质的 RTP 分析性能进行了考察。向 LPMS2-NaDC 溶液中分别添加不同量的 9-BrP 以及不同的 PAHs，进行 9-BrP 的 RTP 校准曲线（见图 5-25）以及 PAHs 的 RTP 校准曲线（见图 5-26）绘制，可见 9-BrP 浓度在 2 nmol/L～3 μmol/L 呈现良好的线性关系（R=0.9992），根据 IUPAC 定义的 LOD [27]，得到 9-BrP 的最低检出限为 0.5 nmol/L。

与文献报道的其他 RTP 分析方法对比（见表 5-4），MS-NaDC 二元复合基质的 RTP 分析具有理想的检测灵敏度，得益于 MS 材料高密度的有序孔道结构及颗

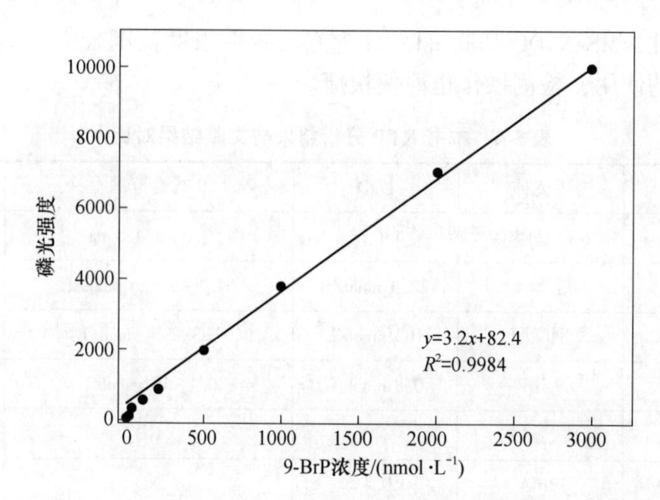

图 5-25 9-BrP 在 LPMS2-NaDC 协同包合基质中的校准曲线

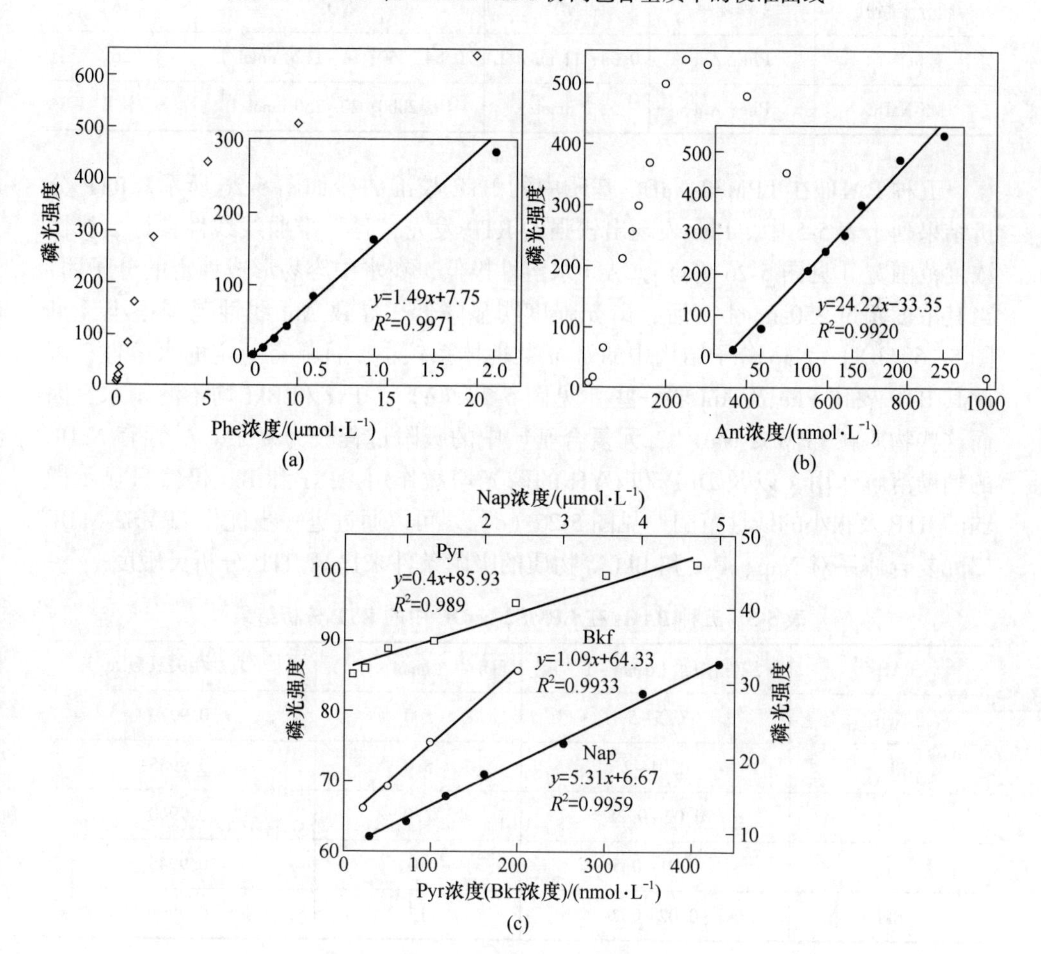

图 5-26 五种 PAHs 在 LPMS2-NaDC 协同包合基质中的校准曲线

粒的单分散性，MS-NaDC 基质 RTP 分析方法线性浓度范围较大。不仅避免了大量有机溶剂的使用，检测操作也简便快捷。

表 5-4 本书 RTP 分析结果与文献结果对比

基质	磷光体	LOD	线性范围	参考文献
滤纸	6-硫鸟嘌呤	4. 6 ng	3. 3~334. 3 ng	[28]
尼龙粉末	噻苯唑	22. 4 nmol/L	64. 1~546. 6 nmol/L	[11]
SDS 胶束	别嘌醇	103 nmol/L	183~514 nmol/L	[29]
NaDC 胶束	9-BrP	0. 8 nmol/L	0. 1~10 μmol/L	[17]
β-环糊精	普萘洛尔	ND	ND	[12]
非晶态聚合物基质	Br6A	<0. 1%	ND	[15]
超分子凝胶	3-溴喹啉	ND	ND	[16]
有机溶剂	Phe; Ant	0. 84; 11 nmol/L	0. 84~560; 11~1120 nmol/L	[26]
MS-NaDC	Phe; Ant	5; 2 nmol/L	10~2000; 20~250 nmol/L	本书

五种 PAHs 在 LPMS2-NaDC 基质中的 RTP 校准曲线如图 5-26 所示。RTP 分析结果列于表 5-5 中。Phe 表现出较强的 RTP 发光，且校准曲线线性良好、线性浓度范围宽［见图 5-26（a）］。Ant 水溶性极低，在水中容易形成稳定的分子团，当其浓度超过 250 nmol/L 后，磷光强度明显降低，导致 Ant 线性范围很小［见图 5-26（b）］。Nap 分子结构中的 π-π 共轭体系较小，且具有一定的水溶性，因此其 RTP 要比 Phe 及 Ant 弱一些［见图 5-26（c）］。Pyr 和 Bkf 均不溶于水，因而这些物质在 LPMS2-NaDC 二元复合基质中的吸附过程较为复杂。尽管有 NaDC 的辅助溶解作用，以及 DBP 和 CYH 的磷光增敏作用，Pyr 和 Bkf 仍然只显示微弱的 RTP 及很小的线性范围［见图 5-26（c）］。可以通过进一步优化 LPMS2-NaDC 二元复合体系对 Nap、Pyr 和 Bkf 等物质的吸附条件来提高 RTP 分析灵敏度。

表 5-5 五种 PAHs 在 LPMS2-NaDC 中的 RTP 分析结果

PAHs	线性浓度/($\mu mol \cdot L^{-1}$)	LOD①/($nmol \cdot L^{-1}$)	线性相关系数 R
Nap	0. 5~5	500	0. 9979
Phe	0. 01~2	5. 0	0. 9985
Ant	0. 02~0. 25	2. 0	0. 9960
Pyr	0. 01~0. 5	10	0. 9945
Bkf	0. 02~0. 2	15	0. 9966

①根据 IUPAC 定义的 LOD[27]。

5.4 本章小结

本章研究基于脱氧胆酸钠与介孔二氧化硅之间相互作用建立了一种新颖的MS-NaDC二元复合RTP诱导基质。与单一的NaDC基质相比，其能够实现更快速的RTP诱导，磷光强度增大了50倍以上，还表现出了良好的热稳定性。同时发现加入环己烷和二溴丙烷作为辅助磷光诱导剂也能够进一步提升该体系的RTP发光。

成功检测了五种PAHs在MS-NaDC二元复合基质中的磷光光谱，表明该协同包合体系对不同分子大小的分析物有很好的适应性。基于MS-NaDC体系的新特性和优异的吸附性能，该复合包合基质在RTP分析和RTP发光材料相关领域具有良好的应用前景，有望实现对痕量组分的分离与检测一体化分析。

参考文献

[1] BECK J S, VARTULI J C, SCHMITT K D, et al. A new family of macro-porous molecular sieves prepared with liquid crystal template [J]. Journal of The American Chemical Society, 1992, 114: 10834-10843.

[2] YU C, TIAN B, FAN J, et al. Nonionic block copolymer synthesis of large-pore cubic mesoporous single crystals by use of inorganic salts [J]. Journal of the American Chemical Society, 2002, 124: 4556-4557.

[3] YU C Z, FAN J, TIAN B, et al. Morphology development of mesoporous materials: A colloidal phase separation mechanism [J]. Chemistry of Materials, 2004, 16.

[4] FAN J, YU C, GAO F, et al. Cubic mesoporous silica with large controllable entrance sizes and advanced adsorption properties [J]. Angewandte Chemie International Edition, 2003, 42: 3146-3150.

[5] CHEN D, LI Z., WAN Y, et al. Anionic surfactant induced mesophase transformation to synthesize highly ordered large-pore mesoporous silica structures [J]. Journal of Materials Chemistry, 2006, 16: 1511-1519.

[6] YU T, ZHANG H, YAN X, et al. Pore structures of ordered large cage-type mesoporous silica FDU-12s [J]. The Journal of Physical Chemistry B, 2006, 110: 21467-21472.

[7] SINGH R K, KIM T H, MAHAPATRA C, et al. Preparation of self-activated fluorescence mesoporous silica hollow nanoellipsoids for theranostics [J]. Langmuir, 2015, 31: 11344-11352.

[8] D'AMICO M, SCHIRÒ G, CUPANE A, et al. High fluorescence of thioflavin T confined in mesoporous silica xerogels [J]. Langmuir, 2013, 29: 10238-10246.

[9] SCHLIPF D M, RANKIN S E, KNUTSON B L. Pore-size dependent protein adsorption and protection from proteolytic hydrolysis in tailored mesoporous silica particles [J]. ACS Applied Materials & Interfaces, 2013, 5: 10111-10117.

[10] PENG Y L, WANG Y T, WANG Y, et al. Current state of the art in cyclodextrin-induced room

temperature phosphorescence in the presence of oxygen [J]. Journal of Photochemistry and Photobiology A: Chemistry, 2005, 173: 301-308.

[11] PICCIRILLI G N, ESCANDAR G M. Flow injection analysis with online nylon powder extraction for room-temperature phosphorescence determination of thiabendazole [J]. Analytica Chimica Acta, 2009, 646: 90-96.

[12] WEI Y, KANG H, REN Y, et al. A simple method for the determination of enantiomeric composition of propranolol enantiomers [J]. Analyst, 2013, 138: 107-110.

[13] WANG Y T, JIN W J. H-aggregation of cationic palladium-porphyrin as a function of anionic surfactant studied using phosphorescence, absorption and RLS spectra [J]. Spectrochimica Acta Part A: Molecular and Biomolecular Spectroscopy, 2008, 70: 871-877.

[14] RAMON-MARQUEZ T, MEDINA-CASTILLO A L, FERNANDEZ-GUTIERREZ A, et al. A novel optical biosensor for direct and selective determination of serotonin in serum by solid surface-room temperature phosphorescence [J]. Biosensors and Bioelectronics, 2016, 82: 217-223.

[15] LEE D, BOLTON O, KIM B C, et al. Room temperature phosphorescence of metal-free organic materials in amorphous polymer matrices [J]. Journal of the American Chemical Society, 2013, 135: 6325-6329.

[16] WANG H, WANG H, YANG X, et al. Ion-unquenchable and thermally "On-Off" reversible room temperature phosphorescence of 3-bromoquinoline induced by supramolecular gels [J]. Langmuir, 2015, 31: 486-491.

[17] ZHANG H M, WANG Y, JIN W J. Study on the kinetic properties of phosphor in deoxycholate aggregates by phosphorescent quenching methodology [J]. Journal of Photochemistry and Photobiology B-Biology, 2007, 88: 36-42.

[18] WANG Y, WU J J, WANG Y F, et al. Selective sensing of Cu(ii) at ng mL—1 level based on phosphorescence quenching of 1-bromo-2-methylnaphthalene sandwiched in sodium deoxycholate dimer [J]. Chemical Communications, 2005: 1090-1091.

[19] QIN J, LI X M, FENG F, et al. Room temperature phosphorescence of 9-bromophenanthrene, and the interaction with various metal ions [J]. Spectrochimica Acta Part A: Molecular and Biomolecular Spectroscopy, 2013, 102: 425-431.

[20] QIN J, LI X M, FENG F, et al. Room temperature phosphorescence of five PAHs in a synergistic mesoporous silica nanoparticle-deoxycholate substrate [J]. Spectrochimica Acta Part A: Molecular and Biomolecular Spectroscopy, 2017, 179: 233-241.

[21] QIN J, LI X M, BAI Y, et al. Mesoporous silica-deoxycholate synergistic substrate, a novel room temperature phosphorescence-sensing platform [J]. Sensors and Actuators B: Chemical, 2017, 242: 554-562.

[22] LI Z, NYALOSASO J, HWANG A, et al. Measurement of uptake and release capacities of mesoporous silica nanoparticles enabled by nanovalve gates [J]. The Journal of Physical Chemistry C, Nanomaterials and Interfaces, 2011, 115: 19496-19506.

[23] KLEITZ F, LIU D, ANILKUMAR G, et al. Large cage face-centered-cubic *Fm*3*m* mesoporous

silica: Synthesis and structure [J]. Journal of Physical Chemistry B, 2003, 107.

[24] LI G R, WU J J, JIN W J, et al. Anti-oxygen-quenching room temperature phosphorescence stabilized by deoxycholate aggregate [J]. Talanta, 2003, 60: 555-562.

[25] ZHU Q, WANG H, ZHAO X R, et al. The phosphorescent behaviors of 9-bromo- and 9-iodophenanthrene in crystals modulated by π-π interactions, C—H…π hydrogen bond and C—I…π halogen bond [J]. Journal of Photochemistry and Photobiology A: Chemistry, 2014, 274: 98-107.

[26] CASTILLO S A, CARRETERO S A, FERNÁNDEZ C J M, et al. Heavy atom induced room temperature phosphorescence: A tool for the analytical characterization of polycyclic aromatic hydrocarbons [J]. Analytica Chimica Acta, 2004, 516: 213-220.

[27] CUI L, ZHU W, XU Y, et al. A novel ratiometric sensor for the fast detection of palladium species with large red-shift and high resolution both in aqueous solution and solid state [J]. Analytica Chimica Acta, 2013, 786: 139-145.

[28] CHUAN D, WEN Y, SHUANG S M, et al. Determination of thioguanine in pharmaceutical preparations by paper substrate room temperature phosphorimetry [J]. The Analyst, 2000, 125: 1327-1330.

[29] PÉREZ-RUIZ T, MARTÍNEZ-LOZANO C, TOMÁS V, et al. Determination of allopurinol by micelle-stabilised room-temperature phosphorescence in real samples [J]. Journal of Pharmaceutical and Biomedical Analysis, 2003, 32: 225-231.

6 介孔二氧化硅-石墨烯复合材料的合成及其对苯的吸附

6.1 引　　言

随着现代工业的快速发展，大气污染日趋严重，对生态系统和人体健康构成了严重威胁。苯、甲苯等挥发性有机物（volatile organic compounds，VOCs）的排放是造成空气污染的主要因素。大多数 VOCs 可引起哮喘和其他呼吸道疾病，对 VOCs 的有效去除已成为环境化学领域的核心问题之一[1]。在众多 VOCs 的去除方法中，吸附法被认为是最有效的[2]。而具有较高比表面积和丰富的孔隙结构的多孔材料是吸附 VOCs 的理想选择。介孔二氧化硅（MS）凭借其排列有序的介孔结构以及耐 550 ℃以上高温的优良特性，成为高性能吸附材料的代表[3-4]。MS 表面含有丰富的 Si—OH，有利于通过氢键作用进一步加强吸附性能[5-8]。然而，大多数 MS 由于其材料特性，在实际应用中仍然存在一些问题。例如，MCM-41 等材料的粒径通常为纳米或微米级别[4,6,8]，气体需要较高的压力才能通过紧密堆积的材料粉末。因此，MS 的吸附性能通常在较小的气体流量下测试，例如 5 mL/min[1]、20 mL/min[9]、30 mL/min[10]、100 mL/min[6, 11]。可见，开发具有介孔结构和较低密度的新型吸附材料对 VOCs 吸附应用具有重要意义。

石墨烯是 sp^2 杂化的二维材料，具有单层或少层结构，因而表现出良好的强度和化学稳定性[12]。利用 MS 与石墨烯进行复合，有望改善上述难题。

本章采用水热法合成 MS-石墨烯气凝胶（mesoporous silica graphene aerogel，MSGA）超轻复合吸附材料（见图 6-1），利用扫描电镜、比表面积与孔隙分析等多种方法对其结构进行表征。以苯作为 VOCs 代表性化合物，在较高的气体流量下，进行常压动态吸附性能分析。分别考察温度和环境湿度对苯在复合材料中的吸附行为的影响。

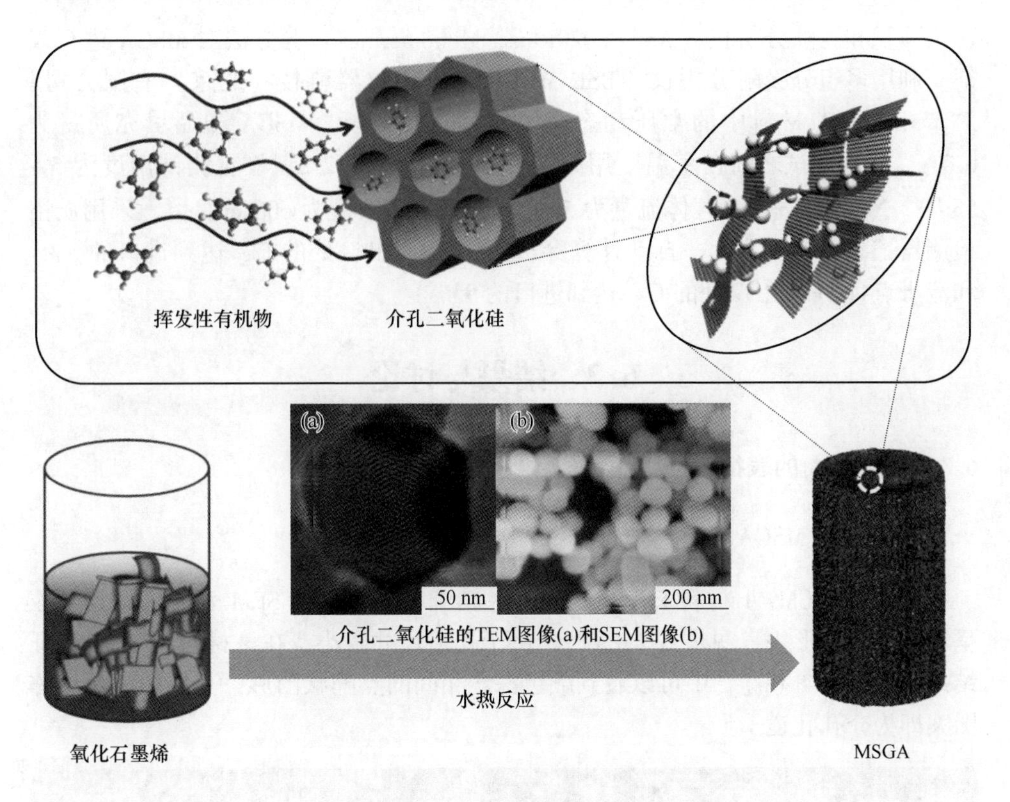

图 6-1 MSGA 复合材料的合成与应用

6.2 实 验 部 分

6.2.1 材料的制备

参照文献［4］合成了 MCM-41 和大孔径 MS（LPMS）。采用电解氧化法制备了氧化石墨烯（GO）[13]。MSGA 采用如下的方法合成：将 GO（8 mg/mL，80 mL）、MS（2~6 g）、乙二胺（EDA，0.6 mL）和 9 mL 乙醇搅拌 15 min 至混合均匀。将混合物在 130 ℃下水热反应 3 h，得到黑色冻状水凝胶。将水凝胶在 -55 ℃下冷冻干燥 8 h 后，得到圆柱状的 MSGA 复合材料，根据 MS 的类型分别命名为 MSGA（由 MCM-41 和 GO 合成）和 LPMSGA（由 LPMS 和 GO 合成）。

6.2.2 材料结构与应用性能测试

通过扫描电镜（SEM，MAIA3，TESCAN）、透射电镜（TEM，JEM-2100，JEOL）、XRD（SmartLab SE，Rigaku）、X 射线荧光（XRF，Primus Ⅳ，Rigaku）、

比表面积和孔隙分析仪（ASAP2020Plus，Micromeritics）等方法对 MSGA 进行表征。利用多组分吸附分析仪［BSD-MAB，贝士德仪器科技（北京）有限公司］对苯在 MSGA 材料中的常压动态吸附特性进行分析。MSGA 样品填充质量为 0.7 g，吸附测试之前在室温下用高纯 N_2 对样品吹扫 2 h。设置测试温度为 5~55 ℃，N_2 为载气，总气体流量为 500 mL/min，苯浓度为 600 mL/m^3。采用质谱检测器记录苯蒸气浓度，自动计算穿透点（BP，出口处的 $C_{苯}$ 达到进口的 5%）和流干点（DP，出口处的 $C_{苯}$ 达到进口的 95%）。

6.3 结果与讨论

6.3.1 MSGA 的表征与分析

6.3.1.1 MSGA 的结构与形貌

合成的 MCM-41 材料宏观表现为白色精细粉末，采用 SEM 表征可见其颗粒呈单分散球形形貌［见图 6-2（a）］。由于孔道尺寸较小，在该材料的 TEM 表征结果［见图 6-2（b）］中可以看到颜色深浅相间的点阵状图形，其中的浅色点阵图案即为介孔孔道。

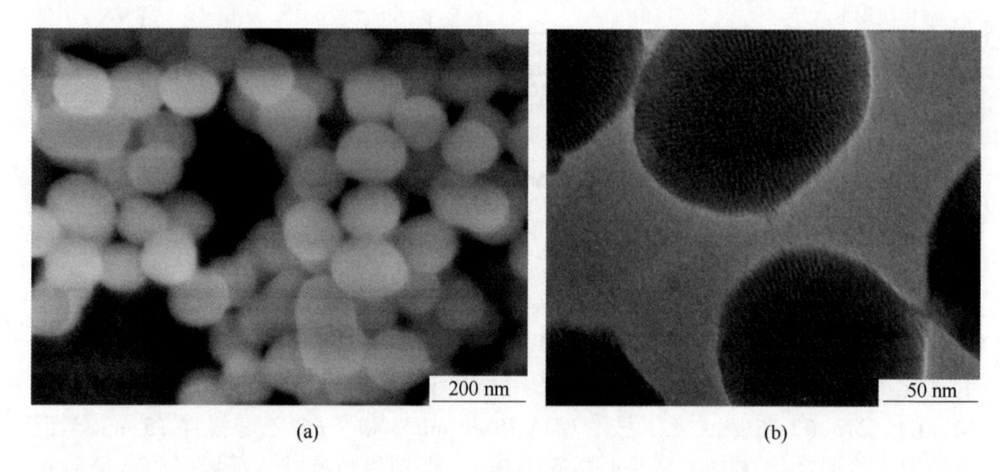

图 6-2 MCM-41 介孔二氧化硅的形貌（a）与孔道结构（b）

采用动态光散射（DLS）测量纳米颗粒的粒径和粒径分布。由图 6-3（a）可见 MCM-41 颗粒的尺寸分布在 100~150 nm，平均粒径尺寸为 119 nm，RSD 为 9.76%。LPMS 材料颗粒的尺寸分布在 100~350 nm［见图 6-3（b）］，平均粒径尺寸为 201.5 nm，RSD 为 2.67%。LPMS 材料通常呈白色粉末形态和单分散颗粒形貌［见图 6-4（a）］，但该材料的孔径较大且容易分辨。根据电镜射线在不同材料颗粒中的穿透角度差异，可以看到 LPMS 具有 2D 线性孔道结构，且孔道呈六边形有序排列［见图 6-4（b）］。从 MSGA 复合材料的 SEM 图像［见图 6-4（c）］来看，石墨烯片层具有微米级尺寸，且层数较少。在扫描电镜成像下可见 MCM-41 颗粒密集地分布在平滑的半透明石墨烯薄层表面，在 LPMSGA 的 SEM 图像中也可以看到 LPMS 在石墨烯片层表面的堆积和分散［见图 6-4（d）］。

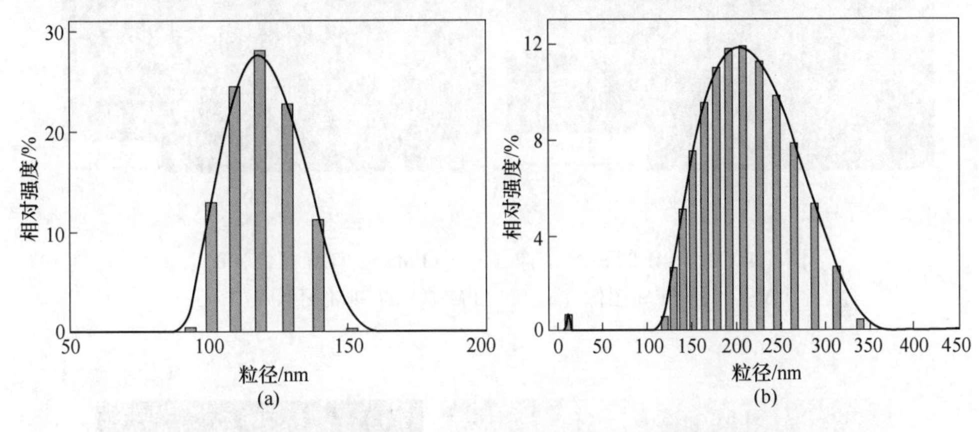

图 6-3　DLS 法分析 MCM-41（a）和 LPMS（b）的粒径分布范围

在材料合成研究中发现，经过水热反应后得到的 MSGA 水凝胶中间体能够稳定地长时间放置于容器中，不发生坍塌［见图 6-5（a）］。经充分干燥后的 MSGA 材料具有完整的圆柱体形状，材料表面无明显的裂隙和局部收缩现象。在 MS 负载量为 2 g（71.4%）时，MSGA 复合材料的质量和密度分别为 2.8 g 和 0.05 g/cm^3。在 100.0 g 的重压测试下，MSGA 复合材料保持完整的圆柱体外形［见图 6-5（b）］。以上结果表明，MSGA 复合材料具有良好的结构稳定性。而这一特性得益于 GO 较大的片径以及较高的合成反应温度。

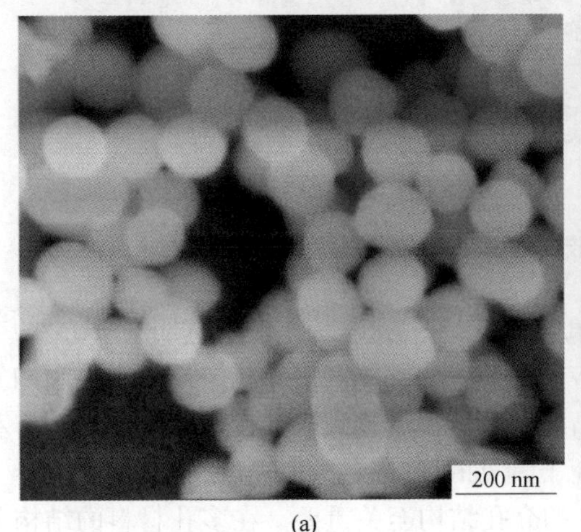

(a)

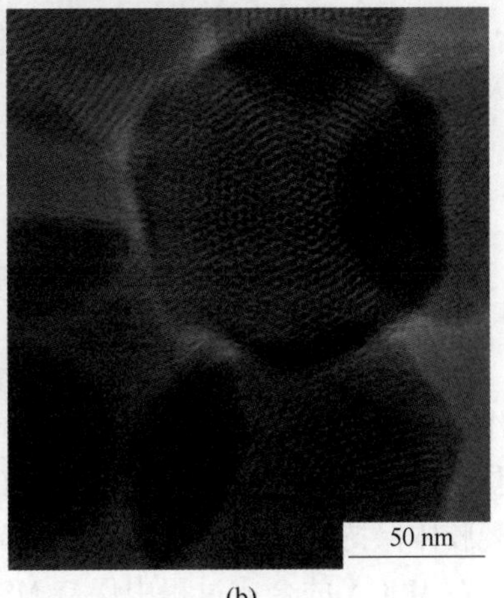

(b)

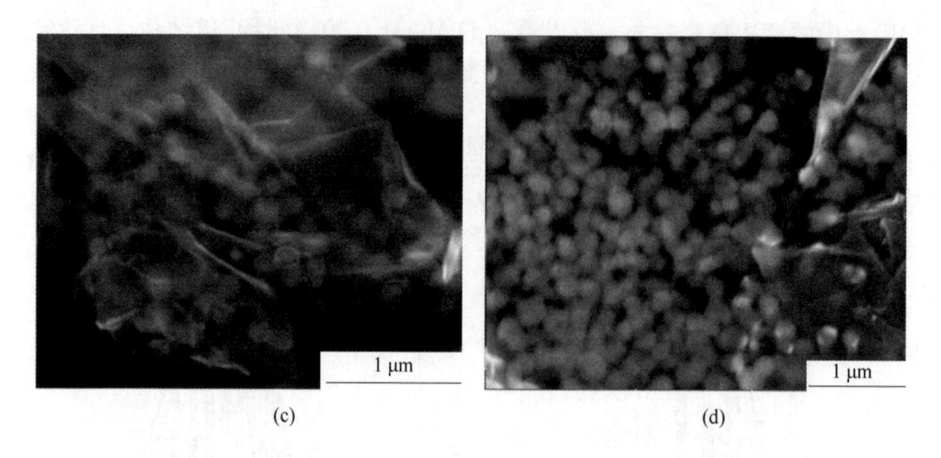

(c) (d)

图 6-4 MCM-41 的 SEM 图像（a）、LPMS 的 TEM 图像（b）、
MSGA 的 SEM 图像（c）和 LPMSGA 的 SEM 图像（d）

(a) (b)

图 6-5 MSGA 水凝胶实物图（a）和重压测试（b）

在 130 ℃的水热合成条件下，氧化石墨烯片层边缘的含氧基团在 EDA 的交联作用下发生迅速而充分的缩聚反应，组装成为立体网络结构。而在水凝胶和气凝胶形态的材料内部结构中，由于石墨烯片层尺寸较大，其良好的刚性结构有利于凝胶体保持良好的力学强度，避免了常见的局部收缩现象。

在 MSGA 的合成过程中保持 MS 的介孔结构至关重要。在多孔材料的结构分析中，通常采用小角度 X 射线衍射法进行有序介孔结构的表征。从图 6-6 的 XRD 图谱可以看出，MCM-41 孔道结构产生的衍射峰位于 2.58°处，衍射强度为 2500。GA 在小角度范围无衍射信号，在 26.57°处出现非晶态包峰。MSGA 的 XRD 图谱中不仅有与 MCM-41 相同角度的衍射峰，也有与 GA 相同位置的非晶态包峰。上述结果表明，MS 在经历了较高温度的快速水热反应和低温冷冻干燥处理后仍然保持了完整的介孔结构。

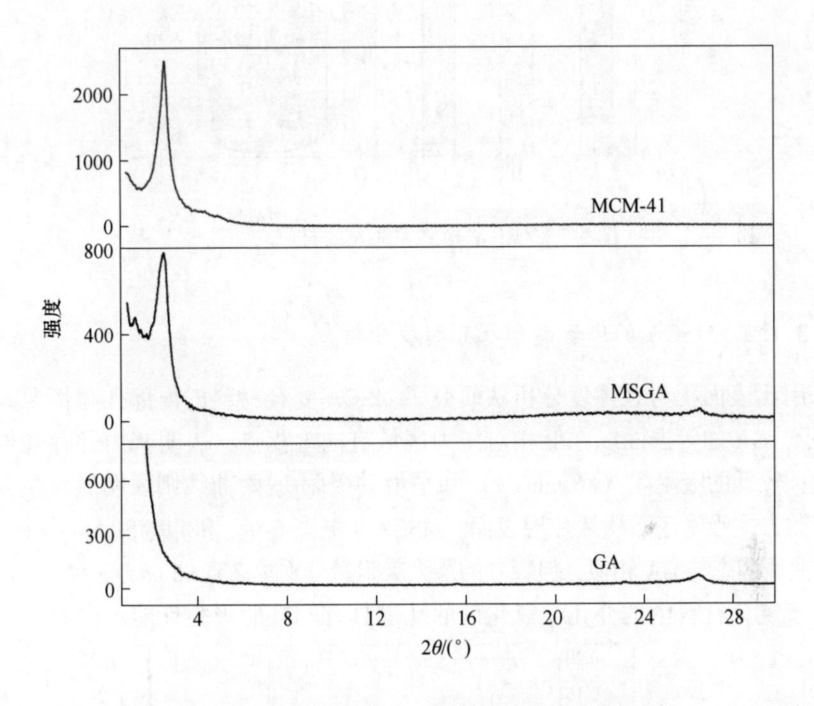

图 6-6 MSGA 复合材料的小角度 XRD 测试结果

6.3.1.2 MSGA 的材质均一性

材料的结构均一性对于其强度和稳定性有显著的影响，材质不均一的复合材料容易发生开裂。利用 X 射线荧光微区分析可以快速得到较为直观的分析结果。分别从圆柱体 MSGA 的顶部中心、顶部边缘、内部中心和侧部表层四个不同的位置进行取样，以氧化物模式对复合材料中的 Si 元素分布进行检测，结果表明：复合材料不同部位的 Si 元素含量高度一致（见图 6-7），相对标准偏差仅为 0.25%。由此可见，在材料合成中进行 15 min 的搅拌即可实现反应物料的混合均匀。在随后的水热反应中，GO 快速交联组装形成内外均一的立体网络结构，避免了 MS 材料颗粒的沉降。

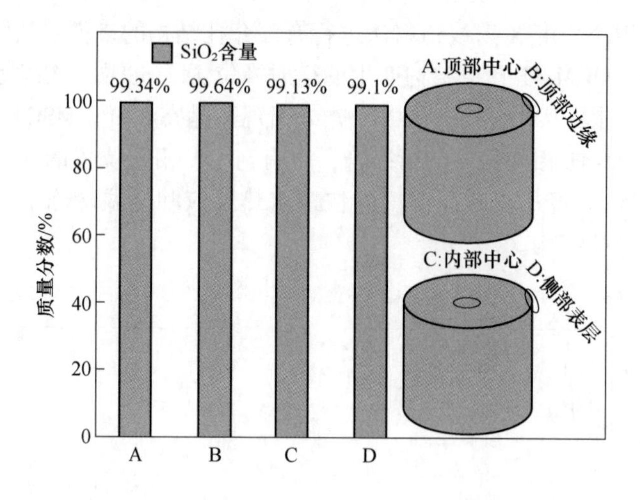

图 6-7 XRF 法检测 MSGA 的材质均一性

6.3.1.3 MSGA 的比表面积及孔隙度分析

采用比表面积与孔隙度分析法研究了 MSGA 复合材料的内部孔隙情况。如图 6-8 所示，GA 的等温曲线在低相对压力区域有向上拐点，表明其内部存在部分微孔结构；较低的吸附量（86 cm^3/g）和平滑的吸附-脱附曲线则表明氮气主要通过多层分散方式吸附于石墨烯片层表面。MSGA（见图 6-9）和 LPMSGA（见图 6-10）的吸附曲线形态与 GA 相似，但二者的最大吸附量分别提高到 96 cm^3/g 和 132 cm^3/g，这是由于复合材料中的介孔二氧化硅的孔道具有较高的吸附性能。同时，得益于

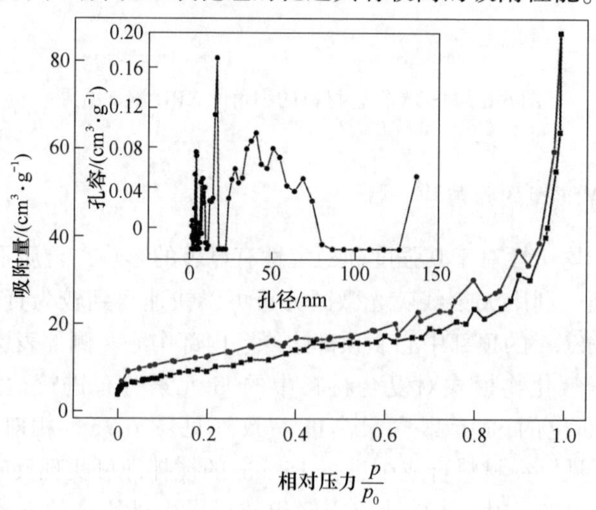

图 6-8 GA 的 N_2 吸附-脱附等温曲线及孔径分布图

MSGA 中的介孔二氧化硅具有较高比例的微孔且平均孔径较小，N_2 分子在较高的相对压力区域与材料表面有良好的亲和性，滞后环范围较大（见图 6-9）。而 LPMSGA 中的介孔二氧化硅具备更大尺寸的介孔孔道，因而 N_2 分子的毛细凝聚效应以及与材料表面的亲和性较弱，滞后环更接近较高的相对压力区域（见图 6-10）。

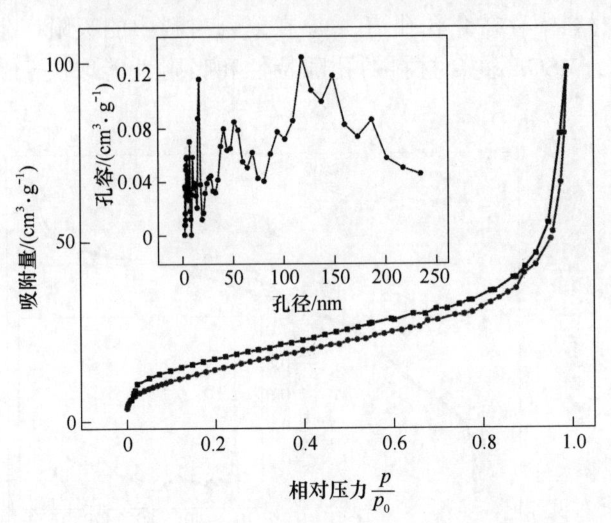

图 6-9　MSGA（MCM-41 含量为 71.4%）的 N_2 吸附-脱附等温曲线及孔径分布图

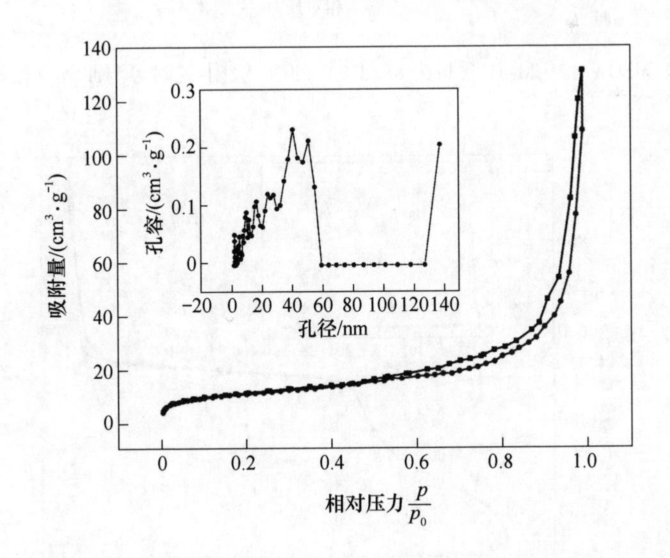

图 6-10　LPMSGA（LPMS 含量为 71.4%）的 N_2 吸附-脱附等温曲线及孔径分布图

当 MSGA 中的 MCM-41 含量提升到 88.2%（单个气凝胶材料中的 MCM-41 加入量为 6 g）时，复合材料的等温曲线和孔径分布趋势出现显著差异（见

图 6-11）。一方面，等温曲线的形态更接近于 MCM-41（见图 6-12），在低相对压力区域吸附量急剧上升并出现了明显的向上拐点，表明复合材料中存在显著的微孔结构。另一方面，复合材料的 N_2 吸附量和 BET 比表面积分别达到了 252 cm^3/g 和 395.5 m^2/g，吸附-脱附曲线在中等相对压力区域也出现了滞后环。这些现象说明由于复合材料中存在介孔孔道，N_2 在复合材料中的吸附产生了毛细凝聚现象。由此可见，MSGA 复合材料的孔隙特性和吸附性能取决于 MS 含量和孔道特性。

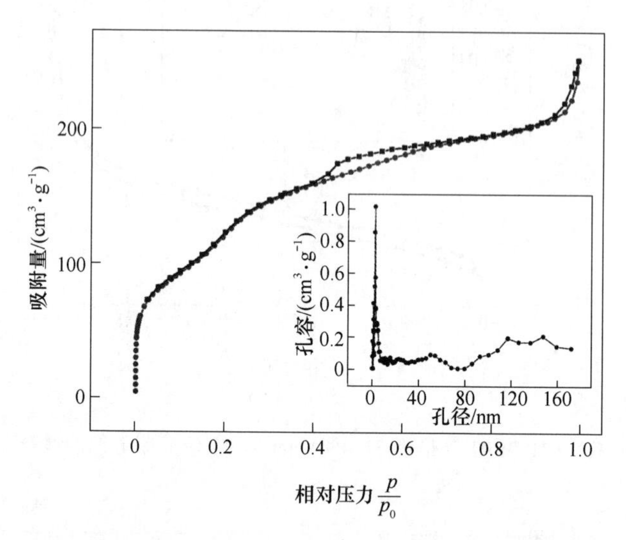

图 6-11 MSGA（MCM-41 含量为 88.2%）的 N_2 吸附-脱附等温曲线及孔径分布图

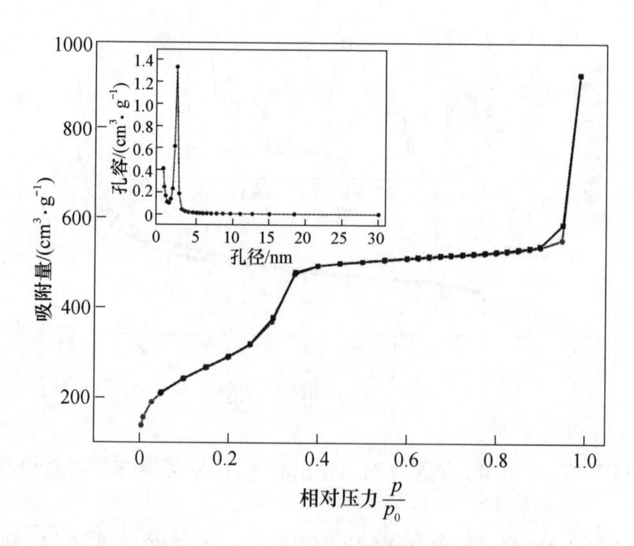

图 6-12 MCM-41 的 N_2 吸附-脱附等温曲线及孔径分布图

6.3.2 MSGA 的 VOCs 吸附性能

6.3.2.1 不同 MSGA 材料对苯的吸附性能

由于 MSGA 复合材料的超低密度特性，其内部拥有较高比例的空腔，从而可将样品直接装入测试池，无需添加石英砂等分散剂。在动态吸附测试中能够适应高达 500 mL/min 的气体流量。如图 6-13 和表 6-1 所示，MSGA 吸附苯的 BP 相对于 GA 提高了 25.9 倍，说明了介孔结构能够快速对气流中的苯分子进行吸附。与 MSGA（74.1%）的饱和吸附量 8.66 mL/g 相比，由于 LPMS 的介孔孔径显著大于 MCM-41，所以 LPMSGA 的饱和吸附量（10.34 mL/g）显著大于 MSGA 复合材料。这表明在相同的条件下，较大孔径的吸附材料具有更高的吸附容量和吸附速度。当 MCM-41 含量达到 88.2%时，MSGA 吸附苯的 BP 进一步延长到 2560 s。上述结果表明，MSGA 对苯的去除性能与 MS 的孔径和负载量密切相关。

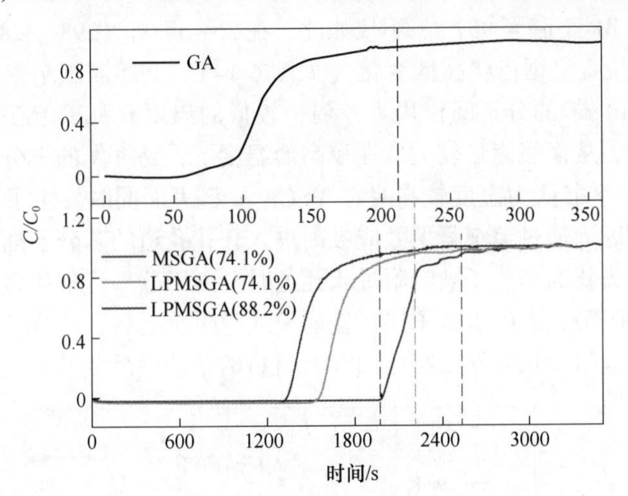

图 6-13 彩图

图 6-13 不同的 MSGA 材料对苯的吸附

表 6-1 MSGA 复合材料对苯的吸附性能

样品	BP/s	DP/s	T/K	BPV①/(mL · g^{-1})	DPV②/(mL · g^{-1})
GA	74.4	209.5	298	0.514	0.831
LPMSGA（74.1%）	1351	1944	298	9.25	10.34
MSGA（88.2%）	2560	2876	298	9.76	10.77
MSGA（74.1%）	3416	3901	278	13.68	14.67
MSGA（74.1%）	2712	3067	288	10.86	11.51

续表 6-1

样品	BP/s	DP/s	T/K	BPV①/(mL · g^{-1})	DPV②/(mL · g^{-1})
MSGA (74.1%)	2002	2530	298	8.02	8.66
MSGA (74.1%)	1432	2220	308	5.73	6.39
MSGA (74.1%)	957	2108	328	3.83	4.97
MSGA (74.1%)+H_2O	1095	2521	298	7.53	11.07

①穿透点（BP）的吸附量；②流干点（DP）的吸附量。

6.3.2.2 温度对 MSGA 材料吸附苯的影响

温度对苯在 MSGA 材料中的吸附也有显著影响。如图 6-14 和表 6-1 所示，在 5 ℃（278 K）时，MSGA 对苯的 BP 达到 3416 s。当吸附温度不断上升至 55 ℃（328 K）时，BP 下降至 957 s。不仅如此，在 25~55 ℃（298~328 K）时苯浓度在接近 DP 的位置呈锯齿状高低变化（见图 6-14）。上述测试结果可从两个方面进行解释：（1）苯的分子间作用力较弱，较低的温度有利于苯在介孔结构中的毛细凝聚效应，从而吸附量较大。在较高的温度下，易挥发的苯分子更容易穿透吸附剂。（2）本书认为温度较高时在 MSGA 材料表面同时发生了苯的吸附和脱附行为。这是因为通过毛细凝聚效应吸附进入介孔孔道的苯分子随着温度升高而稳定性下降。当新的苯分子被吸附进入孔道时，由于分子运动和碰撞而导致材料表面接近饱和吸附状态的苯分子层发生崩塌式脱附。之后，苯分子在介孔孔道内再次发生凝聚吸附，从而导致穿透 MSGA 材料的苯浓度反复升降。

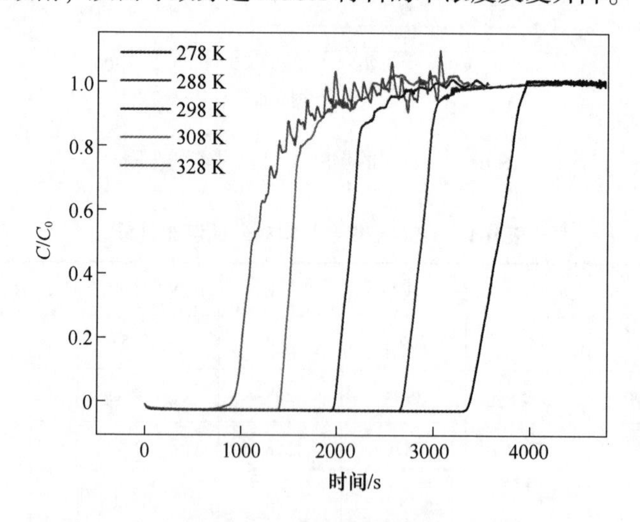

图 6-14 彩图

图 6-14　不同温度下苯的吸附

6.3.2.3 湿度对MSGA材料吸附苯的影响

在VOCs去除领域的实际应用中，环境湿度也是不容忽视的影响因素。通过向进气中加入含量为0.8%（体积分数）的水蒸气，分析湿度对苯在MSGA中的吸附行为的影响。从图6-15可见，无水条件下MSGA吸附苯的BP为2002 s，而水的存在使苯的BP大幅度提前到1095 s。这表明MSGA表面的部分吸附位点被水分子占据，水的存在对苯的吸附形成了竞争。

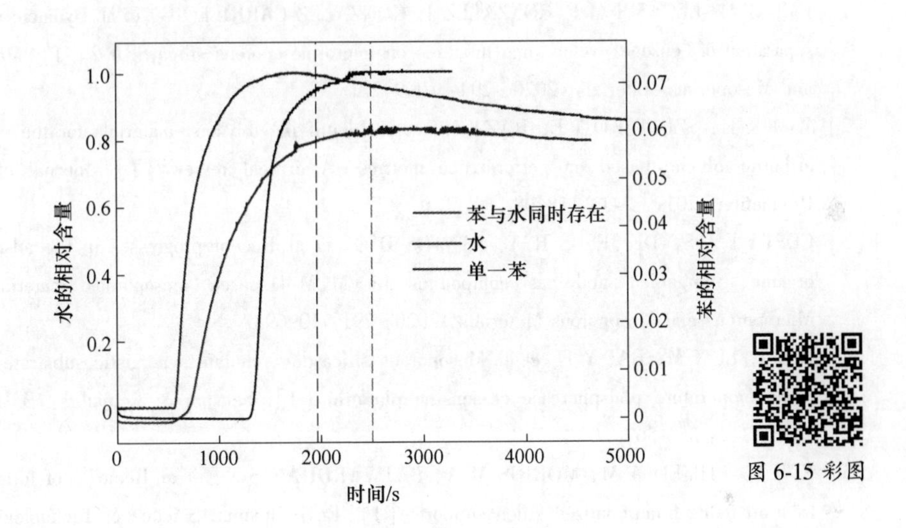

图6-15 常湿条件下苯的吸附

值得注意的是，模拟湿度条件下苯在MSGA材料的吸附穿透曲线的DP位置的吸附量达到11.07 mL/g，远高于无水条件下的8.66 mL/g。同时，随着穿透MSGA复合材料的苯浓度不断增大，水浓度反而持续下降。这一现象意味着由于苯在MSGA材料中的不断吸附，导致更多的水分子也被保留在MSGA材料中。有研究表明，苯系物分子结构中的离域π电子与Si—OH具有良好的亲和性，有利于增强MS对苯系物的吸附[8]。综合上述结果，本书认为在MSGA表面形成了苯-水-Si—OH三元相互作用体系，从而显著提高了其对苯的吸附性能。

6.4 本章小结

采用水热法合成了新型MSGA超轻复合吸附材料。对复合材料进行一系列的测试，结果表明其具备完整的外形、良好的力学强度和高度均一的结构。凭借快速的水热反应和冷冻干燥法完好地保留了介孔孔道结构。通过静态和动态吸附分析发现新型复合材料对苯的吸附性能显著优于石墨烯气凝胶；随着复合材料中MS含量的提高和孔径的改善，对苯的吸附能力进一步增强。得益于超低的密度，复合材料能够直接适应气体流量高达500 mL/min的吸附应用。同时，在环境湿度条件下表现出更高的苯吸附性能。

参考文献

[1] EMPARAN-LEGASPI M J, GONZALEZ J, GONZALEZ-CARRILLO G, et al. Dynamic adsorption separation of benzene/cyclohexane mixtures on micro-mesoporous silica SBA-2 [J]. Microporous and Mesoporous Materials, 2020, 294: 109942.

[2] KIM K H, SZULEJKO J E, RAZA N, et al. Identifying the best materials for the removal of airborne toluene based on performance metrics—A critical review [J]. Journal of Cleaner Production, 2019, 241: 118408.

[3] COSTA J A S, DE JESUS R A, SANTOS D O, et al. Recent progresses in the adsorption of organic, inorganic, and gas compounds by MCM-41-based mesoporous materials [J]. Microporous and Mesoporous Materials, 2020, 291: 109698.

[4] QIN J, LI X M, BAI Y F, et al. Mesoporous silica-deoxycholate synergistic substrate, a novel room temperature phosphorescence-sensing platform [J]. Sensors & Actuators: B. Chemical, 2016, 242: 554-562.

[5] EWLAD-AHMED A M, MORRIS M A, PATWARDHAN S V, et al. Removal of formaldehyde from air using functionalized silica supports [J]. Environmental Science & Technology, 2012, 46 (24): 13354-13360.

[6] DOU B J, HU Q, LI J L, et al. Adsorption performance of VOCs in ordered mesoporous silicas with different pore structures and surface chemistry [J]. Journal of Hazardous Materials, 2011, 186 (2/3): 1615-1624.

[7] JIANG S D, TANG G, BAI Z M, et al. Ultrasonic-assisted synthesis of hollow mesoporous silica as a toxic gases suppressant [J]. Materials Letters, 2019, 247: 139-142.

[8] NCUBE T, REDDY K S K, SHOAIBI A A, et al. Benzene, toluene, *m*-xylene adsorption on silica-based adsorbents [J]. Energy & Fuels, 2017, 31 (2): 1882-1888.

[9] FAN J W, GOU X, SUN Y, et al. Adsorptive performance of chromium-containing ordered mesoporous silica on volatile organic compounds (VOCs) [J]. Natural Gas Industry B, 2017, 4 (5): 382-389.

[10] RODRIGO S G, ABDELHAMID S. Applications of pore-expanded mesoporous silica. 7. Adsorption of volatile organic compounds [J]. Environmental Science & Technology, 2007, 41 (13): 4761-4766.

[11] SINAN K, FARABI T. Silica gel based new adsorbent having enhanced VOC dynamic adsorption/desorption performance [J]. Colloids and surfaces A: Physicochemical and Engineering Aspects, 2020, 609: 125848.

[12] NEBOL'SIN V A, GALSTYAN V, SILINA Y E. Graphene oxide and its chemical nature: Multi-stage interactions between the oxygen and graphene [J]. Surfaces and Interfaces, 2020, 21: 100763.

[13] PEI S F, WEI Q W, HUANG K, et al. Green synthesis of graphene oxide by seconds timescale water electrolytic oxidation [J]. Nature Communications, 2018, 9: 145.

7 多级孔 H-Fe_2O_3@GA 复合材料的合成与光-Fenton 降解染料

7.1 引 言

我国是全世界最重要的制造业基地和服装生产大国。造纸、印染等众多行业离不开各种有机化学品的使用。例如，亚甲基蓝（MB）等有机染料就被广泛应用于纺织、印染等行业。这些污染物不仅色度高、毒性大，还是难以生物降解的芳香族化合物。因此，开发简便有效的处理工艺将这些染料污染物在废水排放前去除至关重要[1-2]。

目前，有机污染物的去除主要采用高级氧化工艺（AOPs），如电化学氧化[3]、光催化氧化[4]、臭氧氧化[5]、Fenton 氧化等[6]。基于这些技术开发的混合 AOPs 工艺，如光-Fenton 法，具有反应快、操作简单、降解率高、绿色经济等优点[7-8]。特别是利用太阳能作为 Fenton 反应的驱动力，可以构建协同降解体系来进一步提升降解性能[9]。

较为理想的光催化剂应具有优异的催化活性、高稳定性和良好的可回收性。Fe_2O_3、Fe_3O_4 和 β-FeOOH 等铁基半导体催化剂的带隙窄、对可见光响应强烈并能有效去除污染物[10-12]。近年来，多级孔材料也被多次报道用于光催化领域，该类材料具有优秀的光收集能力，其大规模的通道系统有利于光的深度渗透、捕获和散射，并提高了染料分子与催化剂活性位点的接触概率[13-14]。然而，这些粉末形式的纳米材料容易团聚，导致电子-空穴快速复合，从而削弱光催化性能。

国内外研究者通过杂化合成法开发出各种催化剂复合载体来避免其团聚现象，例如埃洛石纳米管[15]、SiO_2[16]、碳纳米管[17]和氧化石墨烯（GO）[18]。其中，GO 不仅可以直接吸附污染物，还可以作为优异的电子导体有效地加速光生载流子的传输和分离，从而加强光催化性能[18-19]。然而，常见的 GO 复合催化剂多为粉末状，依然需要通过离心等方式来分离和回收，这无疑会导致材料的损失并增加材料的再生难度。

鉴于多孔结构对于催化剂的重要性以及对可回收高性能催化剂的应用需求，本章研究通过溶剂热法在反相胶束介质中制备了一种新型中空介孔 Fe_2O_3

($HM-Fe_2O_3$)，基于该材料进一步合成多级孔块状气凝胶复合材料 $H-Fe_2O_3$@ GA（见图 7-1）。通过一系列详尽的材料结构表征提出材料的合成机理。研究在太阳光直射条件下复合材料对 MB 的降解特性，评估复合材料的光催化性能。测试初始 MB 浓度、pH 和 H_2O_2 浓度等反应条件的影响并进行优化。探讨 $H-Fe_2O_3$@ GA+H_2O_2+光照催化过程可能的催化机制。进行回收和再利用实验，进一步验证材料应用的经济性。

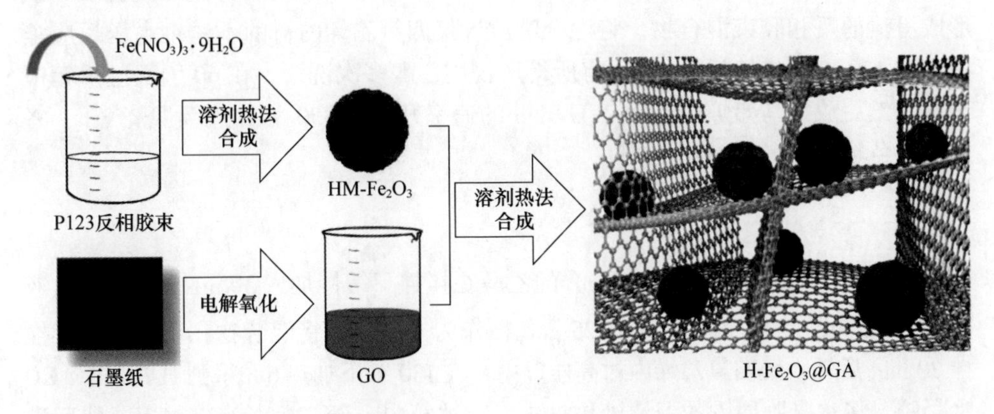

图 7-1 多级孔 $H-Fe_2O_3$@ GA 复合材料的合成工艺

7.2 实验部分

7.2.1 实验试剂

Pluronic P123（PEO_{20}-PPO_{70}-PEO_{20}，相对分子质量约为 5800）采购自 Sigma Aldrich。$Fe(NO_3)_3 \cdot 9H_2O$、三乙醇胺（TEOA）、草酸铵（AO）、MB、苯醌（BQ）、L-组氨酸（L-His）、商品化试剂 Fe_2O_3（$R-Fe_2O_3$）等购自上海麦克林。所有化学品均为分析纯（≥99.0%），无需纯化直接使用。

7.2.2 材料的制备

7.2.2.1 氧化石墨烯 GO 的合成

将干燥的石墨纸固定在电解池的阳极，浸入浓硫酸（质量分数为 98%）中并在+1.5 V 电压下进行电解插层处理，石墨纸由于硫酸分子进入石墨层间而逐渐膨胀。随后，将厚度增加了 8~10 倍的插层石墨纸缓慢浸入质量分数为 50%的硫酸电解液中作为牺牲阳极，在+7 V 电压下进行电解氧化。在电解氧化反应中，充分氧化的 GO 被连续剥离到硫酸电解液中，通过过滤分离并用去离子水反复清洗。最后，将 GO 超声分散到去离子水中，形成均匀的分散体（约 15 mg/mL），放入冰箱冷藏备用。

7.2.2.2 HM-Fe_2O_3 的合成

采用反相胶束溶剂热法制备 HM-Fe_2O_3，具体流程：将 2.5 g 的 P123、30 mL 的正丁醇、5.0 g 的 $Fe(NO_3)_3 \cdot 9H_2O$、1.5 mL 的浓硝酸混合并连续搅拌 2 h 以形成澄清的反相胶束混合物。将混合物放入聚四氟乙烯内衬的不锈钢高压反应釜中，在 130 ℃下持续反应 6 h。将所得产物用乙醇多次洗涤，在 60 ℃真空烘箱中干燥。然后放入马弗炉中，以 2 ℃/min 的速率升温到 350 ℃并连续煅烧 3 h，将所得红色粉末命名为 HM-Fe_2O_3。

7.2.2.3 H-Fe_2O_3@GA 的合成

将一定量的 HM-Fe_2O_3 和 5 mL 的乙醇在搅拌下缓慢加入 30 mL 的 GO 分散液（约 15 mg/mL）中，然后加入 0.25 g 乳糖作为交联剂。将混合物在室温下继续搅拌 20 min 后转入聚四氟乙烯内衬高压釜中，在 130 ℃下加热 6 h 得到 H-Fe_2O_3@GO 水凝胶。将水凝胶周围的澄清液体抽去，在冰箱中小于−20 ℃冷冻过夜，然后进行连续冷冻干燥得到气凝胶复合材料，命名为 H-Fe_2O_3@GA。不同 HM-Fe_2O_3 负载量的复合材料命名为 H-Fe_2O_3@GA-x%。仅使用 GO 不添加 Fe_2O_3 得到的气凝胶为纯 GA 材料。

7.2.3 材料结构与应用性能测试

通过 X 射线衍射（XRD、SmartLab SE、Rigaku）对材料物相进行分析。采用扫描电子显微镜（SEM，MAIA Ⅲ，TESCAN）和透射电子显微镜（TEM，JEM-2800，JEOL）对材料的形貌和结构进行表征。使用 X 射线荧光计（XRF，ZSX Primus Ⅳ，Rigaku）评估负载材料的均匀性。FTIR 光谱在 Spectrum One 光谱仪（PerkinElmer）上测试。在 ASAP 2020 PLUS 分析仪（Micromeritics Instrument Ltd.）上测量氮气吸附-脱附等温曲线。材料的比表面积和孔隙率分别通过 Brunauer-Emmett-Teller（BET）和 Barrett-Joyner-Halenda（BJH）方法测定。使用 SPECORD@ 210 PLUS 分光光度计（Jena）获得紫外可见漫反射光谱。使用 F-2500 光谱仪（Hitachi）测量光致发光（PL）光谱。使用 X 射线光电子能谱（XPS，K-Alpha，Thermo Scientific）测试材料的化学成分。在纳米粒度分析仪（DelsaMax PRO Zeta，Beckman Coulter）上测量材料的粒度。在 CHI 760E 工作站上在 500 W 氙灯（CEL-S500/300）照射下测量光催化剂的光电流响应。MB 降解中间体通过 HPLC-Q-TOF（1290-6545B，Agilent）在 ESI（+）模式下进行测试。使用照度计（UT383，UNI-T）测量中午 12:00 的太阳光强度。

7.2.4 光-Fenton 反应

H-Fe_2O_3@GA 复合材料的光-Fenton 反应测试条件：向盛有 50 mL 的 MB 溶液的石英烧杯中加入 50 mg 的光催化剂（将气凝胶材料切片成约 5 mm 厚的块状），在黑暗条件下放置 30 min，以达到 MB 和光催化剂之间的吸附-脱附平衡。接下来，将 0.40 mmol/L 的 H_2O_2（质量分数为 30%）添加到溶液中，并立即置于太阳光照射（时间点为 11:30~13:30）下，不进行搅拌，开始光催化反应，同时开始定期采样。该过程中的平均光照度约为 6.5×10^4 lx。采用紫外可见吸收光谱法（Lambda 35，Perkins Elmer）对上清液在 664 nm 处的吸光度进行测试。通过下式计算 MB 的降解率 η，并计算反应体系的一级动力学常数 K：

$$\eta = \frac{C_0 - C_t}{C_0} \times 100\% \tag{7-1}$$

$$\ln(C_0/C_t) = Kt \tag{7-2}$$

式中，C_0 和 C_t 分别为初始 MB 浓度和光照一定时间 t 的 MB 浓度，根据 MB 校准曲线 $y=0.1522x+0.0233$ 计算。光-Fenton 实验中的 pH 均为自然值 7.08，不专门调整，仅在考察 pH 对光催化的影响测试时用 0.1 mol/L 的 HCl 或 0.1 mol/L 的 NaOH 溶液进行 pH 调整。

7.2.5 体系中活性物质的鉴定

通过自由基淬灭实验验证 MB 催化降解体系中起主要作用的活性自由基。分别采用 MeOH、BQ、TEOA 和 L-His 捕获羟基自由基（·OH）、超氧自由基（$\cdot O_2^-$）、空穴（h^+）和单线态氧（$^1O_2$），以未添加淬灭剂的光-Fenton 催化降解实验为对照组。使用 EPR 光谱仪（Bruker EMXplus-6/1，德国）测量典型活性氧（ROS，包括·OH、$\cdot O_2^-$ 和 $^1O_2$）的电子自旋共振（ESR）谱。其中·OH、$\cdot O_2^-$ 的捕获剂是 5,5-二甲基-1-吡咯啉-N-氧化物（DMPO），$^1O_2$ 的捕获剂是 2,2,6,6-四甲基-4-哌啶酮（TEMP）[18, 20]。

7.3 结果与讨论

7.3.1 材料的表征与分析

7.3.1.1 材料结构表征与 HM-Fe_2O_3 形成机理分析

HM-Fe_2O_3 材料外观呈精细的暗红色粉末状，通过激光粒度分析测得的平均粒径约为 2.1 μm（见图 7-2）。SEM 图像［见图 7-3（a）］显示该材料呈微米级球形，具有良好的颗粒均匀性。该材料颗粒的形貌与中国传统食品糯米团的形状非常相似，绝大多数材料由直径约为 200 nm 的次级颗粒融合而成。次级颗粒之间的间隙和孔隙有利于客体分子进入材料粒子的内部。一些材料颗粒的外壳塌陷［见图 7-3（b）］表明 HM-Fe_2O_3 材料颗粒具有中空结构且壳层厚度约为 100 nm。TEM 图像也可以清楚地显示 HM-Fe_2O_3 的中空结构，如图 7-3（c）和图 7-3（d）所示。有意思的是，在较大的 TEM 放大倍率下，可以看到次级颗粒也是由 Fe_2O_3 晶粒堆积形成的较为疏松的气凝胶结构而非实心质地［见图 7-3（e）］，颗粒之间的间隙即是介孔甚至更小的微孔结构。高分辨率 TEM 图像中可以看到有序的晶格条纹［见图 7-3（f）］图案，表明 HM-Fe_2O_3 具有良好的结晶性质。

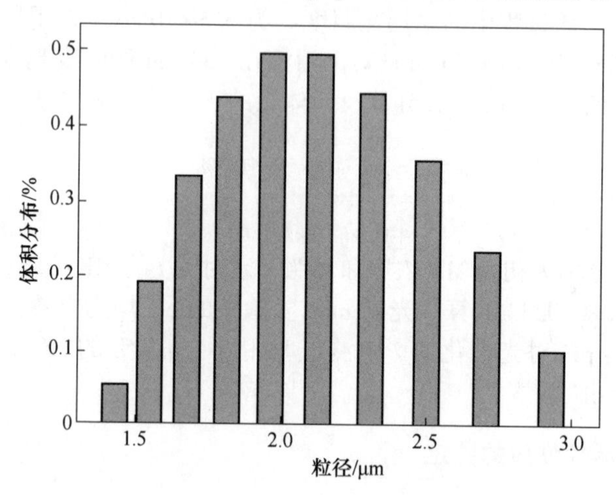

图 7-2 HM-Fe_2O_3 的激光粒度分布

根据上述测试结果，可将 HM-Fe_2O_3 的形成机理推导为以下三个步骤（如图 7-4 所示）：(1) P123 在含有微量水的正丁醇溶液中充分搅拌均匀后形成反相胶束。该胶束具有相对稳定的球形形态，其核心由 P123 的亲水嵌段和少量水形成，P123 的疏水嵌段形成外层结构。在正丁醇和硝酸的辅助下，Fe^{3+} 分散在整个反相胶束中。(2) 当胶束混合物被转移到 130 ℃下进行溶剂热反应时，疏水外

(a)

(b)

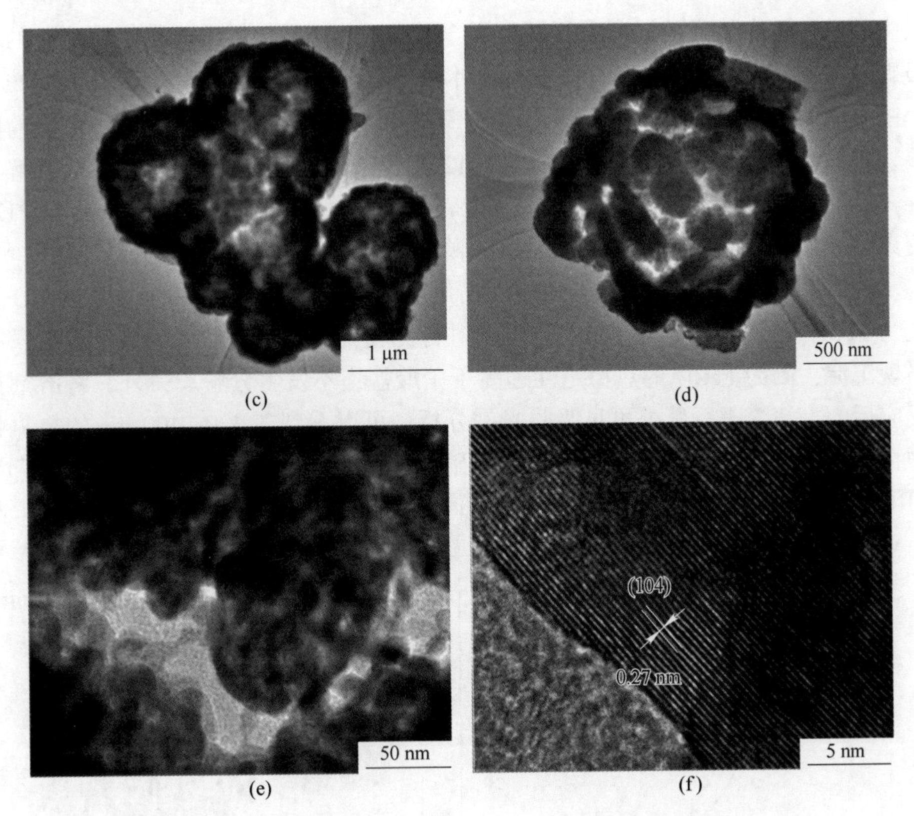

图 7-3 HM-Fe_2O_3 的 SEM 图像（a）（b）和 TEM 图像（c）~（f）

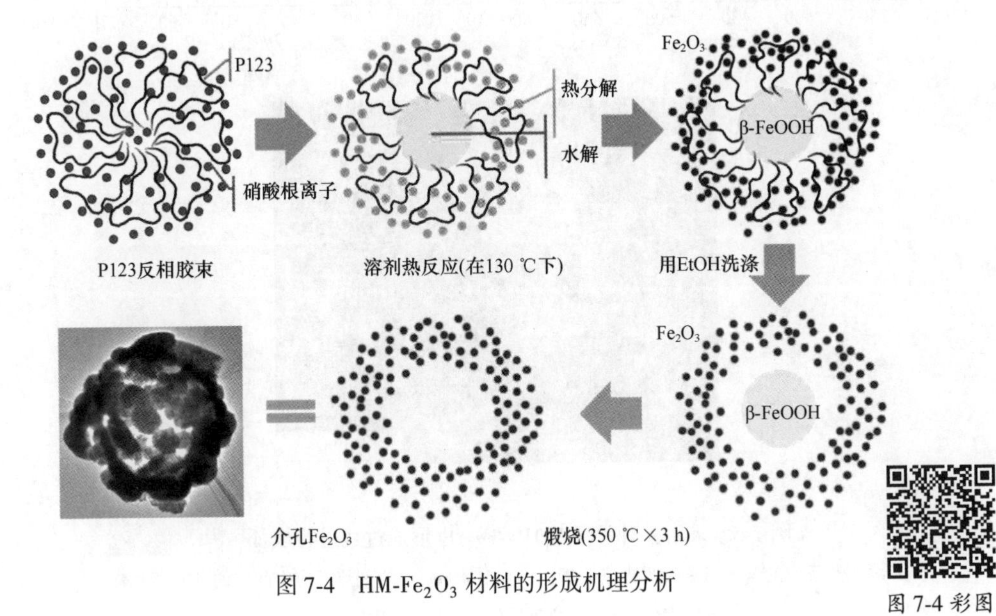

图 7-4 HM-Fe_2O_3 材料的形成机理分析

图 7-4 彩图

层中的硝酸铁在较高的温度下逐渐分解，形成 Fe_2O_3 晶粒，进而聚集成疏松的次级颗粒，Fe_2O_3 次级颗粒融合成为材料外壳。亲水核内的 Fe^{3+} 发生缓慢水解产生 β-FeOOH。因此，形成了由 Fe_2O_3-P123 外壳和 β-FeOOH 核组成的相对稳定的内核。(3) 将中间体洗涤并煅烧以除去 P123 和氮氧化合物，β-FeOOH 逐渐分解为 Fe_2O_3 并堆积到壳内壁，形成中空的 Fe_2O_3 球。在连续煅烧过程中，由于 P123 胶束被碳化和分解后去除，使得 Fe_2O_3 颗粒中的介孔孔道暴露出来。

为了验证上述机理推导中的硝酸盐的分解和 Fe_2O_3 的形成，将 $Fe(NO_3)_3 \cdot 9H_2O$ 替换为 $FeCl_3 \cdot 6H_2O$ 来合成 HM-Fe_2O_3 并进行比较，结果发现在溶剂热反应后没有出现沉淀，因为 $FeCl_3$ 的热稳定性远高于硝酸盐，不发生分解。另外，将溶剂热反应后的上清液进行紫外可见吸收光谱分析，可以看到在 320~400 nm 的氮氧化物特征吸收带［见图 7-5（a）］，证明硝酸盐确实发生了分解。接着采用广角 XRD 测试了上述溶剂热反应后的中间体材料，如图 7-5（b）所示，Fe_2O_3 和

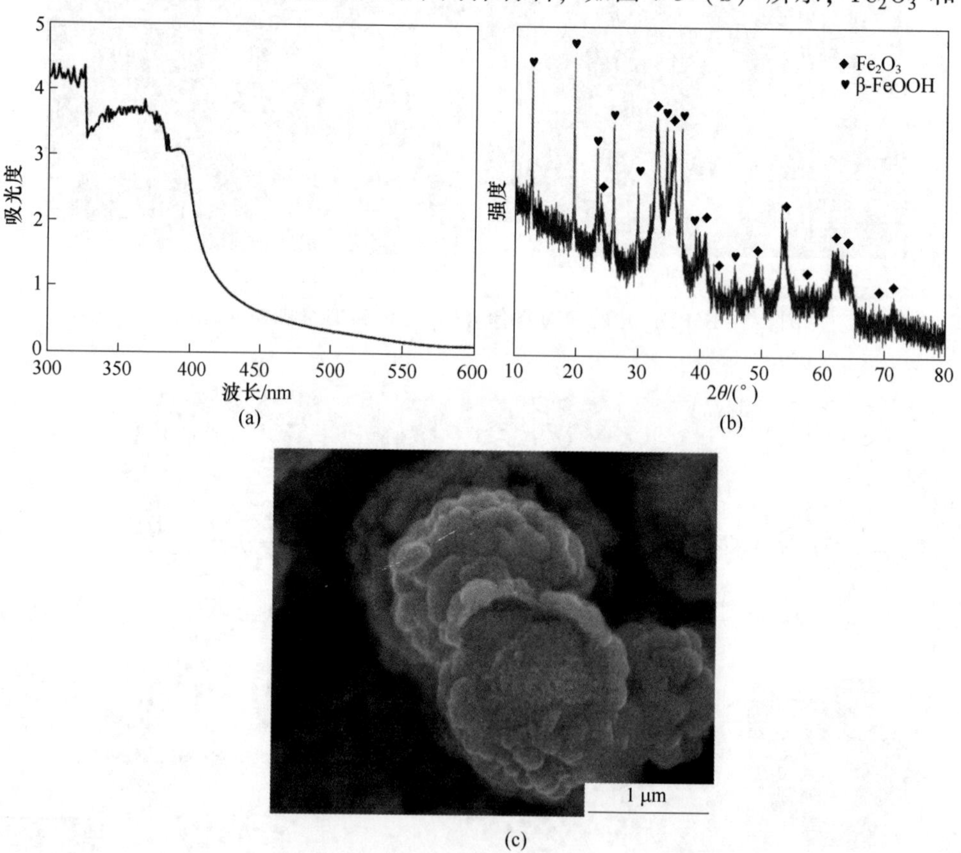

图 7-5 采用多种手段对 HM-Fe_2O_3 形成过程进行表征

（a）溶剂热反应的紫外可见吸收光谱分析；（b）HM-Fe_2O_3 溶剂热反应中间体的 XRD 图谱；（c）HM-Fe_2O_3 溶剂热反应中间体的 SEM 图像

β-FeOOH（JCPDS No. 75-1594）的特征峰表明形成了 β-FeOOH。进一步对中间体材料进行了 SEM 测试，结果［见图 7-5（c）］显示糯米团 Fe_2O_3 外壳已成型，但在某些有破口的球形 Fe_2O_3 内存在质地截然不同的絮状物质，即 β-FeOOH 材料。这些试验证明了 HM-Fe_2O_3 材料的形成过程正如上文的推导分析所述。

采用溶剂热法合成 H-Fe_2O_3@GA 复合材料具有良好的可行性。如图 7-6（a）所示，所合成的 Fe_2O_3@GO 水凝胶呈现出光滑且完整的圆柱体形态。更关键的是，水凝胶可以不依赖于浸泡而独立放置。1 h 后仍未观察到内部溶液渗漏出来或是 HM-Fe_2O_3 发生塌陷、变形现象。将水凝胶冷冻干燥后转化为超轻的 H-Fe_2O_3@GA 气凝胶复合材料［见图 7-6（b）］，其外观仍然光滑完整。本书相关研究中合成的气凝胶不像其他报道的气凝胶那样向内收缩或塌陷[21-22]，表明该复合材料具有良好的内部孔隙结构。

分别从完整气凝胶的顶部、中部和底部取样，采用 XRF 固体微区分析法对材料进行定量分析。图 7-6（c）中的结果表明 H-Fe_2O_3@GA-43%不同部位的 Fe 含量（质量分数）高度一致，相对标准偏差（RSD）仅为 0.35%，这表明 H-Fe_2O_3@GA 材料的质地是非常均匀的，H-Fe_2O_3 材料颗粒在整个溶剂热反应过程中没有明显的沉降和聚集现象，最终充分地分散在整个气凝胶复合材料结构中。

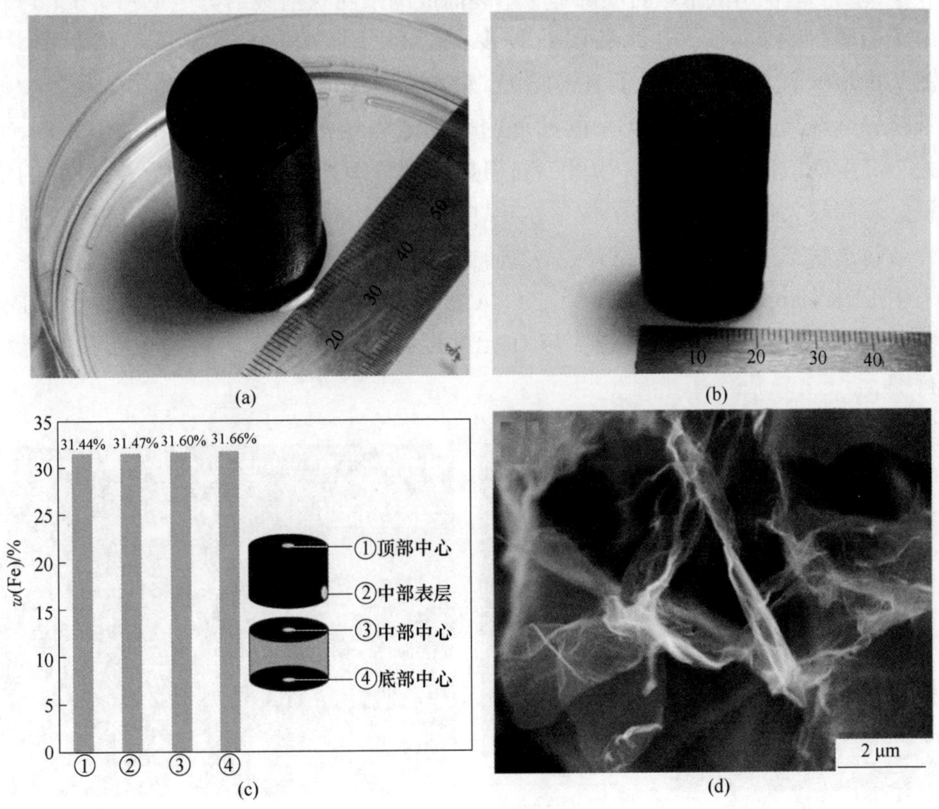

(e)

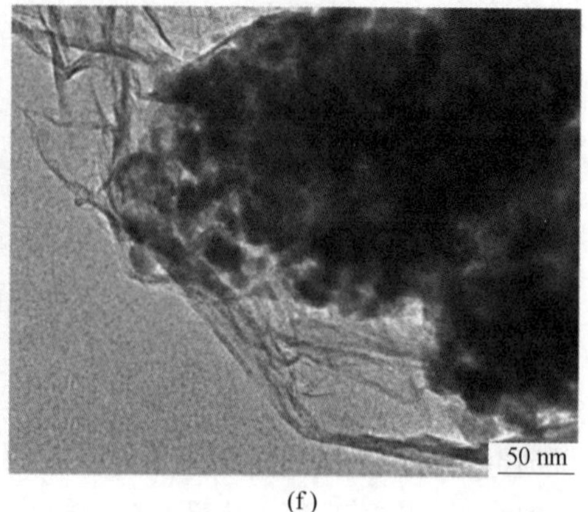

(f)

图 7-6 H-Fe_2O_3@ GO 水凝胶（a）和 H-Fe_2O_3@ GA 气凝胶（b）实物图、H-Fe_2O_3@ GA 气凝胶的 Fe 元素定量分析（c）、GA 的 SEM 图像（d）、H-Fe_2O_3@ GA 气凝胶的 SEM 图像（e）和 TEM 图像（f）

纯 GA 呈现出微米级石墨烯片层组装而成的纸团状褶皱结构［见图 7-6（d)］，由于石墨烯良好的导电性和层数较少，GA 片层的 SEM 图像呈半透明膜状。图 7-6（e）清楚地显示出了 HM-Fe_2O_3 颗粒在石墨烯结构之间的分布。尽管少数颗粒轻微聚集，但得益于 GA 的超低密度和疏松结构，复合结构中的 HM-Fe_2O_3 处于高度松散的分散状态。因此，石墨烯框架显著地避免了 HM-Fe_2O_3 颗粒的堆积。较高放大倍率的 TEM 图像显示出了石墨烯片层对 HM-Fe_2O_3 次级颗粒的贴合与包裹状态［见图 7-6（f)］，次级颗粒依然保持疏松的气凝胶结构。进一步采用 EDX mapping 分析了 H-Fe_2O_3@ GA 材料颗粒的结构质地，图 7-7 显示了 Fe、O 和 C 元素分布情况，可见 Fe 与 O 元素以材料颗粒为导向均匀分布在复合材料中。

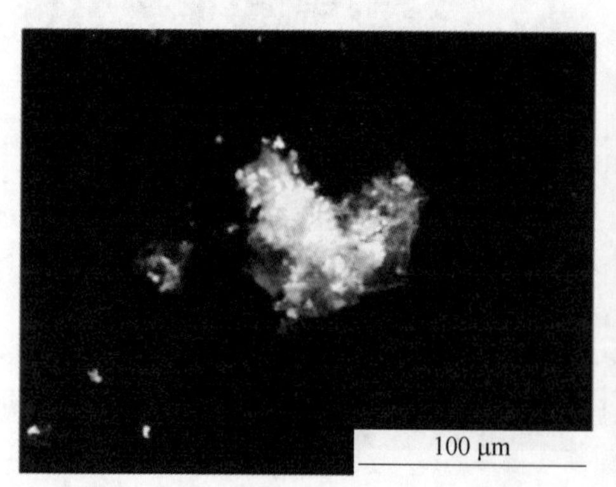

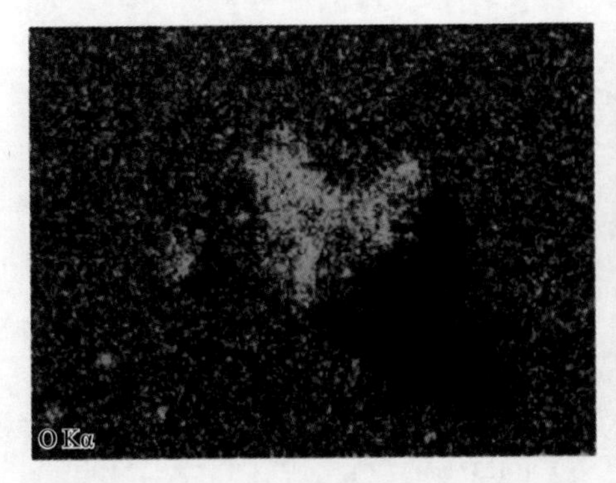

图 7-7 H-Fe_2O_3@GA 的 EDX mapping 分析结果

图 7-7 彩图

7.3.1.2 材料的 XRD、BET 和 FTIR 表征结果

为了验证材料的结构与成分，采用广角 XRD 研究了样品的晶体结构，如图 7-8（a）所示。HM-Fe_2O_3 和 H-Fe_2O_3@GA 复合材料在 2θ = 24.1°、33.1°、35.6°、40.8°、49.4°、54.0°、62.4° 和 64.0° 处的衍射峰与 α-Fe_2O_3 相匹配（JCPDS No. 89-0599）。H-Fe_2O_3@GA 的 XRD 图谱中在 26.6°处出现了 GA 的特征衍射峰，表明 GO 已被乳糖成功还原为 rGO[23]。采用 FTIR 法进一步分析了上述材料，在 3464 cm^{-1}、1643 cm^{-1}、1237 cm^{-1} 和 1072 cm^{-1} 处的 IR 吸附分别归因于 GA 中的—OH、C═C、C—OH 和 C—O［见图 7-8（b）］。在 539 cm^{-1} 和 467 cm^{-1} 的吸收峰归因于 HM-Fe_2O_3 中的 Fe—O 伸缩振动。这些峰都能在 H-Fe_2O_3@GA 的 FTIR 图谱中观察到，表明 HM-Fe_2O_3 与 GA 成功复合。

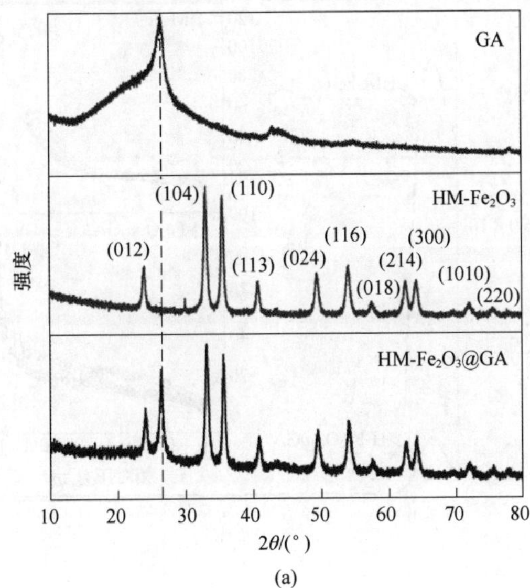

(a)

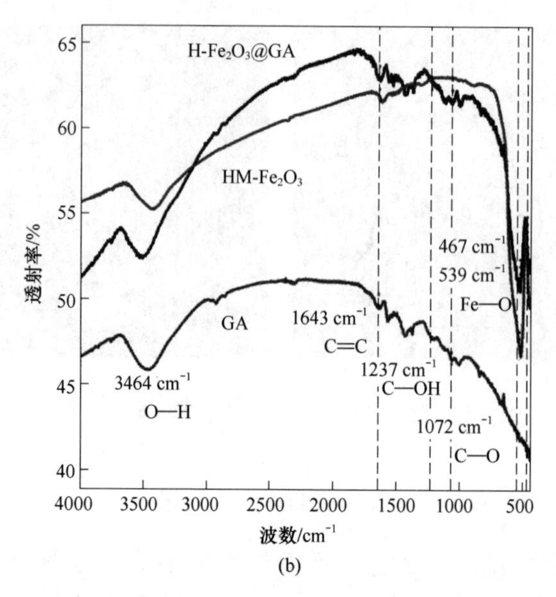

图 7-8 HM-Fe_2O_3 和 H-Fe_2O_3@GA 材料的 XRD（a）与 FTIR（b）分析结果

采用小角度 XRD 衍射、N_2 吸附-脱附分析法对材料的孔隙结构进行了表征。如图 7-9（a）所示，HM-Fe_2O_3 和 H-Fe_2O_3@GA 在 0.35°处显示衍射峰，表明材料中存在较大孔径的有序介孔。HM-Fe_2O_3 和 H-Fe_2O_3@GA 均具有Ⅳ型等温曲线，其滞后环无饱和吸附平台，表明二者均为贯穿性的孔道结构。商用试剂 R-Fe_2O_3 的 N_2 饱和吸附量远低于二者［见图 7-9（b）］，吸附曲线和脱附曲线紧密相连且滞后环微弱，表明其孔道性质不明显。

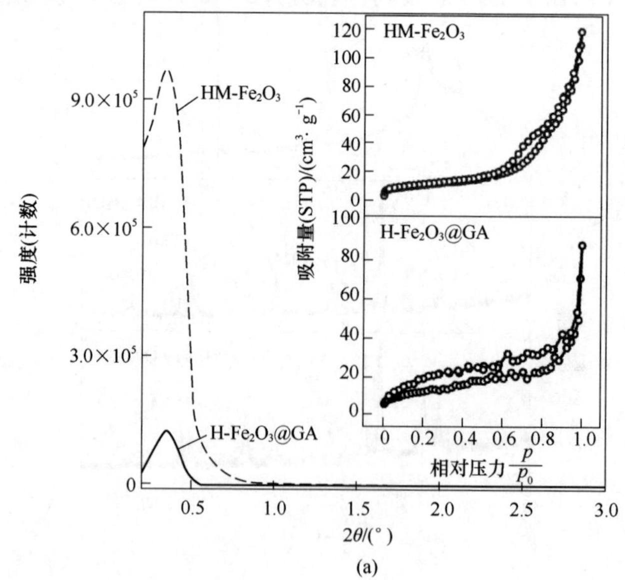

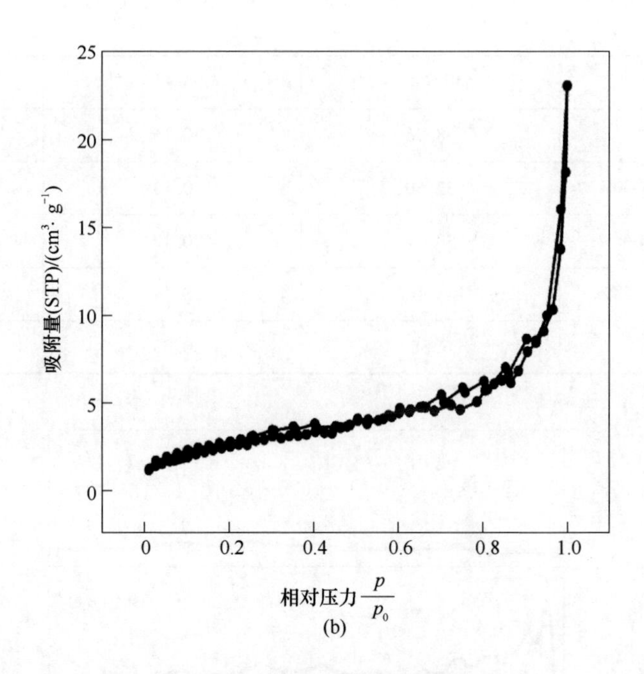

图 7-9 HM-Fe_2O_3、H-Fe_2O_3@GA（a）和商用 R-Fe_2O_3（b）的小角度 XRD 图谱与 N_2 吸附-脱附分析

表 7-1 展示了各种材料的孔隙结构参数。GA 材料以大孔为主，其结构中也存在一部分 14 nm 左右的介孔。HM-Fe_2O_3 的介孔范围在 4~30 nm，比表面积和孔容远高于 R-Fe_2O_3 试剂。H-Fe_2O_3@GA 同时具有介孔和大孔结构，是一种典型的多级孔结构。H-Fe_2O_3@GA 的孔径分布分析结果（见图 7-10）显示其孔道结构与 Fe_2O_3 含量密切相关。当 HM-Fe_2O_3 含量从 30%增加到 43%时，复合材料在 75~125 nm 范围内的大孔比例显著增加；在达到 58%的 HM-Fe_2O_3 含量后，大孔结构反而会减少。根据这些现象可以认为 H-Fe_2O_3@GA 的多级孔结构是由 HM-Fe_2O_3 和石墨烯气凝胶结构之间的相互作用引起的，即 HM-Fe_2O_3 颗粒的堆积间隙和石墨烯片层对颗粒的包裹间隙都会产生大孔并可能遮蔽介孔结构，从而导致介孔和大孔比例的变化。相对而言，HM-Fe_2O_3 含量为 43%的复合材料的介孔和大孔特性均相当突出，意味着上述材料颗粒堆积和石墨烯包裹达到平衡状态。

表 7-1 H-Fe_2O_3@GA 及其他材料的孔隙结构参数

材料	比表面积/($m^2 \cdot g^{-1}$)	孔容/($cm^3 \cdot g^{-1}$)	孔径/nm
HM-Fe_2O_3	43.69	0.18	11.72

续表 7-1

材料	比表面积/($m^2 \cdot g^{-1}$)	孔容/($cm^3 \cdot g^{-1}$)	孔径/nm
GA	38.76	0.15	14.10
H-Fe_2O_3@ GA-30%	37.50	0.12	14.36
H-Fe_2O_3@ GA-43%	30.67	0.12	10.68
H-Fe_2O_3@ GA-58%	35.16	0.14	12.21
R-Fe_2O_3	7.88	0.03	15.59

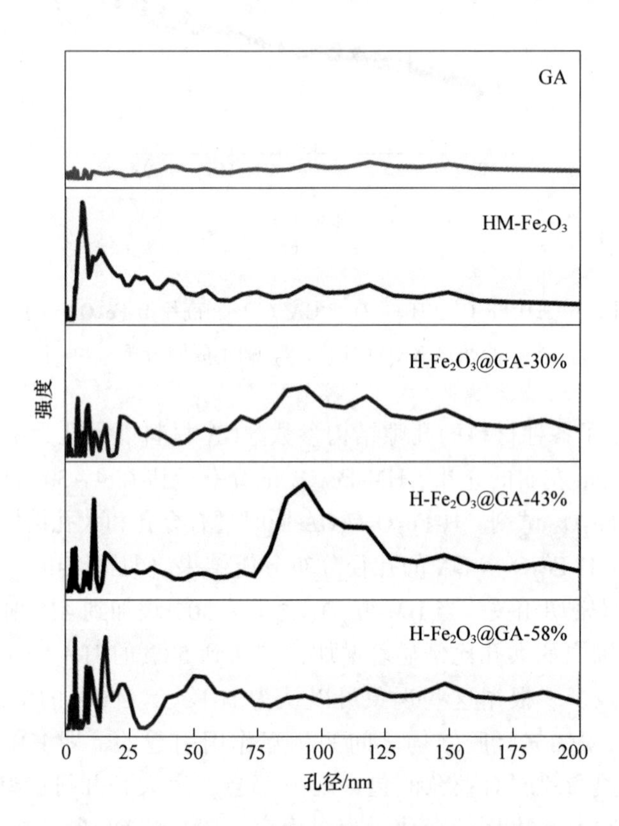

图 7-10 H-Fe_2O_3@ GA 等材料的孔径分布对比

7.3.1.3 材料的 DRS、光电响应、光致发光和 XPS 分析

根据关系式 $(\alpha h\nu)^2 = C(h\nu - E_g)$ 计算得到了漫反射光谱（DRS）和带隙宽度 E_g。与 HM-Fe_2O_3 相比，H-Fe_2O_3@ GA 的 DRS 的吸收边出现了轻微红移［见图 7-11（a）］。图 7-11（b）中的曲线为复合材料的窄带隙能量，对谱线作切线

与水平轴相交可见复合材料的能量均低于 HM-Fe_2O_3，表明 GA 作为载体能够拓宽 HM-Fe_2O_3 的可见光响应范围并提高了太阳光的利用效率。

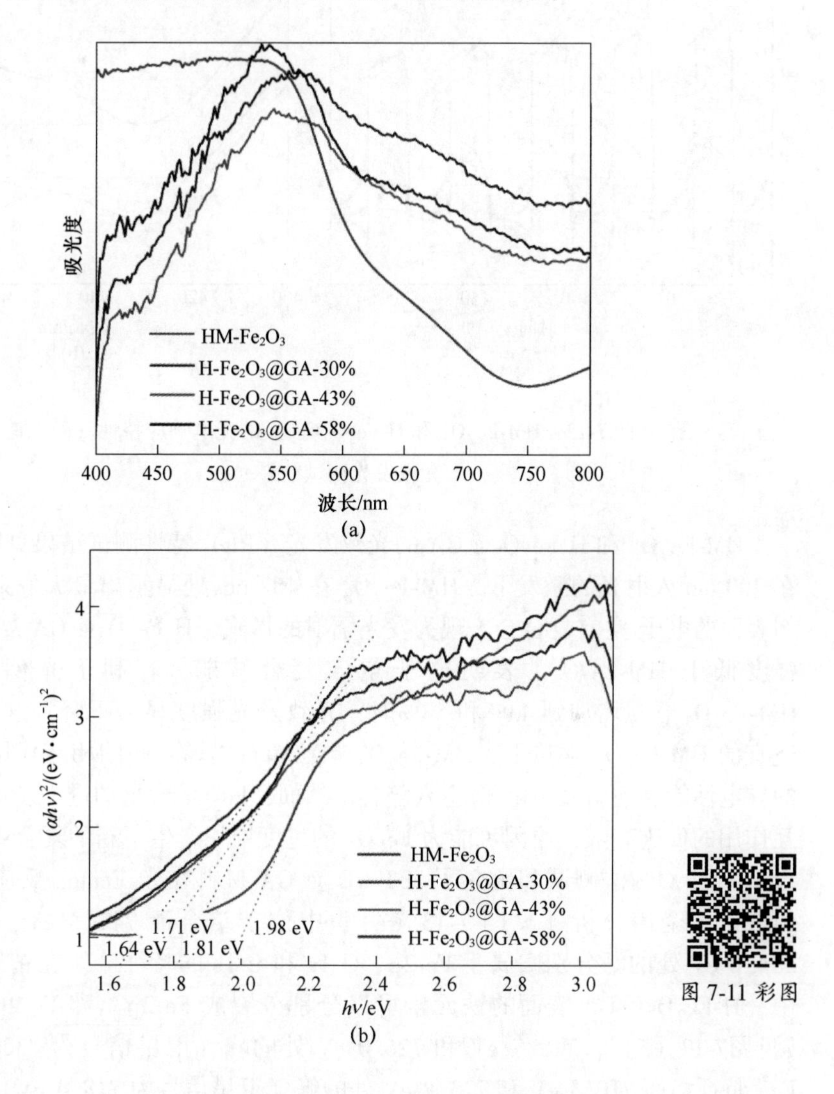

图 7-11 H-Fe_2O_3@GA 等材料的漫反射光谱 DRS（a）和带隙宽度 E_g（b）

以功率 300 W 的氙灯作为模拟光源，研究了该复合材料的光电响应特性。如图 7-12（a）所示，H-Fe_2O_3@GA 在开灯瞬间产生的光电流响应明显高于 HM-Fe_2O_3，并且随着 HM-Fe_2O_3 含量的提高而显著增强；在关灯瞬间，复合材料的光电流强度衰减速度也低于 HM-Fe_2O_3。这表明复合材料中的石墨烯片层能够极大地促进光致电子-空穴的分离，并且能实现有效的光生电子传输[24]。

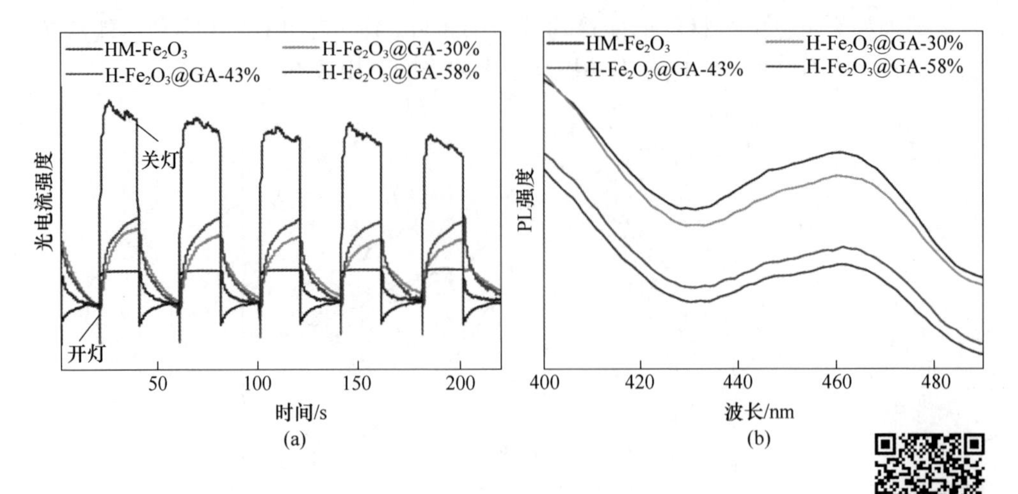

图 7-12 HM-Fe_2O_3 和 H-Fe_2O_3@ GA 的光电响应特性（a）和光致发光测试结果（b）

图 7-12 彩图

HM-Fe_2O_3 和 H-Fe_2O_3@ GA 的光致发光（PL）特性测试结果见图 7-12（b）。在 300 nm 入射光的激发下，HM-Fe_2O_3 在 462 nm 处显示出最大发射。由于催化剂表面的电子-空穴复合会表现为发光辐射的形式，H-Fe_2O_3@ GA 复合材料的 PL 强度低于 HM-Fe_2O_3，表明电子-空穴复合减弱，有利于光催化反应。当 HM-Fe_2O_3 含量增加到 43%和 58%时，光致发光强度显著下降。这些结果表明，适宜的 HM-Fe_2O_3 含量下，HM-Fe_2O_3 颗粒和石墨烯之间的相互作用以及石墨烯的导电性能够削弱光生电子-空穴复合。然而，Fe_2O_3 含量的进一步增加对上述相互作用的促进有限，原因可能为 Fe_2O_3 的过度堆积产生了新的复合中心。

采用 XPS 法测试和研究了 H-Fe_2O_3@ GA 材料在光-Fenton 反应前后的化学组成。在全谱分析［见图 7-13（a）］中位于结合能 711.4 eV、532.2 eV 和 284.0 eV 处的峰分别归属于 Fe 2p、O 1s 和 C 1s 的特征峰。在精细谱（窄谱）中，H-Fe_2O_3@ GA 表面的铁元素可以分别分裂成 Fe $2p_{3/2}$ 和 Fe $2p_{1/2}$ 的双重态［见图7-13（b）］。712.7 eV 和 726.0 eV 处的峰（卫星信号为 732.6 eV）代表 Fe^{3+}特征，而 710.3 eV 和 723.8 eV 处的峰（卫星信号为 718.4 eV）是 Fe^{2+}特征峰[25]。在光-Fenton 反应后，Fe^{2+}与 Fe^{3+}的比率（根据峰面积计算）从 1.60 增加到 1.63，表明在 HM-Fe_2O_3 表面实现了 Fe^{3+}到 Fe^{2+}的有效转化，这一结果有利于提高 H-Fe_2O_3@ GA 在 Fenton 体系中的催化活性。

7.3.2 H-Fe_2O_3@GA 材料的光催化性能分析

在太阳光直接照射和无搅拌的条件下开展了一系列 MB 降解试验来对 H-Fe_2O_3@ GA 的光-Fenton 催化活性进行评价。测试流程分为前 30 min 的暗反应阶

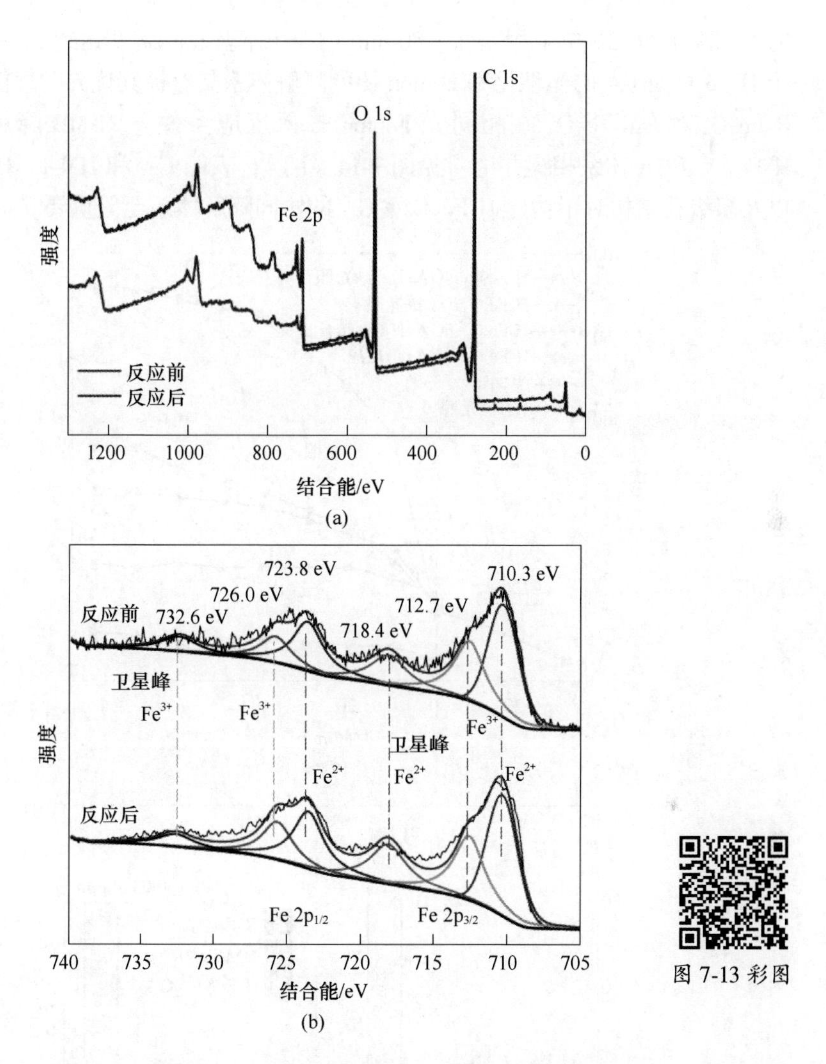

图 7-13 光-Fenton 反应前后的 H-Fe_2O_3@ GA 的 XPS 全谱（a）与窄谱（b）分析

段和随后 80 min 的光照反应阶段。如图 7-14（a）所示，在不加入催化剂的纯光照和 H_2O_2+光照条件下，MB 浓度分别降低了 5.4%和 6.5%。

当添加 H-Fe_2O_3@ GA 后，MB 降解率迅速升高，在 H-Fe_2O_3@ GA+暗反应条件下最高 MB 降解率为23.6%，原因为该复合材料对 MB 的吸附。在 H-Fe_2O_3@ GA+H_2O_2+暗反应和 H-Fe_2O_3@ GA+光照这两个条件下，MB 降解率分别达到 43.2%和 55.6%，分别对应以复合材料中的 HM-Fe_2O_3 和 H_2O_2 为主的 Fenton 反应和以 H-Fe_2O_3@ GA 为主的光催化降解反应，表明仅凭 H-Fe_2O_3@ GA 复合材料的光催化机制即可实现比其 Fenton 反应更好的 MB 降解性能。将上述两种机理相结合的 H-Fe_2O_3@ GA+H_2O_2+光照条件的 MB 降解率最令人瞩目，仅在光照阶段的前 10 min

内就消除了 56.2%的亚甲基蓝，80 min 内亚甲基蓝总降解率达到 91.8%，这表明基于 H-Fe_2O_3@GA 的光催化和 Fenton 协同降解体系具有极其优异的性能。作为对比，R-Fe_2O_3 和 HM-Fe_2O_3 在相同光-Fenton 二元反应条件下的 MB 降解率均无法和 H-Fe_2O_3@GA 体系相提并论［见图 7-14（b）］，表明 GA 和 HM-Fe_2O_3 的相互作用以及多级孔结构对于构建 H-Fe_2O_3@GA 的协同降解体系至关重要。

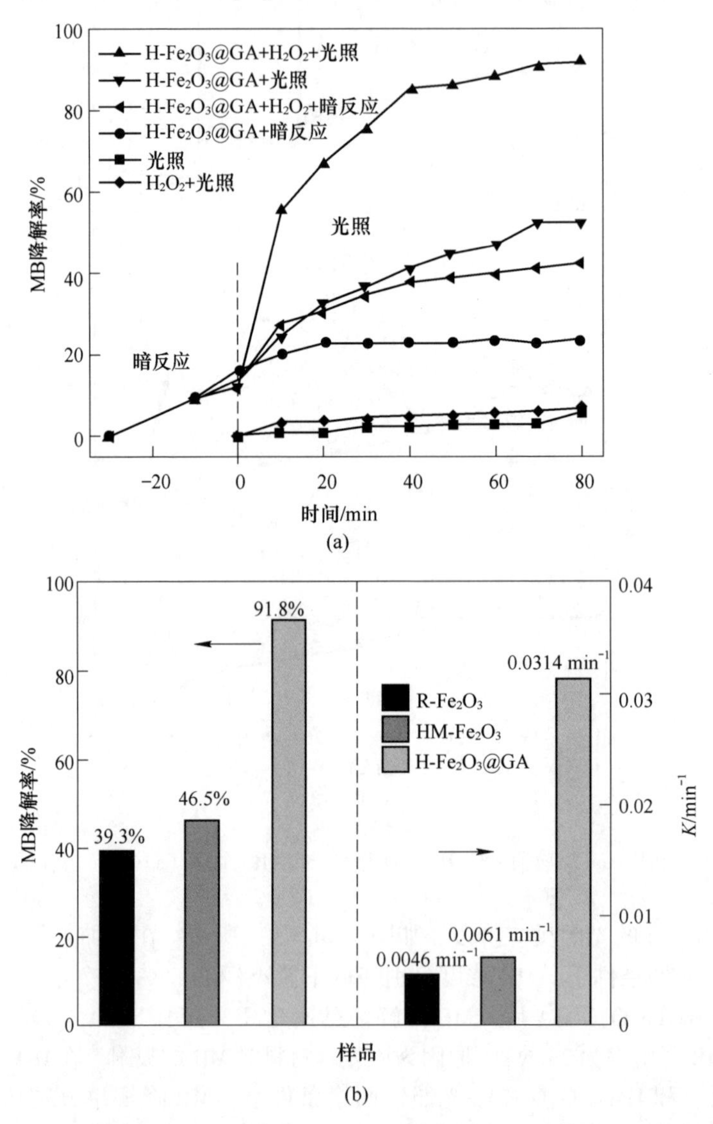

图 7-14 不同条件下的 MB 降解（a）和三种材料的 MB 降解比较（b）

表 7-2 列出了不同降解体系的 MB 降解率和计算得到的一级动力学常数。H-Fe_2O_3@GA+H_2O_2+光照体系的 K 为 0.0314 min^{-1}，是 H-Fe_2O_3@GA+光照体系

的 3.9 倍以及 $H-Fe_2O_3$@GA+H_2O_2+暗反应的 6.5 倍（50 mg/L 的 MB），表明基于 $H-Fe_2O_3$@GA 的光催化和 Fenton 协同降解体系优于其他单一体系。

表 7-2 不同降解体系的 MB 降解率和一级动力学常数

降解体系	η/%	K/min^{-1}	R^2
$H-Fe_2O_3$@GA+H_2O_2+光照	91.8	0.0314	0.9522
$H-Fe_2O_3$@GA+H_2O_2+暗反应	43.2	0.0048	0.8566
$H-Fe_2O_3$@GA+光照	55.6	0.0080	0.9769
$H-Fe_2O_3$@GA+暗反应	23.6	0.0015	0.6917
$HM-Fe_2O_3$+H_2O_2+光照	46.5	0.0061	0.9633
$R-Fe_2O_3$+H_2O_2+光照	39.3	0.0046	0.9352
H_2O_2+光照	6.5	0.0005	0.9770
光照	5.4	0.0006	0.8131

7.3.3 光-Fenton 催化反应条件的优化

鉴于 $H-Fe_2O_3$@GA+H_2O_2+光照高效的 MB 降解性能，有必要进一步优化催化反应条件。测试了初始 MB 浓度、pH、H_2O_2 浓度、$HM-Fe_2O_3$ 含量和螯合剂（AO）等不同条件对该协同体系 MB 降解性能的影响。如图 7-15（a）所示，MB 降解率随着其初始浓度的增加而下降。这种现象与 MB 溶液的内滤效应有关，溶液的色度越高，能深入水中到达催化剂表面的光线越少。此外，更高浓度的 MB 在催化剂反应位点的大量吸附也抑制了 MB 的降解[26]。

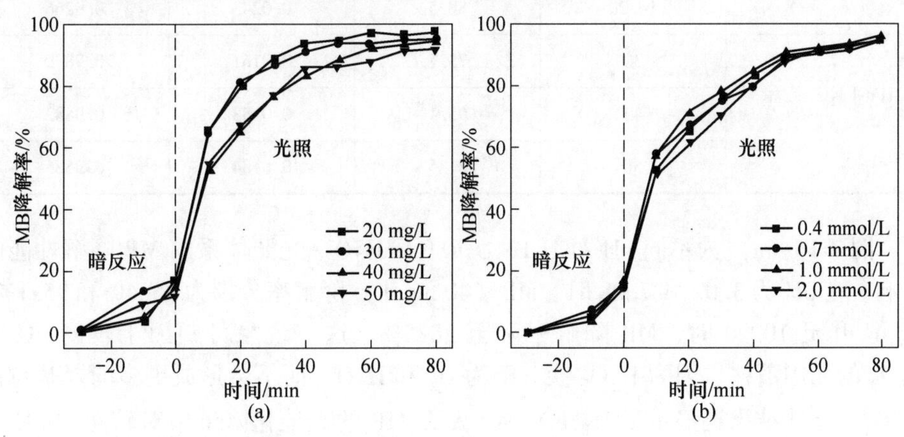

图 7-15 初始 MB 浓度（a）和 H_2O_2 浓度（b）对 MB 降解的影响

图 7-15（b）展示了 H-Fe_2O_3@ GA+H_2O_2+光照体系中的 H_2O_2 浓度对 MB（40 mg/L）降解的影响。随着 H_2O_2 浓度从 0.4 mmol/L 增加到 2.0 mmol/L，MB 降解率的变化不明显，表明在该协同增强降解体系中，与 H_2O_2 浓度直接相关的 Fenton 反应并不占主导地位。对不同反应条件下的一级动力学常数 K 进行了计算并列于表 7-3 中，可见 0.4 mmol/L 的 H_2O_2 浓度的一级动力学常数等于 1.0 mmol/L 的 H_2O_2 浓度的一级动力学常数。据报道，过量的 H_2O_2 反而会作为 ·OH 的捕获剂形成 HO_2 ·[27]，从而降低 MB 降解率。因此，在实际应用中，可以选择 0.4 mmol/L 的 H_2O_2 浓度以达到较好的应用经济性。

表 7-3 不同反应条件下的 MB 降解率与一级动力学常数

不同反应条件		η/%	K/min^{-1}	R^2
MB 浓度 /(mg · L^{-1})	20	97.5	0.0428	0.9145
	30	95.3	0.0387	0.9148
	40	95.1	0.0353	0.9882
	50	91.8	0.0312	0.9445
H_2O_2 浓度 /(mmol · L^{-1})	0.4	95.1	0.0353	0.9882
	0.7	95.4	0.0336	0.9726
	1.0	96.3	0.0372	0.9812
	2.0	95.8	0.0370	0.9949
pH	3.02	96.4	0.0350	0.9165
	7.08	95.1	0.0353	0.9882
	10.20	88.5	0.0243	0.9266
HM-Fe_2O_3 含量 /%	30	75.7	0.0161	0.9879
	43	95.1	0.0353	0.9882
	58	81.5	0.0184	0.9585

图 7-16（a）为不同 pH 对 H-Fe_2O_3@ GA+H_2O_2+光照体系的 MB 降解性能的影响。在 pH 为 3.02 和 7.08 时，MB（40 mg/L）降解率分别为 96.4%和 95.1%。当 pH 升至 10.20 时，MB 降解率降至 88.5%。这一现象可归因于较高 pH 下 H_2O_2 的无用消耗。因为 H_2O_2 会分解为 O_2 和 H_2O，而不会形成更多的羟基自由基[28]。上述结果还显示了 H-Fe_2O_3@ GA 在 MB 的光催化降解中对较宽的 pH 范围的适应性。

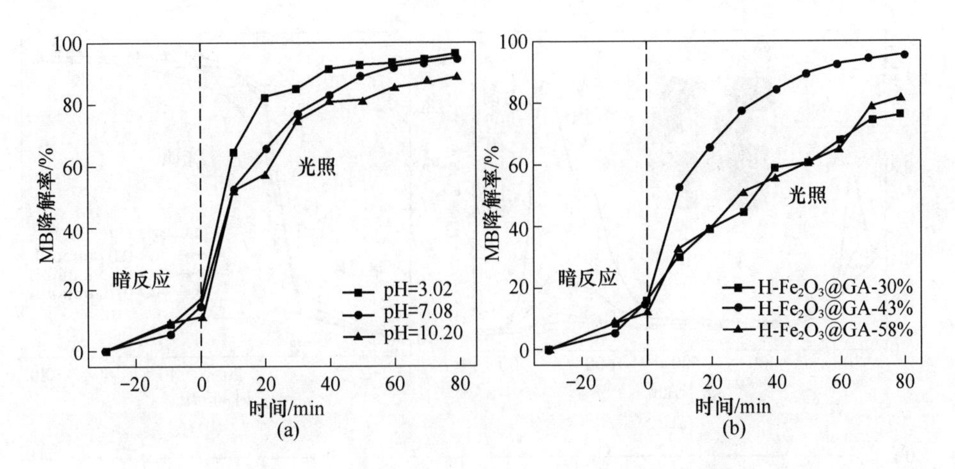

图 7-16 反应 pH（a）和 HM-Fe_2O_3 含量（b）对 MB 降解的影响

图 7-16（b）中，HM-Fe_2O_3 含量为 30%、43%和 58%的复合材料在 80 min 内对浓度为 40 mg/L 的 MB 分别实现了 75.7%、95.1%和 81.5%的降解率。这些测试结果与 HM-Fe_2O_3 催化剂颗粒的分散和堆积程度直接相关。催化剂含量较低时不能提供足够的光催化反应位点。然而，催化剂含量较高时会发生材料颗粒过度堆积，这样无助于增加 HM-Fe_2O_3 表面的光催化反应位点，反而会导致入射光和反应物深入材料内层受阻，以及降解产物在 HM-Fe_2O_3 表面附近聚集，从而限制催化反应速度[27]。当适量（例如 43%）的催化剂颗粒分散在石墨烯网格中时，催化剂颗粒均匀地分散在石墨烯片层中，石墨烯对催化剂的包裹构建了多级孔结构，极大地促进了 MB 在催化剂表面的吸附和转化，并显著加速了光催化反应。

草酸盐被认为是研究非均相 Fenton 反应的一种有效试剂[29]，添加草酸铵（AO）可以进一步改善材料的 MB 降解性能。图 7-17（a）和图 7-17（b）中，随着 AO 浓度从 0 增加到 0.70 mmol/L，MB 降解率从 95.1%增加到 99.2%；一级动力学常数从 0.0353 min^{-1}增加到 0.1049 min^{-1}［见图 7-17（c）］。AO 作为螯合剂和 H-Fe_2O_3@GA 的表面相互作用改善了 Fe^{3+}与 Fe^{2+}的循环并增强了 H_2O_2 的分解，加速了 MB 的降解[30]。

回收、再生和重复使用性是评价催化材料是否具有较为理想的应用性能的重要标准。本书相关研究在所有光催化测试实验中都将块状 H-Fe_2O_3@GA 材料直接放入 MB 溶液，并在试验后用镊子取出用过的 H-Fe_2O_3@GA 材料，用去离子水洗涤、干燥，并进行 MB 重复降解测试。如图 7-17（d）所示，经过 5 次重复使用后，MB 降解率仍保持在 85.6%以上，表现出优异的稳定性和良好的重复使用性。

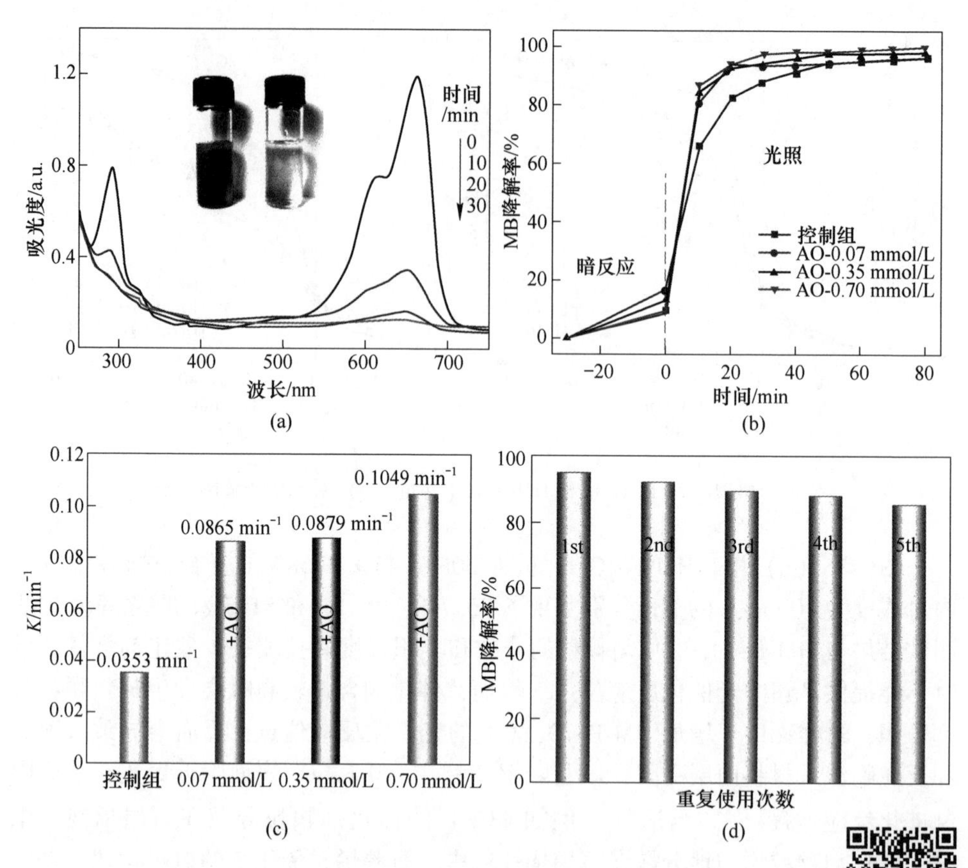

图 7-17　不同 AO 浓度对 H-Fe_2O_3@GA 在光-Fenton 体系中 MB 降解（a）（b）、一级动力学常数（c）和重复使用性（d）的影响

图 7-17 彩图

7.3.4　反应活性物质捕获与 ESR 测试结果

光催化反应具体机理的推导对于提高材料的应用性能和优化反应条件非常重要。为了确定是哪些活性物质在 H-Fe_2O_3@GA+H_2O_2+光照体系中起主要作用，分别向反应体系中添加甲醇（MeOH）、BQ、TEOA 和 L-His 作为 ·OH、·O_2^-、h^+和$^1O_2$ 活性物质捕获剂。如图 7-18（a）和图 7-18（b）所示，在不添加任何捕获剂的情况下，80 min 内的 MB 降解率为 95.1%，K=0.0353 min^{-1}。当加入 BQ 时，MB 降解率降低至 89.1%，K=0.0254 min^{-1}。此外，当向体系中添加 h^+捕获剂 TEOA，并在紫外吸收可见光谱检测前充分振摇样品以消除“蓝瓶”效应[31]，结果显示 MB 降解率下降至 86.6%，K=0.0243 min^{-1}，这表明 ·O_2^- 和 h^+的贡献较小。相反，当向反应体系中加入 MeOH 和 L-His 时，MB 降解率显著降低至 44.3%和 55.2%，K 低至 0.0054 min^{-1}和 0.0055 min^{-1}。这些结果表明在 MB 的降

解过程中，自由基和非自由基共同发挥作用；其中，·OH 和$^1O_2$ 在 MB 的光-Fenton 降解过程中起主要作用。

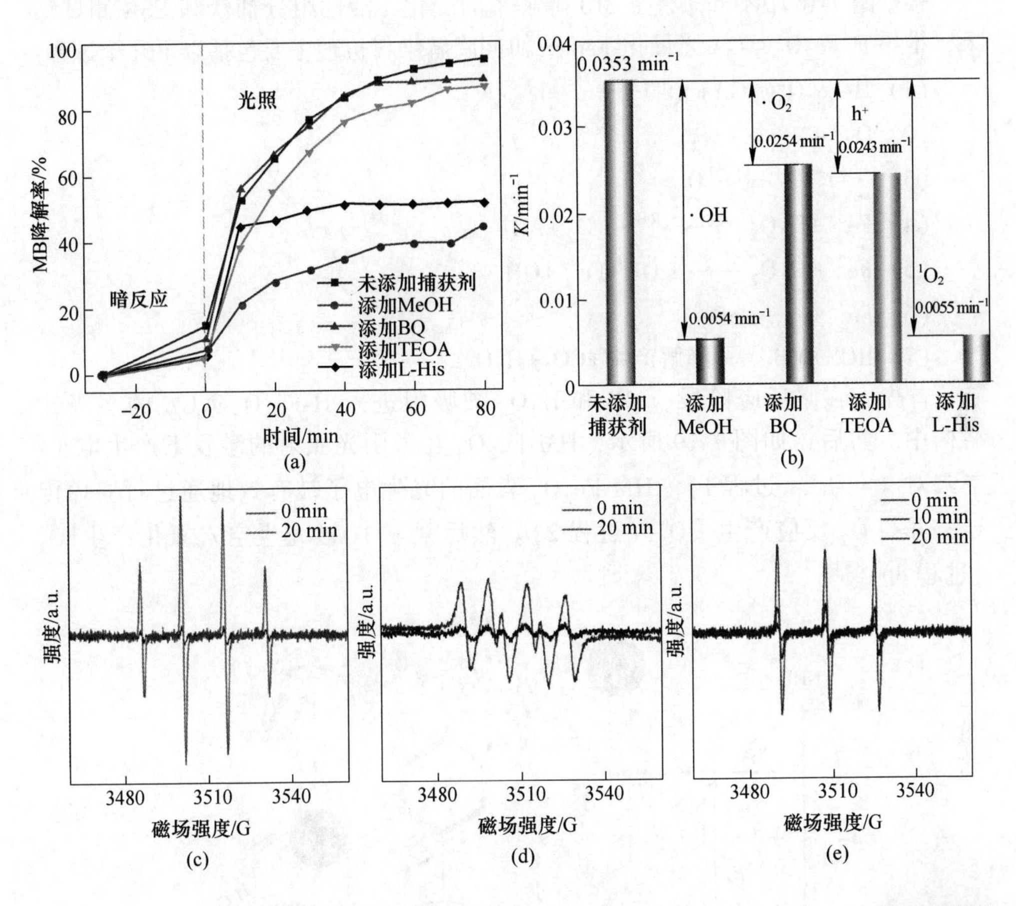

图 7-18 活性物质淬灭测试（a）（b）、H-Fe_2O_3@GA+H_2O_2+光照体系中 DMPO-·OH（c）、DMPO-·O_2^-（d）和 TEMP-$^1O_2$（e）的 ESR 光谱

（1 G=10^{-4} T）

图 7-18 彩图

采用 ESR 法进一步确定 H-Fe_2O_3@GA+H_2O_2+光照体系中的主要活性物质。在 300 W 氙灯照射下观察到分别加入 DMPO-·OH［见图 7-18（c）］、DMPO-·O_2^-［见图 7-18（d）］和 TEMP-$^1O_2$［见图 7-18（e）］的 ESR 信号，分别代表存在·OH、·O_2^-、$^1O_2$。TEMP-$^1O_2$ 的信号在暗反应下较弱，随着光照射时间的延长而增强。$^1O_2$ 往往会攻击富含电子的双键，并提高有机污染物降解率[32]。

7.3.5 光-Fenton 催化降解染料机理分析

根据图 7-18 中不同条件下 MB 降解率的变化、活性组分捕获和 ESR 测试结果，推导 H-Fe_2O_3@GA 光催化-Fenton 协同降解染料机理主要包括以下几个过程：

(1) H-Fe_2O_3@GA+光照$\longrightarrow e^- + h^+$。

(2) $O_2 + e^- \longrightarrow \cdot O_2^-$。

(3) $\cdot O_2^- + h^+ \longrightarrow {}^1O_2$。

(4) $Fe^{3+} + H_2O_2 \longrightarrow Fe^{2+} + \cdot O_2^- + 2H^+$。

(5) $Fe^{2+} + H_2O_2 \longrightarrow \cdot OH + Fe^{3+} + OH^-$。

(6) $Fe^{3+} + e^- \longrightarrow Fe^{2+}$。

(7) ROS+MB$\longrightarrow$降解产物$+CO_2+H_2O$。

首先，在暗反应阶段，MB 和 H_2O_2 被吸附进入 H-Fe_2O_3@GA 的多级孔结构中。然后，如图 7-19 所示，HM-Fe_2O_3 在太阳光照射的激发下产生电子-空穴对（e^--h^+，过程 1）。HM-Fe_2O_3 表面的光生电子被有效地通过石墨烯传导，并与 O_2 反应产生 $\cdot O_2^-$（过程 2）。然后，$\cdot O_2^-$ 被光生空穴氧化产生${}^1O_2$（过程 3）[33]。

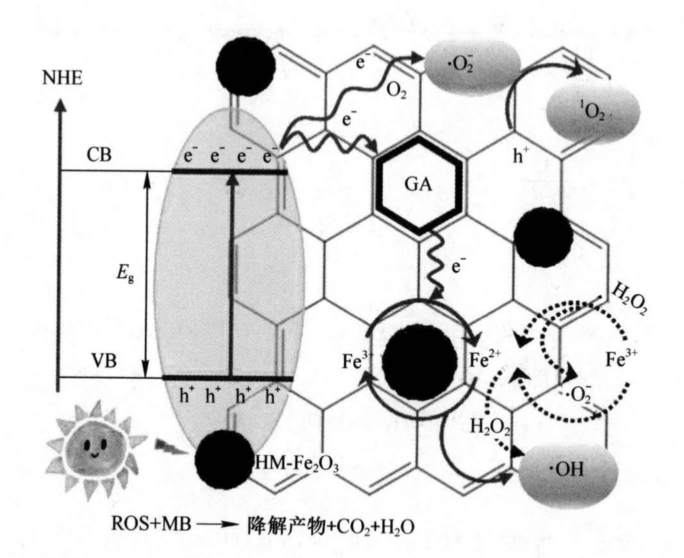

图 7-19 H-Fe_2O_3@GA+H_2O_2+光照体系降解 MB 的机理示意图

Fenton 反应与上述过程同步发生。如图 7-19 中的虚线所示，HM-Fe_2O_3 表面的 Fe^{3+}与 H_2O_2 反应生成 Fe^{2+}和 $\cdot O_2^-$（过程 4，反应较慢）[34]，Fe^{2+}进一步与 H_2O_2 反应生成 $\cdot OH$（过程 5，Fenton 反应中的关键步骤）。然而，在 H-Fe_2O_3@GA 协

同体系中，Fe^{3+}捕获光生电子并有效转化为Fe^{2+}（过程6），由此产生的大量Fe^{2+}和H_2O_2通过过程5迅速产生·OH。因此，在体系中各种ROSs的共同作用下，MB被迅速降解（过程7）。当加入AO后，Fenton-螯合体系的形成使MB的降解进一步显著加速。

在LC-Q-TOF上测试了MB在H-Fe_2O_3@GA+H_2O_2+光照体系中的降解中间产物。如图7-20所示为总离子流色谱图（TIC）和ESI(+)-MS质谱图。图7-21显示了光-Fenton降解MB的主要途径：C ═S$^{\oplus}$—C基团氧化[20, 35]和脱甲基。图7-22和图7-23分别给出了降解MB两种途径的主要中间产物的ESI(+)-MS质谱图。

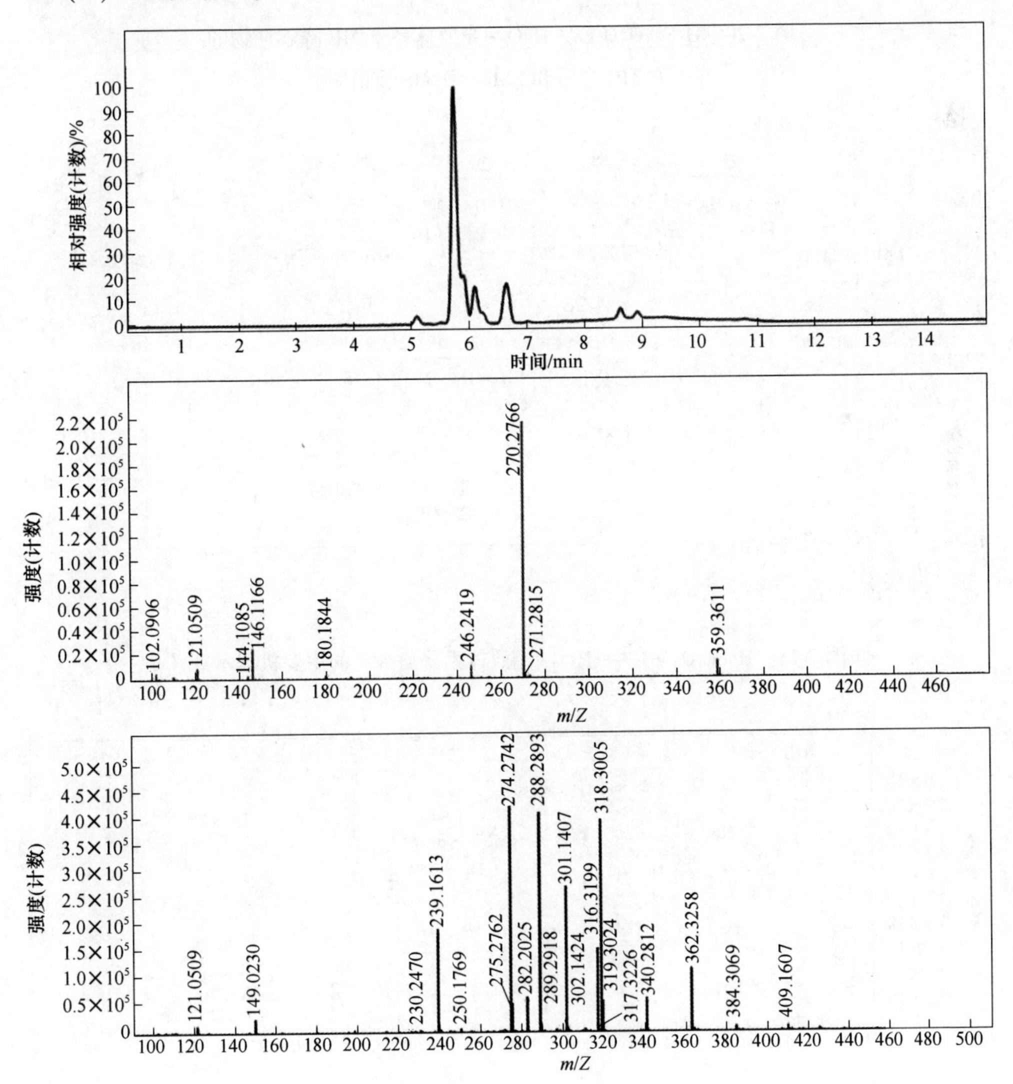

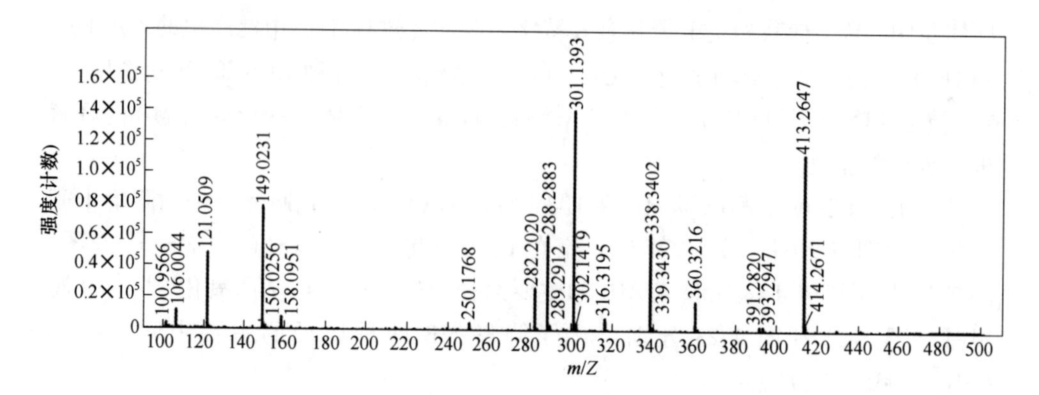

图 7-20 H-Fe_2O_3@GA+H_2O_2+光照体系下 MB 降解产物的 LC-TIC 光谱和 ESI（+）-MS 质谱图

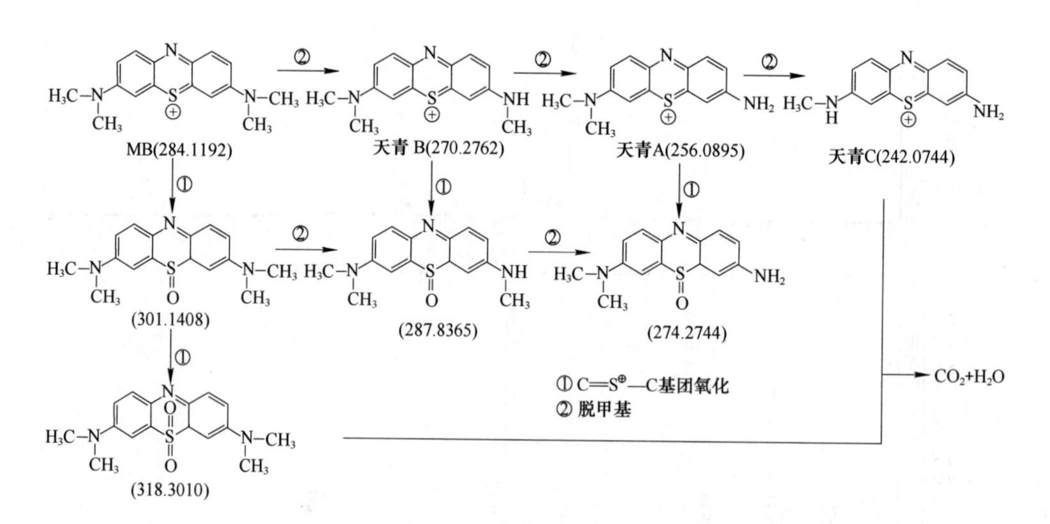

图 7-21 H-Fe_2O_3@GA+H_2O_2+光照体系降解 MB 的主要机理示意图

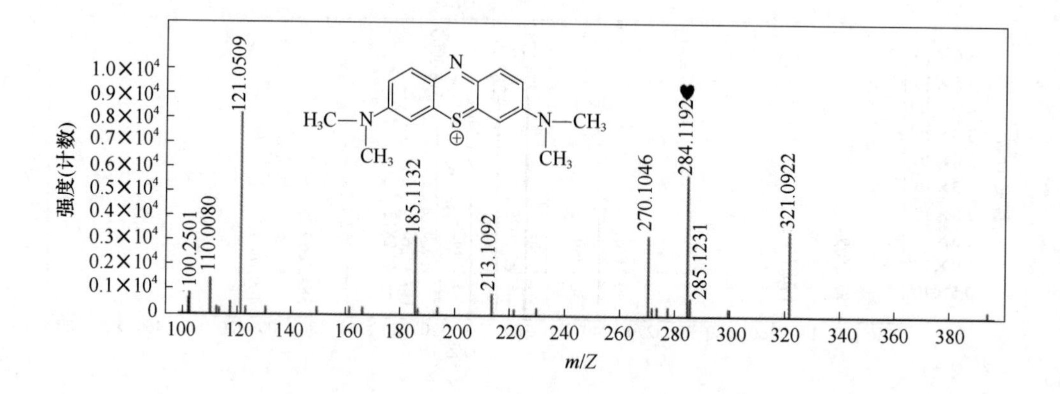

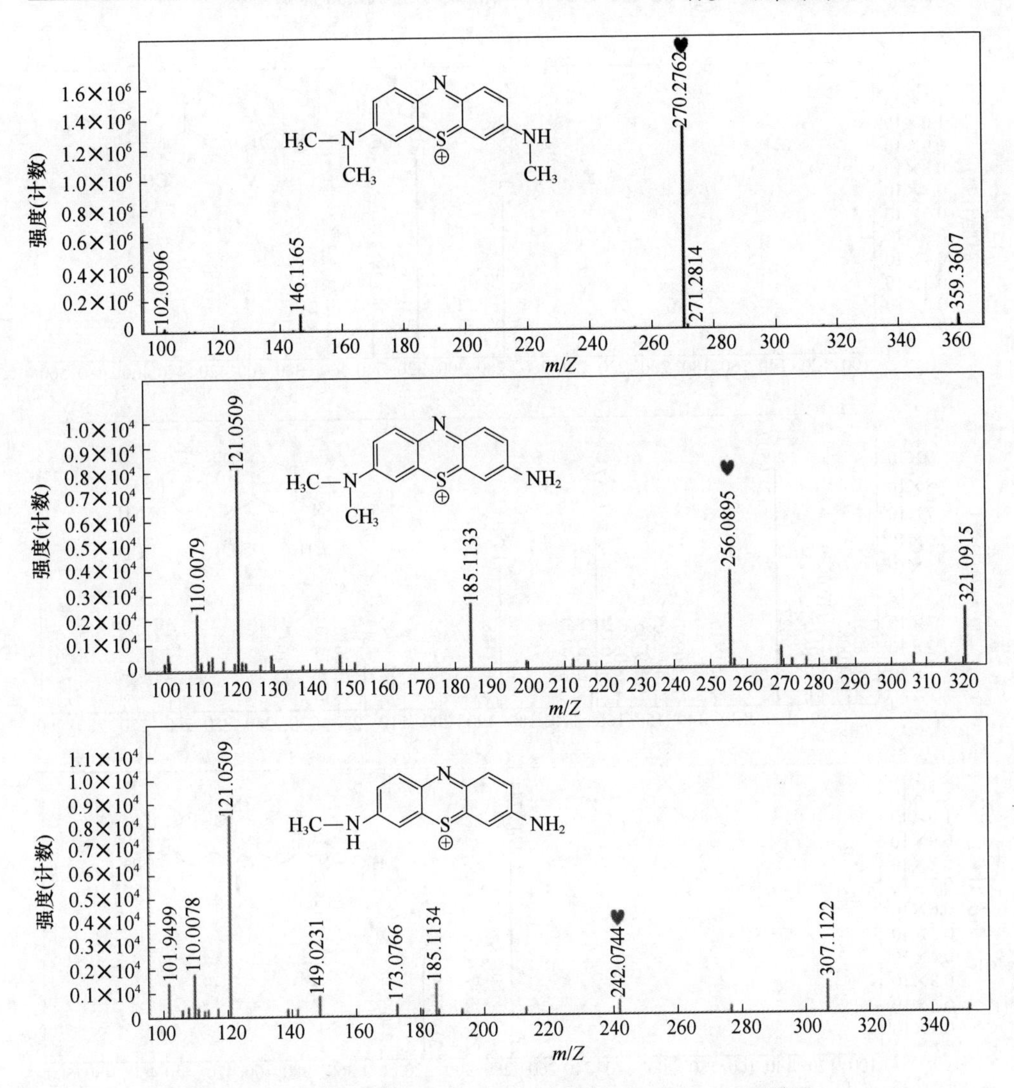

图 7-22 脱甲基降解 MB 的中间产物的 ESI (+)-MS 质谱图

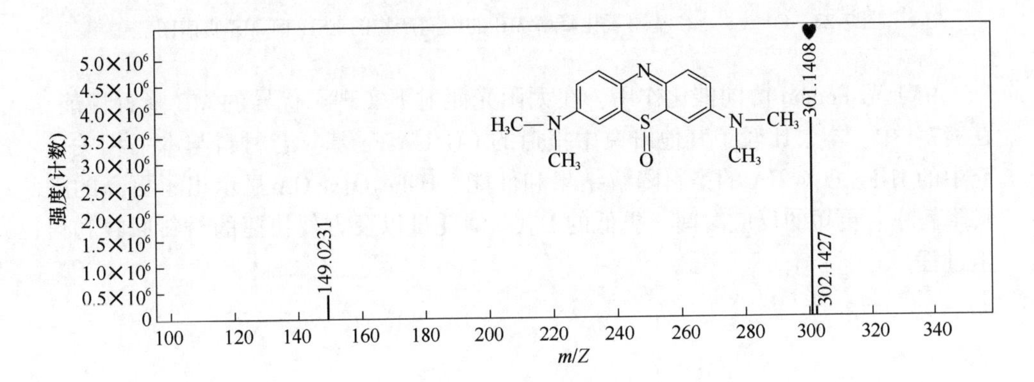

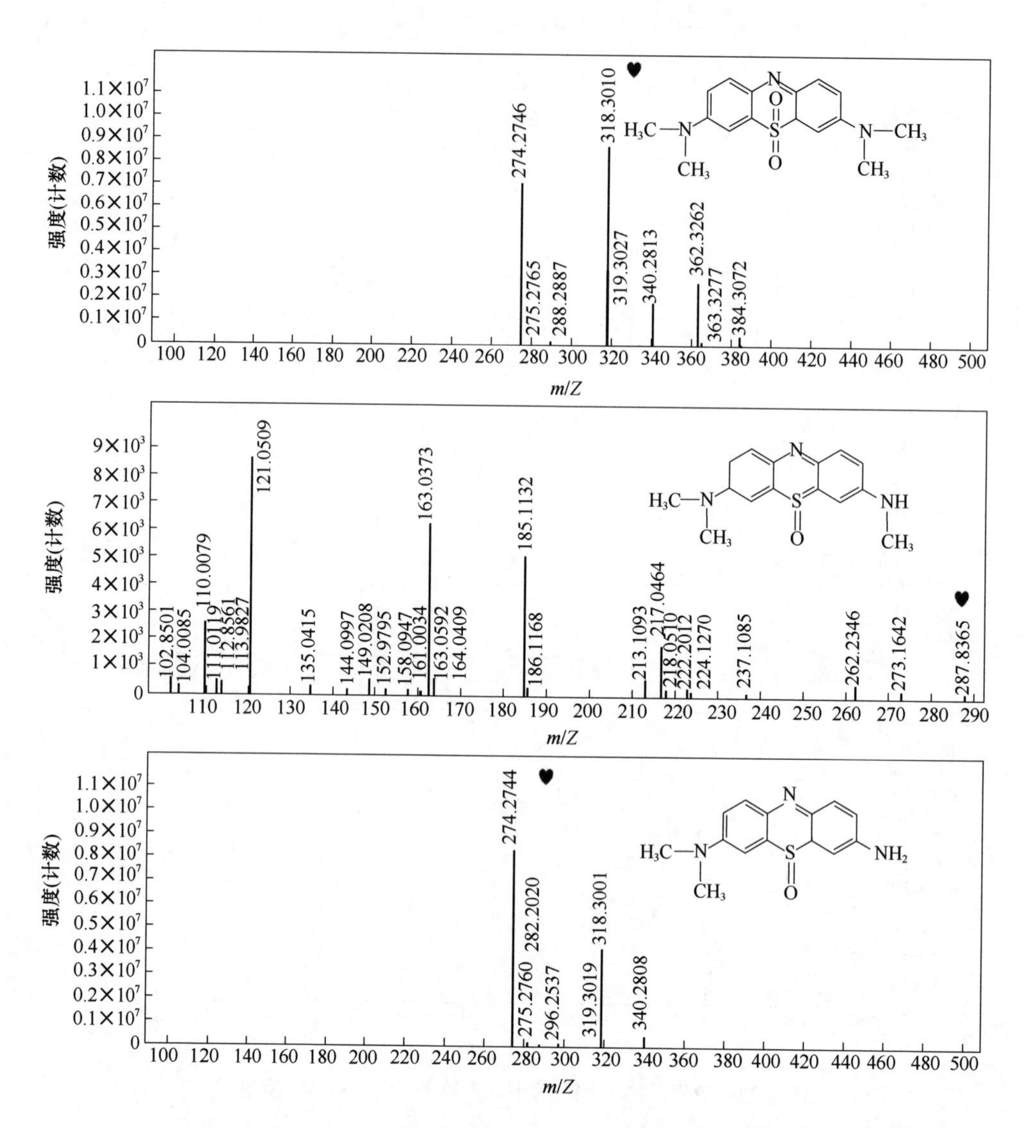

图 7-23 C ═$S^{\oplus}$—C 基团氧化降解 MB 的中间产物的 ESI(+)-MS 质谱图

由于光-Fenton 协同催化作用，在太阳光照射下实现了优异的 MB 降解性能。在表7-4 中，本书比较了其他研究中报道的 GO/GA-Fe 基复合材料与本书相关研究中的 H-Fe_2O_3@GA 的染料降解结果和性能。H-Fe_2O_3@GA 显示出了更高的染料降解率、更短的反应时间、更低的 H_2O_2 消耗量以及方便快捷的材料回收和再生过程。

表 7-4 研究结果对比

样品	污染物 [$C \times V$] /[($mg \cdot L^{-1}$)×mL]	光源	催化剂用量	催化剂形态	H_2O_2 浓度 /($mmol \cdot L^{-1}$)	时间 /min	分离方法	η /%	参考文献
吡咯-N-GO/Fe_2O_3	MB [10×50]	300 W 氙灯	10 mg	粉末	20	60	离心法	约 70	[36]
rGO/Fe_3O_4	MB [20×100]	300 W 氙灯	25 mg	粉末	1	120	磁性分离	96	[37]
α-Fe_2O_3@GA	MO [10×75]	300 W 氙灯	单一气凝胶	气凝胶	12	60	用镊子夹	约 95	[38]
α-Fe_2O_3@GO	MB[40×400]	100 W 紫外线高压汞灯	100 mg	粉末	1. 10	80	离心法	99	[39]
β-FeOOH@GO	MB [40×400]	125 W 紫外线高压汞灯	0. 25 g/L	粉末	1. 10	60	未提及	99. 7	[20]
γ-Fe_2O_3@GO	MB[50×50]	250 W 紫外线高压汞灯	10 mg	薄膜	25	80	磁性分离	99	[18]
Fe_2O_3/rGO	RhB[(5~50)×60]	300 W 氙灯	5 mg	气凝胶	1	120	离心法	46~100	[40]
H-Fe_2O_3@GA	MB[40×50]	太阳光	50 mg+AO	气凝胶	0. 4	30	用镊子夹	99. 2	本书

7.4 本章小结

本章通过快捷且易于操作的溶剂热法制备了新型 H-Fe_2O_3@GA 多级孔气凝胶复合材料。该气凝胶复合材料表现出优异的结构强度和均匀性。复合材料中的石墨烯有效地削弱了电子-空穴复合并加速了 Fe^{3+} 与 Fe^{2+} 的循环。HM-Fe_2O_3 和 GA 结构之间的相互作用是形成多级孔结构的关键，正是多级孔结构为光-Fenton 协同催化体系提供了理想的反应环境，从而实现了加速 MB 降解。H-Fe_2O_3@GA 光-Fenton 协同催化体系具有优异的光催化性能、较低的 H_2O_2 消耗量、宽 pH 范围的适应性、易于回收和再生以及重复使用的稳定性，有望在染料污染物降解和水处理领域得到广泛应用。

参考文献

[1] WU D, JIANG J, TIAN N, et al. Highly efficient heterogeneous photo-Fenton BiOCl/MIL-100(Fe) nanoscaled hybrid catalysts prepared by green one-step coprecipitation for degradation of organic contaminants [J]. RSC Advances, 2021, 11: 32383-32393.

[2] PHAN T T N, NIKOLOSKI A N, BAHRI P A, et al. Adsorption and photo-Fenton catalytic degradation of organic dyes over crystalline $LaFeO_3$-doped porous silica [J]. RSC Advances, 2018, 8: 36181-36190.

[3] KARATAS O, KOBYA M, KHATAEE A, et al. Perfluorooctanoic acid (PFOA) removal from real landfill leachate wastewater and simulated soil leachate by electrochemical oxidation process [J]. Environmental Technology & Innovation, 2022, 28: 102954.

[4] ZHENG C, WANG Z, YUAN J, et al. A facile synthesis of highly efficient In_2S_3 photocatalysts for the removal of cationic dyes with size-dependent photocatalysis [J]. RSC Advances, 2023, 13: 4173-4181.

[5] JABESA A, GHOSH P. Oxidation of bisphenol—A by ozone microbubbles: Effects of operational parameters and kinetics study [J]. Environmental Technology & Innovation, 2022, 26: 102271.

[6] HOU X, HUANG X, JIA F, et al. Hydroxylamine promoted goethite surface Fenton degradation of organic pollutants [J]. Environmental Science & Technology, 2017, 51: 5118-5126.

[7] QUYNH H G, THANH H V, PUONG N T T, et al. Rapid removal of methylene blue by a heterogeneous photo-Fenton process using economical and simple-synthesized magnetite-zeolite composite [J]. Environmental Technology & Innovation, 2023, 31: 103155.

[8] HAMMAD M, FORTUGNO P, HARDT S, et al. Large-scale synthesis of iron oxide/graphene hybrid materials as highly efficient photo-Fenton catalyst for water remediation [J]. Environmental Technology & Innovation, 2021, 21: 101239.

[9] ZHANG S, GU P, MA R, et al. Recent developments in fabrication and structure regulation of visible-light-driven g-C_3N_4-based photocatalysts towards water purification: A critical review [J].

Catalysis Today, 2019, 335: 65-77.

[10] SHI W, FU Y, HAO C, et al. Heterogeneous photo-Fenton process over magnetically recoverable $MnFe_2O_4$/MXene hierarchical heterostructure for boosted degradation of tetracycline [J]. Materials Today Communications, 2022, 33: 104449.

[11] JING J, FENG Y, WU S, et al. β-FeOOH/TiO_2/cellulose nanocomposite aerogel as a novel heterogeneous photocatalyst for highly efficient photo-Fenton degradation [J]. RSC Advances, 2023, 13: 14190-14197.

[12] ZHANG Y, SU Y, WANG Y, et al. Rapid fabrication of hollow and yolk-shell α-Fe_2O_3 particles with applications to enhanced photo-Fenton reactions [J]. RSC Advances, 2017, 7: 39049-39056.

[13] LI Y, FU Z, SU B. Hierarchically structured porous materials for energy conversion and storage [J]. Advanced Functional Materials, 2012, 22: 4634-4667.

[14] SUN M H, HUANG S Z, CHEN L H, et al. Applications of hierarchically structured porous materials from energy storage and conversion, catalysis, photocatalysis, adsorption, separation, and sensing to biomedicine [J]. Chemical Society Reviews, 2016, 45: 3479-3563.

[15] WANG W S, XU H Y, LI B, et al. Preparation, catalytic efficiency and mechanism of Fe_3O_4/HNTs heterogeneous Fenton-like catalyst [J]. Materials Today Communications, 2023, 36: 106821.

[16] ZHOU L, LEI J, WANG L, et al. Highly efficient photo-Fenton degradation of methyl orange facilitated by slow light effect and hierarchical porous structure of Fe_2O_3-SiO_2 photonic crystals [J]. Applied Catalysis B: Environmental, 2018, 237: 1160-1167.

[17] FAYAZI M. Preparation and characterization of carbon nanotubes/pyrite nanocomposite for degradation of methylene blue by a heterogeneous Fenton reaction [J]. Journal of the Taiwan Institute of Chemical Engineers, 2021, 120: 229-235.

[18] WANG F, YU X, GE M, et al. Facile self-assembly synthesis of gamma-Fe_2O_3/graphene oxide for enhanced photo-Fenton reaction [J]. Environ Pollut, 2019, 248: 229-237.

[19] WANG X, ZHANG X, ZHANG Y, et al. Nanostructured semiconductor supported iron catalysts for heterogeneous photo-Fenton oxidation: A review [J]. Journal of Materials Chemistry A, 2020, 8: 15513-15546.

[20] SU S, LIU Y, LIU X, et al. Transformation pathway and degradation mechanism of methylene blue through β-FeOOH@GO catalyzed photo-Fenton-like system [J]. Chemosphere, 2019, 218: 83-92.

[21] SHIMIZU T, DE SILVA K K H, HARA M, et al. Facile synthesis of carbon nanotubes and cellulose nanofiber incorporated graphene aerogels for selective organic dye adsorption [J]. Applied Surface Science, 2022, 600: 154098.

[22] MU Y, WANG L, ZHANG R, et al. Rapid and facile fabrication of hierarchically porous graphene aerogel for oil-water separation and piezoresistive sensing applications [J]. Applied Surface Science, 2023, 613: 155982.

[23] WANG Y, CHEN Z, HUANG J, et al. Preparation and catalytic behavior of reduced graphene

oxide supported cobalt oxide hybrid nanocatalysts for CO oxidation [J]. Transactions of Nonferrous Metals Society of China, 2018, 28: 2265-2273.

[24] ZHAO F, LI W, SONG Y, et al. Constructing S-scheme Co_3O_4-C_3N_4 catalyst with superior photoelectrocatalytic efficiency for water purification [J]. Applied Materials Today, 2022, 26: 101390.

[25] ZHOU H, YANG J, CAO W, et al. Hollow Meso-crystalline Mn-doped Fe_3O_4 Fenton-like catalysis for ciprofloxacin degradation: Applications in water purification on wide pH range [J]. Applied Surface Science, 2022, 590: 153120.

[26] WANG J, LIU C, QI J, et al. Enhanced heterogeneous Fenton-like systems based on highly dispersed Fe^0-Fe_2O_3 nanoparticles embedded ordered mesoporous carbon composite catalyst [J]. Environmental Pollution, 2018, 243: 1068-1077.

[27] GUO L, ZHANG K, HAN X, et al. Highly efficient visible-light-driven photo-Fenton catalytic performance over FeOOH/Bi_2WO_6 composite for organic pollutant degradation [J]. Journal of Alloys and Compounds, 2020, 816: 152560.

[28] XIA M, LONG M, YANG Y, et al. A highly active bimetallic oxides catalyst supported on Al-containing MCM-41 for Fenton oxidation of phenol solution [J]. Applied Catalysis B: Environmental, 2011, 110: 118-125.

[29] XUE X, HANNA K, DESPAS C, et al. Effect of chelating agent on the oxidation rate of PCP in the magnetite/H_2O_2 system at neutral pH [J]. Journal of Molecular Catalysis A: Chemical, 2009, 311: 29-35.

[30] CHAVAN R, BHAT N, PARIT S, et al. Development of magnetically recyclable nanocatalyst for enhanced Fenton and photo-Fenton degradation of MB and Cr(Ⅵ) photo-reduction [J]. Materials Chemistry and Physics, 2023, 293: 126964.

[31] ŠUTEKOVÁ M, BUJDÁK J. The "blue bottle" experiment in the colloidal dispersions of smectites [J]. Dyes and Pigments, 2021, 186: 109010.

[32] LI X, LIU Z, ZHU Y, et al. Facile synthesis and synergistic mechanism of $CoFe_2O_4$@three-dimensional graphene aerogels towards peroxymonosulfate activation for highly efficient degradation of recalcitrant organic pollutants [J]. Science of the Total Environment, 2020, 749: 141466.

[33] DAIMON T, NOSAKA Y. Formation and behavior of singlet molecular oxygen in TiO_2 photocatalysis studied by detection of near-infrared phosphorescence [J]. Journal of Physical Chemistry C, 2007, 111: 4420-4424.

[34] CAI H, LI X, MA D, et al. Stable Fe_3O_4 submicrospheres with SiO_2 coating for heterogeneous Fenton-like reaction at alkaline condition [J]. The Science of the Total Environment, 2021, 764: 144200.

[35] WANG S, WANG K, CAO W, et al. Degradation of methylene blue by ellipsoidal β-FeOOH@MnO_2 core-shell catalyst: Performance and mechanism [J]. Applied Surface Science, 2023, 619: 156667.

[36] LIU B, TIAN L, WANG R, et al. Pyrrolic-N-doped graphene oxide/Fe_2O_3 mesocrystal

nanocomposite: Efficient charge transfer and enhanced photo-Fenton catalytic activity [J]. Applied Surface Science, 2017, 422: 607-615.

[37] JIANG X, LI L, CUI Y, et al. New branch on old tree: Green-synthesized RGO/Fe_3O_4 composite as a photo-Fenton catalyst for rapid decomposition of methylene blue [J]. Ceramics International, 2017, 43: 14361-14368.

[38] QIU B, XING M, ZHANG J. Stöber-like method to synthesize ultralight, porous, stretchable Fe_2O_3/graphene aerogels for excellent performance in photo-Fenton reaction and electrochemical capacitors [J]. Journal of Materials Chemistry A, 2015, 3: 12820-12827.

[39] LIU Y, JIN W, ZHAO Y, et al. Enhanced catalytic degradation of methylene blue by α-Fe_2O_3/graphene oxide via heterogeneous photo-Fenton reactions [J]. Applied Catalysis B: Environmental, 2017, 206: 642-652.

[40] FENG Y, YAO T, YANG Y, et al. One-step preparation of Fe_2O_3/reduced graphene oxide aerogel as heterogeneous Fenton-like catalyst for enhanced photo-degradation of organic dyes [J]. Chemistry Select, 2018, 3: 9062-9070.

8　多级孔 $CoFe_2O_4$-SiO_2@GA 复合材料的合成与光-Fenton 降解混合染料

8.1　引　　言

随着全球工业化进程的加快，工业排放造成的水污染成为普遍关注的环境问题。纺织和印染行业中常用的亚甲基蓝（MB）、罗丹明 B（RhB）和甲基橙（MO）等有机染料污染物由于较高的色度、毒性和耐生物降解性，对生态环境构成了重大威胁[1-2]，必须将这些废水中的染料污染物在排放之前消除。常用的废水处理技术有吸附、沉淀、膜分离、电解等。受投资高、使用成本高和效用有限等问题困扰，特别是面对成分复杂的染料和农药废水[3-4]，这些工艺难以实现大规模应用。

相比之下，光化学氧化、臭氧氧化和 Fenton 氧化等高级氧化工艺，通过产生活性氧（ROSs）将复杂的污染物分解成危害较小或无害的物质，被认为是最有应用前景的废水净化技术[5-8]。值得注意的是，基于过渡金属的光催化与 Fenton 氧化相结合的光-Fenton 体系，凭借其优异的光催化性能、Fe^{3+}与Fe^{2+}加速循环、较大的 pH 适应范围、环保和节能特性而备受关注[9-12]。在此基础上，构建一种能够快速转移光生载流子并抑制其复合，且能增强光催化活性的材料（例如异质结）是较为有效的策略[4, 13-17]。此外，合成 MoS_2 和 CoS_2 等辅助催化剂也被认为可以提高 Fenton 反应的氧化效率[18-19]。但由此带来的重金属离子浸出造成的二次污染不容忽视。

钴铁氧体杂化物（$CoFe_2O_4$，CFO）是一种性质高度稳定且富含金属离子的铁基氧化物，由于其低毒性和低成本优势，被公认为是基于类 Fenton 反应高效降解有机污染物的非均相催化剂[20-21]，其窄带隙的 n 型半导体结构特别适合于光-Fenton 工艺[4, 11, 22]。然而，CFO 材料容易发生团聚，可能导致活性位点的减少以及较高的电子-空穴复合概率，影响其在光-Fenton 反应中的性能[1]。为解决这一问题，也为避免异质结或辅助催化剂的二次污染，有必要从改善催化剂的分散性、增加反应活性位点、增强光生电子的导电性等方面来设计合成新型材料，或者探索新的合成方法。例如，使用石墨烯作为基体材料制备出的 $CoFe_2O_4$-GO 复合材料已被证明可以减少电子-空穴复合[20, 23-24]。SiO_2 也被用作基体以增加比表面积并保护 $CoFe_2O_4$ 不受酸性环境的影响[1]，但由于其导电性差而很少被应用于光催化领域。如果能以 SiO_2 和 GO 共同作为 CFO 材料的基体，设计合成新型复合材料，既能解决 Fenton 反应限速和加快 Fe^{3+} 到 Fe^{2+} 的转变，又能降低光生电子与空穴的复合概率以增强光-Fenton 催化效果，还能改善现有粉末催化剂的回收问题，将显著提高 CFO 催化剂的应用潜力。然而，目前还未看到与此相关的报道。

基于以上考虑，本章研究通过一组快捷的溶剂热法合成新型多级孔钴铁氧化物催化剂 $CoFe_2O_4$-SiO_2（CFO-S）及其石墨烯气凝胶复合材料 $CoFe_2O_4$-SiO_2@ GA（CFO-S@ GA，见图 8-1）。通过 SEM、TEM、XRD、BET、FTIR 和 XPS 对复合材料进行表征与分析。在模拟光-Fenton 体系中降解染料来评估 CFO-S@ GA 的催化性能，进一步在真实太阳光照射下同时降解高色度混合染料废水来测试其实际应用性能。通过自由基捕获和电子顺磁共振（EPR）实验验证光-Fenton 过程中起主要作用的活性物质。评估 CFO-S@ GA 的可重复使用性并进行降解水的毒性测试。通过 LC-Q-TOF 分析染料的降解产物。

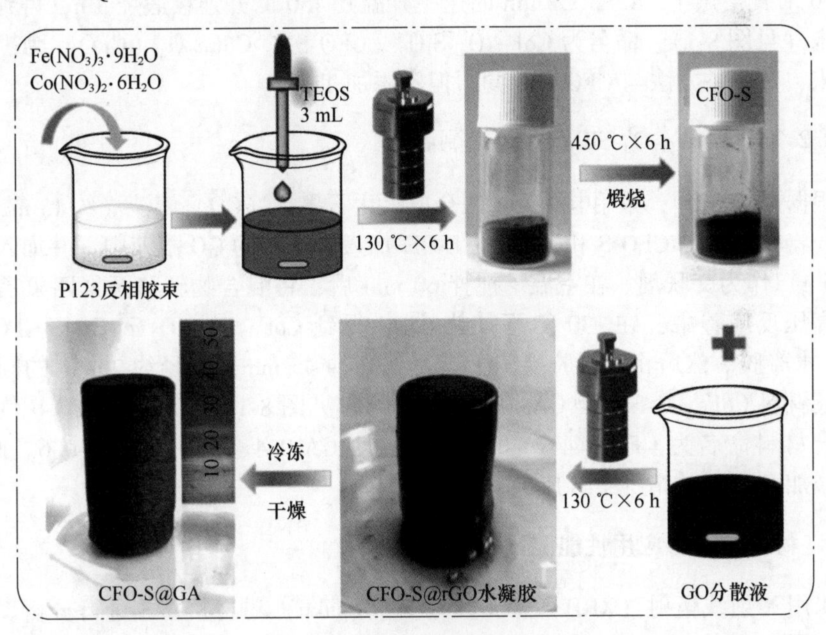

图 8-1　CFO-S@ GA 复合材料的制备流程图

8.2 实 验 部 分

8.2.1 实验试剂

三嵌段共聚物 Pluronic P123（PEO_{20}-PPO_{70}-PEO_{20}，相对分子质量约为 5800）采购自 Sigma Aldrich。$Fe(NO_3)_3·9H_2O$、$Co(NO_3)_2·6H_2O$、正硅酸乙

酯（TEOS）、正丁醇、异丙醇（IPA）、对苯醌（BQ）、EDTA-2Na、L-组氨酸（L-His）及其他试剂均购自上海麦克林生化科技股份有限公司。所有试剂均为分析纯以上纯度（≥99.0%），可直接使用。

8.2.2 材料的制备

8.2.2.1 $CoFe_2O_4$ 和 $CoFe_2O_4$-SiO_2 的制备

称取 2.5 g 的 P123，加入 30 mL 正丁醇与 2 mL HNO_3（4 mol/L）的混合溶液，在 350 r/min 的转速下连续磁力搅拌形成 P123 反相胶束介质。将 $Fe(NO_3)_3 \cdot 9H_2O$ 和 $Co(NO_3)_2 \cdot 6H_2O$（摩尔比为 2∶1）溶解在上述溶液中。待完全溶解后，滴加 3 mL 的 TEOS，持续磁力搅拌 6 h。将混合溶液转移至聚四氟乙烯内胆的高压反应釜中，130 ℃下溶剂热反应 6 h，得到凝胶状产物，用 EtOH 反复清洗后，60 ℃真空烘干，以 2 ℃/min 的速率升温到 450 ℃并连续煅烧 3 h，得到红棕色粉末（见图 8-1），命名为 $CoFe_2O_4$-SiO_2（CFO-S）。$CoFe_2O_4$（CFO）为黑色磁性粉末，其制备方法与 CFO-S 相同，但不添加 TEOS。

8.2.2.2 $CoFe_2O_4$-SiO_2@GA 的制备

根据文献［25］，采用电解氧化法合成氧化石墨烯（GO）溶液（约 15 mg/mL）备用。将一定量的 CFO-S 和 5 mL 的 EtOH 加入 30 mL 的 GO 溶液中，并加入乳糖（0.25 g）作为交联剂。在室温下搅拌 60 min 后，将混合物转移至聚四氟乙烯内胆的高压反应釜中，在 130 ℃下加热 6 h，得到 $CoFe_2O_4$-SiO_2@rGO（CFO-S@rGO）水凝胶。然后将水凝胶冷冻干燥得到高约 45 mm、直径约 25mm 的圆柱形气凝胶材料 $CoFe_2O_4$-SiO_2@GA（CFO-S@GA，见图 8-1）。以不同 CFO-S 负载量将复合材料命名为 CFO-S@GA-0.2、CFO-S@GA-0.4、CFO-S@GA-0.6。此外，在不添加 CFO-S 的情况下合成纯 GA。

8.2.3 材料结构与应用性能测试

采用 X 射线衍射（XRD、SmartLab SE、Rigaku）对材料物相进行分析。采用扫描电子显微镜（SEM、MAIA Ⅲ、TESCAN）和透射电子显微镜（TEM，JEM-2800，JEOL）对材料的形貌和结构进行表征。使用 X 射线荧光计（XRF，ZSX Primus Ⅳ，Rigaku）分析材料质地均一性。FTIR 光谱在 Spectrum One 光谱仪（PerkinElmer）上测试。在 ASAP 2020 PLUS 分析仪（Micromeritics Instrument Ltd.）上测量氮气吸附-脱附等温曲线。材料的比表面积和孔隙率分别通过 Brunauer-Emmett-Teller（BET）和 Barrett-Joyner-Halenda（BJH）方法测定。使用 SPECORD@ 210 PLUS 分光光度计（Jena）获得紫外可见漫反射光谱。使用 F-2500 光谱仪（Hitachi）测量光致发光（PL）。使用 X 射线光电子能谱（XPS、K-Alpha、Thermo Scientific）测试材料的化学成分。通过纳米粒度分析仪（DelsaMax PRO

Zeta，Beckman Coulter）测量材料的粒度。在 CHI 760E 工作站（CEL-S500/300）测试光催化剂的光电响应。通过 HPLC-Q-TOF（1290-6545B，Agilent）测试 MB 降解中间体。使用照度计（UT383，UNI-T）测量中午 12:00 的太阳光强度。

8.2.4 光-Fenton 催化性能测试

光源采用自然光（时间点 11:30～13:30）或 500 W 氙灯（光照强度为 106 mW/cm^2），且全程不搅拌。通过检测 CFO-S@GA 复合材料在光-Fenton 下对 MB、RhB 和 MO 的降解，测试其光-Fenton 催化活性。具体操作：将 50 mg 的气凝胶催化剂放入含有 100 mL 的 MB/RhB/MO 混合溶液（10 mg/L）的烧杯中，在黑暗中静置 30 min 以使复合材料对染料进行充分吸附。加入 50 μL 的 H_2O_2（质量分数为 30%）后开始计时光照反应。间隔 5 min 取样（3mL）且不经过滤直接进行紫外可见吸收光谱分析。分别在 664 nm、553 nm、464 nm 处测试 MB、RhB、MO 三者的特征吸收强度。通过染料降解率 η 和一级动力学常数 K 估算体系的反应活性：

$$\eta = \frac{C_0 - C_t}{C_0} \times 100\% \tag{8-1}$$

$$\ln(C_0/C_t) = Kt \tag{8-2}$$

式中，C_0 和 C_t 分别为反应初始染料浓度和不同光照时间对应的染料浓度；t 为光照时间，min。除 pH 考察实验（用 0.1 mol/L HCl 或 0.1 mol/L NaOH 调节）外，光-Fenton 实验的 pH 均不做调整。

8.2.5 反应活性物质鉴定

通常情况下，光-Fenton 催化降解有机污染物主要基于一系列高反应活性的中间物质，包括羟基自由基（·OH）、光生电子（e^-）、光生空穴（h^+）、超氧自由基（$\cdot O_2^-$）以及单线态氧（$^1O_2$）等。为确定体系中染料降解过程中起主要作用的活性物质，在活性物质捕获实验中，向反应体系中分别加入甲醇（MeOH）、对苯醌（BQ）、EDTA-2Na 和 L-组氨酸作为·OH、$\cdot O_2^-$、h^+和$^1O_2$ 的捕获剂[26-27]。以 DMPO 和 TEMP 作为相应的自旋捕获试剂，在 H_2O 或甲醇中检测和分析该体系中 ROSs 的 EPR 光谱，确定活性物质。

8.3 结果与讨论

8.3.1 材料形貌与结构表征

本书相关研究中的 CFO-S@GA 是一种首次报道的新型双基质催化剂。为了区分该材料与其他钴铁氧化物的区别，可以参考图 8-2。采用相同方法合成的

CFO 材料为黑色精细粉末，具有强烈的磁性，SEM 图像中可见其粒径为 1.5 μm，材料颗粒的密度较大，且大多数处于明显的团聚状态［见图 8-2（a)］。纯 GA 为典型的大孔材料，其结构为无序的折纸团状，由于石墨烯层数较少而在 SEM 测试中容易被电子束击穿，呈现半透明膜状［见图 8-2（b)］，本书相关研究采用电化学法合成的 GA 的片层面积较大，因而会有较多的石墨烯片层较为平滑，适合负载其他颗粒状催化剂材料。

图 8-2 CFO（a）和 GA（b）的 SEM 图像

CFO-S 呈红棕色精细粉末状，材料颗粒的 SEM 和 TEM 图像显示其平均粒径稍小，呈现 500 nm 的蓬松球状形貌［见图 8-3（a）（b)］，其与 CFO 的显著差异归因于材料制备过程中 TEOS 的水解形成的 SiO_2。在溶剂热反应过程中，由于硝酸根的分解使得分布在 P123 胶束介质中的 Fe^{3+} 和 Co^{2+} 分解而形成 $CoFe_2O_n$。TEOS 主要分布在 P123 形成的疏水性外层结构中，也在不断水解和老化，两者相互作用形成了毛绒球状材料颗粒。图 8-3（b）CFO-S 的 TEM 图像中存在虚实相间的灰色区域，表明 CFO-S 材料颗粒具有疏松的内部结构而非实心体。这是因为 CFO-S 依托 P123 胶束形成，当胶束被煅烧除去后，即暴露出对外开口的孔道。由 CFO-S@GA 复合材料的 SEM 图像［见图 8-3（c)］可见 CFO-S 较为均匀地附着在石墨烯片层表面，GA 的海绵状结构使得 CFO-S 颗粒避免了堆积，分散在整个气凝胶中。在高倍率 TEM 图像［见图 8-3（d）（e)］中可以更加清晰地看到石墨烯的层状结构以及 CFO-S 的蓬松球状结构。

采用 TEM-EDX mapping 法测试了 CFO-S 材料的元素组成。如图 8-3（f）~图 8-3（i）所示，Fe 和 Co 分布较为一致且 Si 的分布面积明显大于 Fe 和 Co，表明 SiO_2 是 CFO 的基底。采用 SEM-EDX mapping 对 CFO-S@GA 复合材料进行分析可见 C、O、Fe、Co 和 Si 元素的质量分数分别为 68.72%、28.38%、1.42%、0.66%和 0.82%。Si 的质量分数接近 Fe 和 Co，确保三者形成疏松多孔结构且表面有大量的 Fe 和 Co 暴露出来成为催化反应位点。当 Si 的质量分数过高时，可能会对 Fe 和 Co 过度包裹而形成封闭效应。

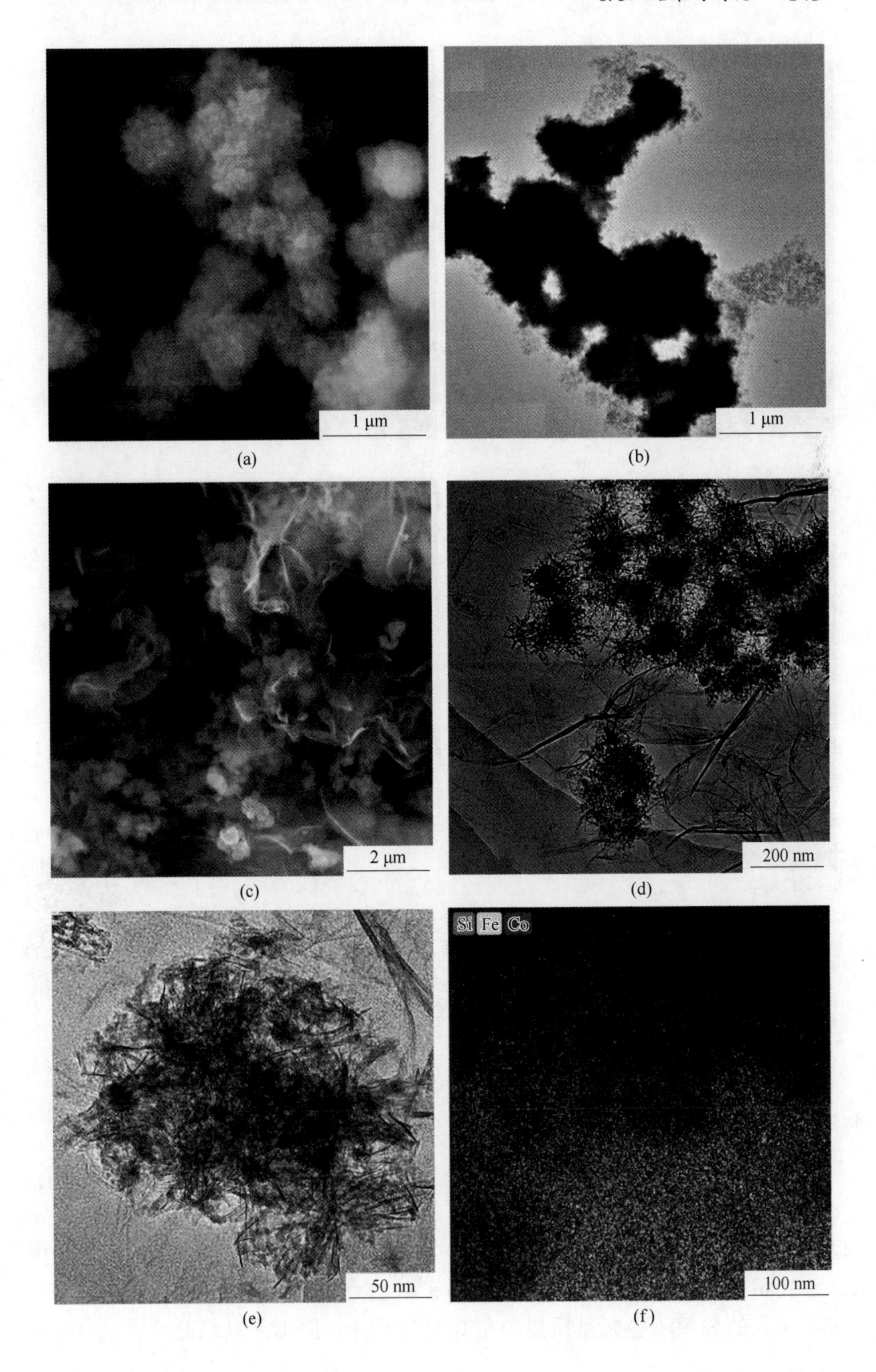

(a) (b) (c) (d) (e) (f)

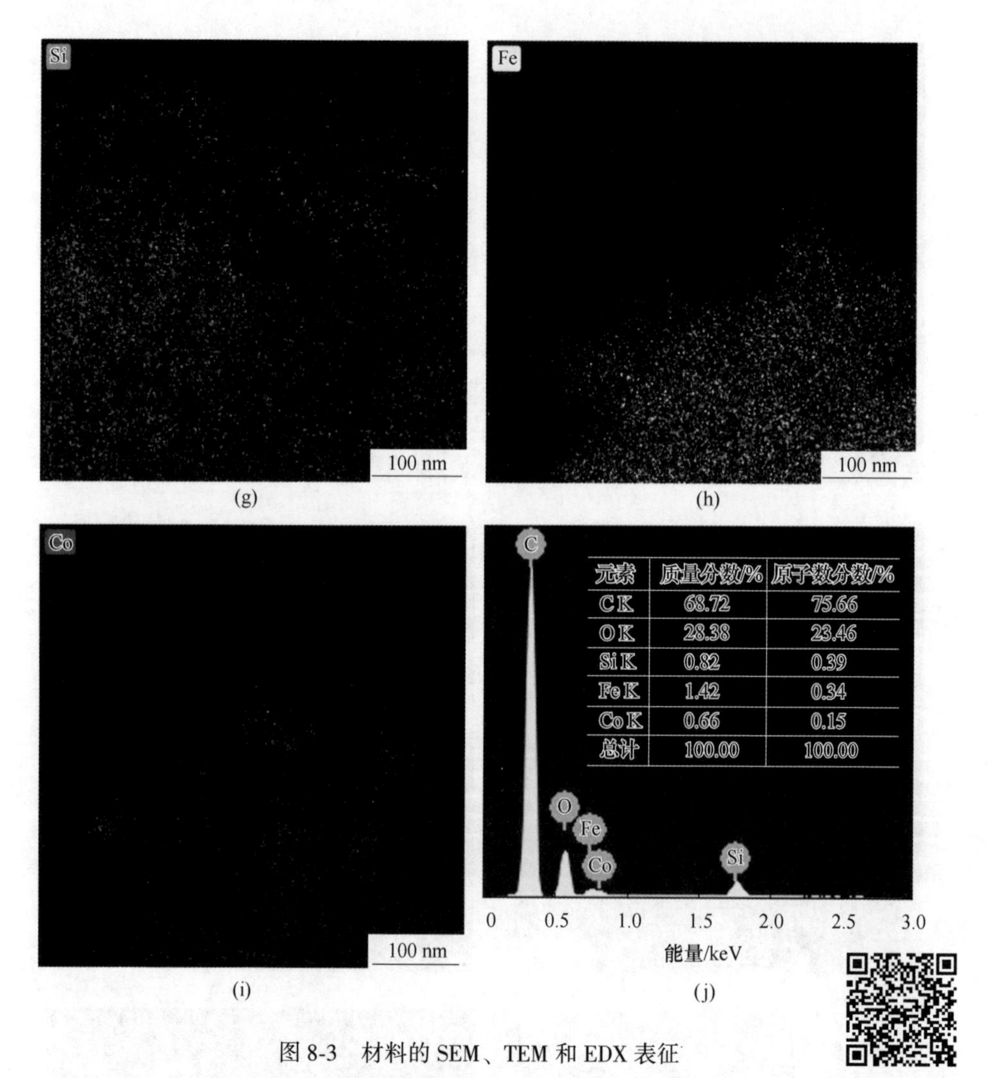

图 8-3 彩图

图 8-3 材料的 SEM、TEM 和 EDX 表征

(a) CFO-S 的 SEM 图像；(b) CFO-S 的 TEM 图像；
(c) CFO-S@GA 的 SEM 图像；(d)(e) CFO-S@GA 的 TEM 图像；
(f)~(i) CFO-S 的 TEM-EDX mapping 分析结果；(j) CFO-S@GA 的 SEM-EDX mapping 分析结果

8.3.2 XRD 与 BET 分析

使用 XRD 对材料进行表征［见图 8-4（a）］。对于 CFO、CFO-S 和 CFO-S@GA 复合材料，19°（111）、30°（220）、36°（311）、37°（222）、43°（400）、54°（422）、57°（511）、63°（440）和 74°（533）的峰对应于 $CoFe_2O_4$（JCPDS No. 22-1086）。然而，这些特征峰在 CFO-S 和 CFO-S@GA 中较弱，可能是向复合材料中引入的 Si 和石墨烯基质掺杂在 CFO 结构中，降低了其结晶度[28]。GA 和

CFO-S@ GA 复合材料在 26°处呈现显著的衍射峰，表明在溶剂热反应过程中氧化石墨烯被还原为 rGO[29]，也证实了 CFO-S 与 GA 的成功复合。SiO_2 在 23°处有专属衍射峰，但在 CFO-S 和 CFO-S@ GA 的 XRD 图谱中该衍射峰不明显，这是由于 Si 在复合材料中以掺杂元素和无定形形态存在。

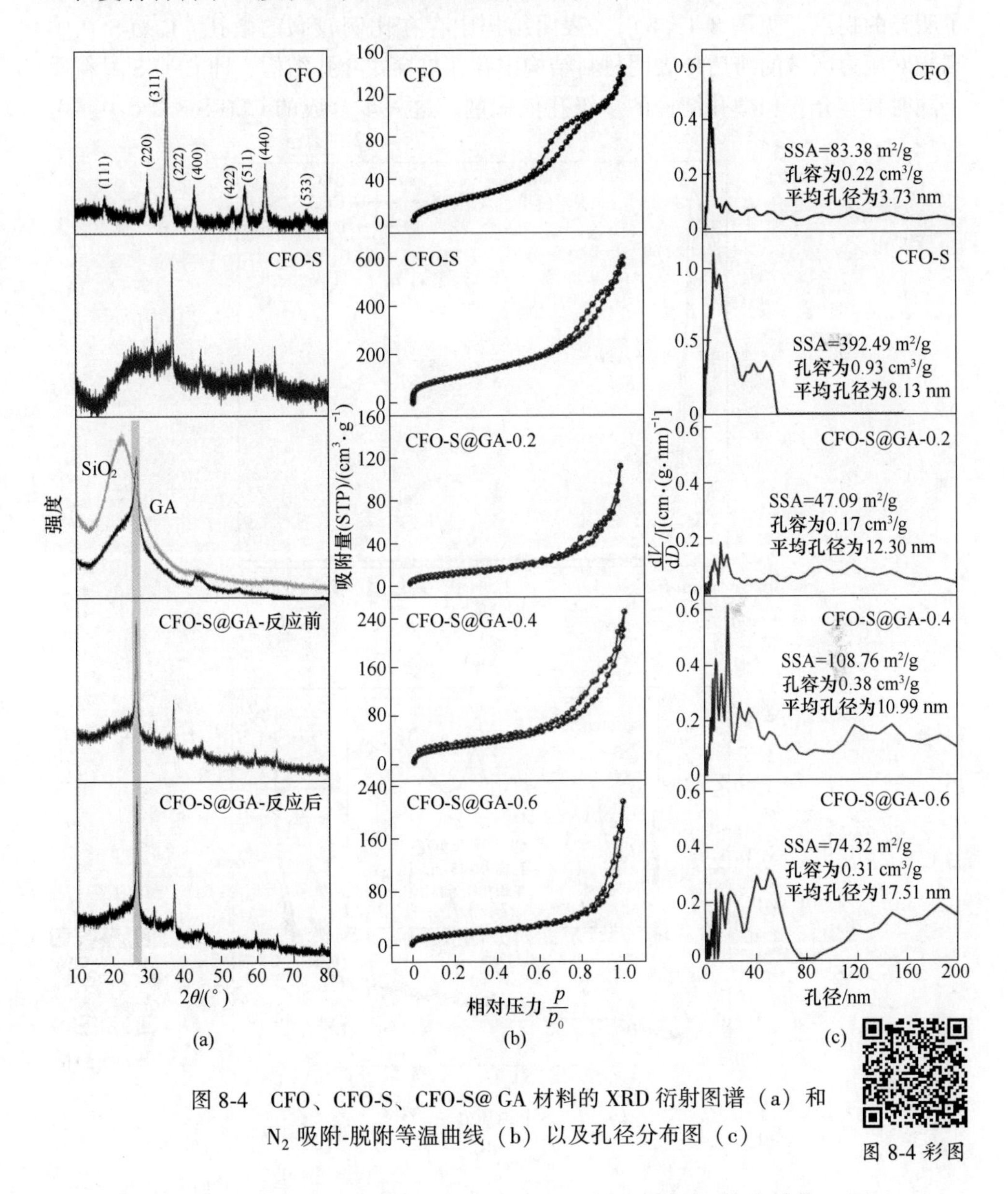

图 8-4　CFO、CFO-S、CFO-S@ GA 材料的 XRD 衍射图谱（a）和 N_2 吸附-脱附等温曲线（b）以及孔径分布图（c）

图 8-4 彩图

采用 N_2 吸附-脱附与比表面积分析法表征了各种材料的孔隙结构。图 8-4（b）和图 8-4（c）中，与 CFO 相比，CFO-S 的最大吸附量增加了 3 倍以上，比表面积增大了近 4 倍，达到 392.49 m^2/g。同时，Si 的存在使得 CFO-S 的孔容比 CFO 提高了 3 倍以上，还将平均孔径增大到了 8.13 nm，材料的 XRD 小角度衍射测试结果也表明存在较大的介孔结构［见图 8-5（a）］。材料的介孔特性使其非常有利于吸附尺寸较大的客体分子。CFO-S 在低相对压力下的吸附量快速上升，出现了明显的拐点［见图 8-4（b）］，表明结构中存在比例较高的微孔。CFO-S 在中高相对压力区域的滞后环表明材料结构中存在贯穿式介孔结构，即 CFO-S 材料属于同时具有介孔和微孔结构的多级孔催化剂。进一步合成的 CFO-S@ GA 中，由

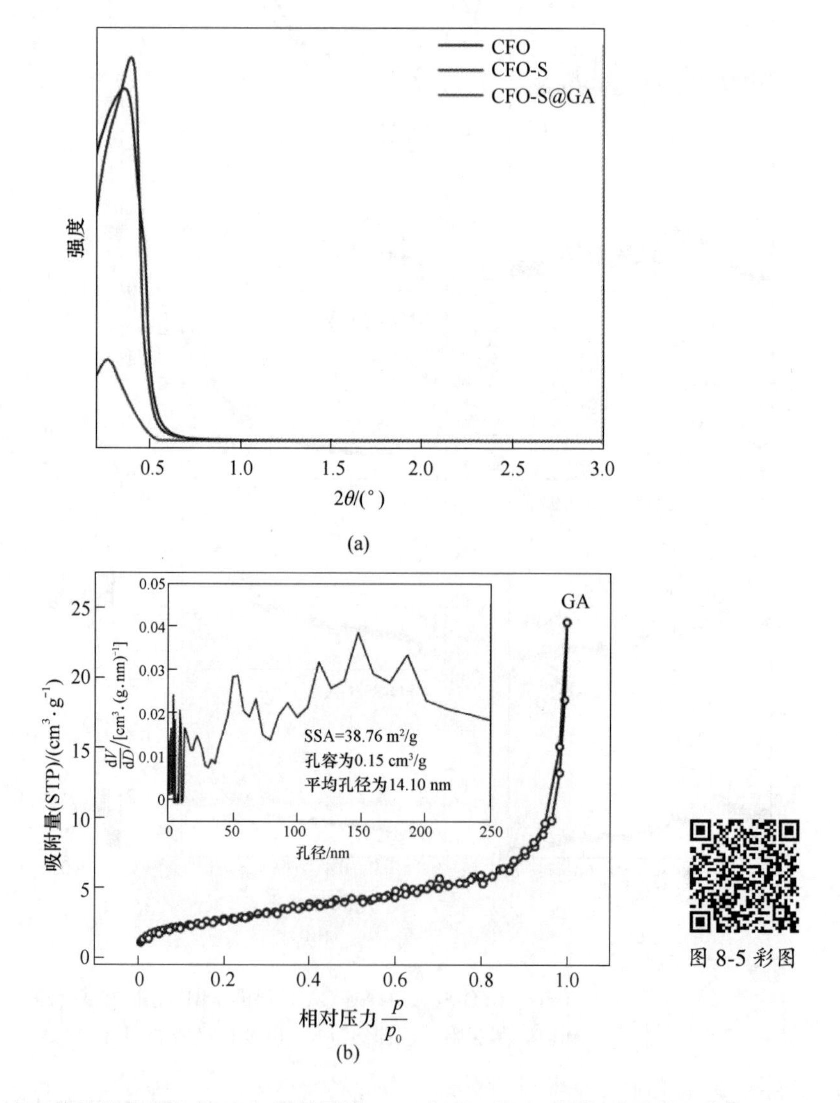

图 8-5 CFO-S@ GA 等材料的小角度 XRD 衍射图谱（a）与 GA 的 N_2 吸附-脱附等温曲线（b）［（b）中内嵌图为孔径分布图］

于 GA 的大孔结构和较低的比表面积［见图 8-5（b）］，导致 CFO-S 的介孔结构参数有所降低，但大孔比例得到显著提升［见图 8-4（c）］。同时，复合材料中的 CFO-S 含量与其孔隙性质密切相关，可以得出 CFO-S 在 CFO-S@ GA 中的分散、堆积以及 CFO-S 与 GA 的相互作用是影响介孔结构的主要因素。在复合材料中，CFO-S@ GA-0.4 较好地保留了 CFO-S 的介孔结构，增强了大孔结构。这主要归功于适量的 CFO-S 负载和 CFO-S 与 GA 之间的相互作用。

8.3.3 FTIR 和拉曼光谱分析

通过 FTIR 分析了材料的表面特性［见图 8-6（a）］。1634 cm^{-1}、1574 cm^{-1}、1224 cm^{-1}和 1025 cm^{-1}处的吸收峰分别归属于 GA 的 C ═C、C ═O、C—OH 和 C—O 拉伸振动[9]。471 cm^{-1}、572 cm^{-1}和 665 cm^{-1}处的吸收峰分别归属于 $CoFe_2O_4$ 的 Fe—O 和 Co—O 振动[30]。1093 cm^{-1}和 801 cm^{-1}处的特征峰归属于 Si—O—Si 的对称伸缩振动和弯曲振动[31]。H_2O 的拉伸振动和弯曲振动分别位于 3435 cm^{-1}和 1640 cm^{-1}附近。

图 8-6（b）拉曼光谱测试结果显示，CFO-S@ GA 分别在 1348 cm^{-1}和 1590 cm^{-1}处表现出 GO 的 D 波段（缺陷/无序诱导模式）和 G 波段（面内拉伸切向模式）。I_D/I_G 强度比为 1.06，大于 1.0，说明大部分 GO 被还原为 rGO[9]，与 XRD 结果一致。CFO-S 在 303 cm^{-1}、471 cm^{-1}和 680 cm^{-1}处的弱峰对应 CFO 中金属—氧（M—O）键中氧原子的对称和反对称弯曲模式[32-33]。上述在 FTIR 和拉曼测试结果中的特征峰证明了复合材料的成功制备。

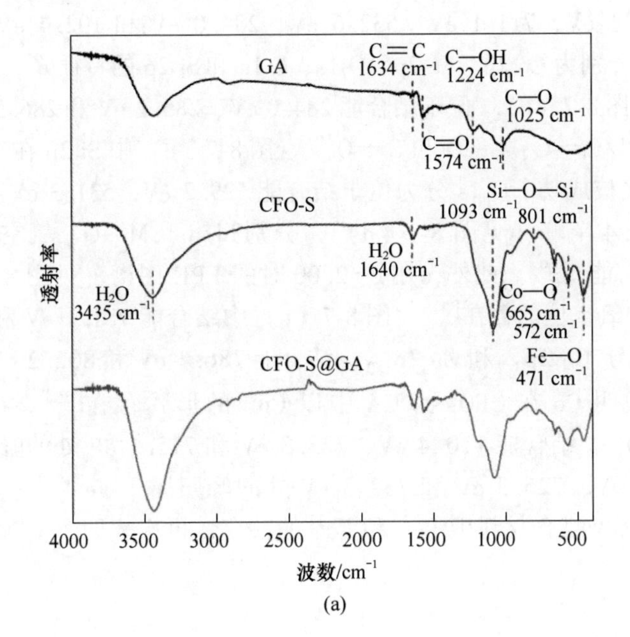

(a)

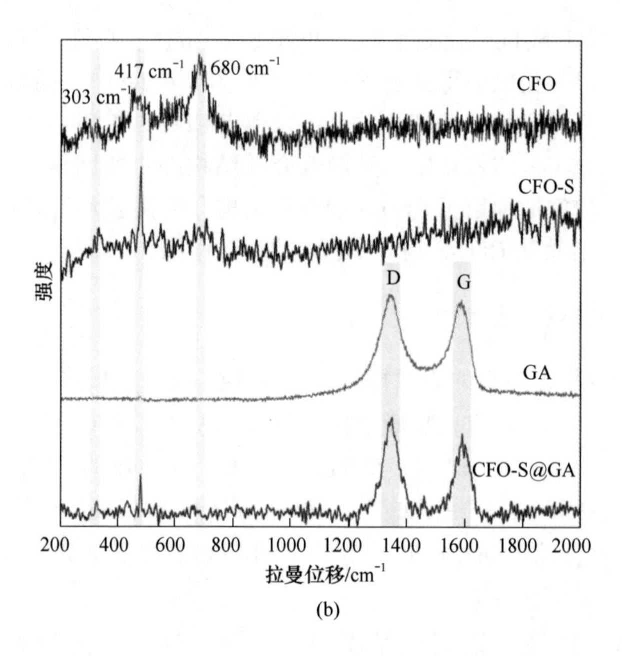

(b)

图 8-6 GA、CFO-S 和 CFO-S@GA 材料的 FTIR 测试结果（a）与拉曼光谱（b）

8.3.4 XPS 分析

通过 XPS 测试进一步研究了 CFO-S@GA 的元素组成和化学状态。全谱中位于结合能 781.1 eV、711.1 eV、532.6 eV、284.0 eV 和 102.4 eV 处的峰［见图 8-7（a）］分别为 Co 2p、Fe 2p、O 1s、C 1s 和 Si 2p 的特征峰。XPS 的精细谱中，C 1s［见图 8-7（b）］位于结合能 284.0 eV、285.2 eV 和 286.5 eV 处的峰分别归属于 C—C/C ═C、C—O 和 C ═O[9]。图 8-7（c）中 Si 2p 在 103.4 eV 处的峰表明 SiO_2 接枝成功。O 1s 分为位于结合能 529.7 eV、531.3 eV、532.5 eV 和 533.3 eV 处的 4 个峰［见图 8-7（d）］，分别归属于 M—O、氧空位、Si—O 和 GA 中的含氧官能团[9]。此外，在 $g=2.00$ 时的 EPR 图谱（见图 8-8）也显示了 CFO-S@GA 中氧空位的存在[34]。图 8-7（e）中结合能 781.1 eV 和 795.7 eV 处的峰分别归属于 Co $2p_{3/2}$ 和 Co $2p_{1/2}$；结合能 786.1 eV 和 802.2 eV 处的峰为两个卫星峰，说明 Co 在 CFO-S@GA 中以 Co^{2+} 的形式存在[35]。在 Fe 2p 谱中［见图 8-7（f）］，结合能 710.4 eV、723.3 eV 和 715.1 eV 处的峰归属于 Fe^{2+}，结合能 712.1 eV、725.3 eV 和 732.3 eV 处的峰归属于 Fe^{3+}[36]。这些结果证实了 CFO-S@GA 复合材料中 Fe^{2+} 和 Fe^{3+} 的共存，再次表明了 CFO-S@GA 中存在氧空位[37]。

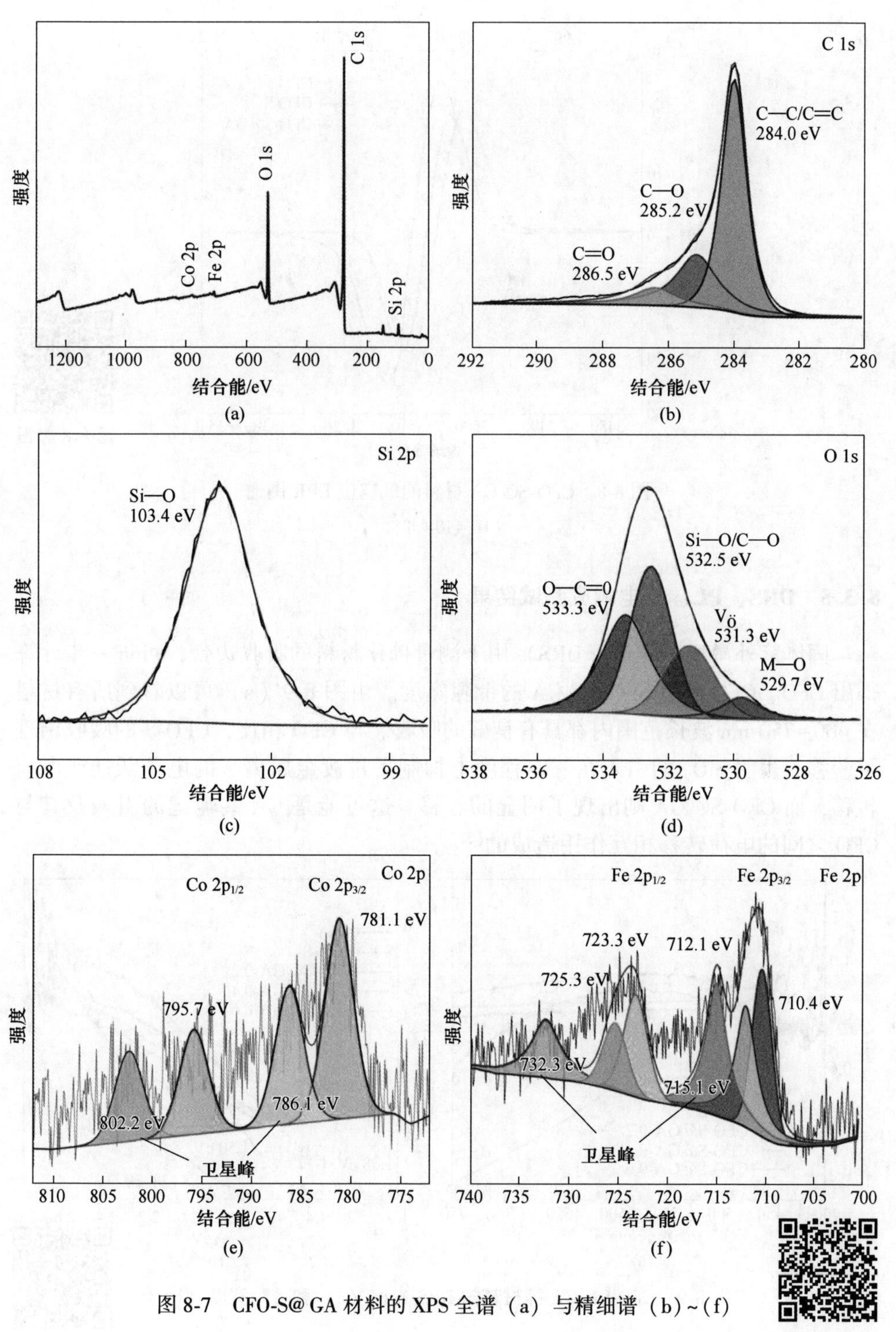

图 8-7 CFO-S@GA 材料的 XPS 全谱（a）与精细谱（b）~（f）

图 8-7 彩图

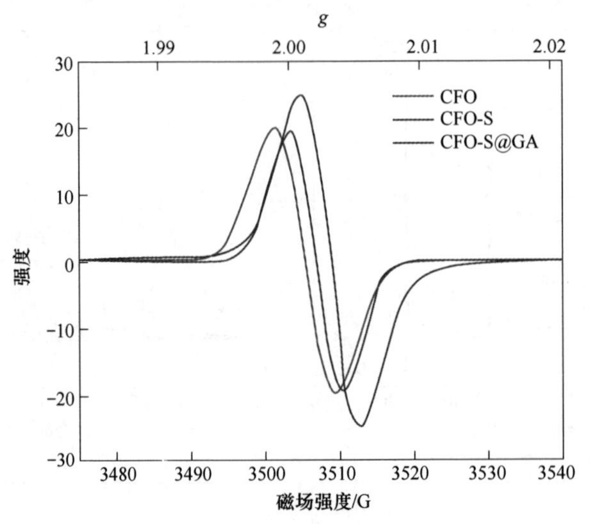

图 8-8 彩图

图 8-8 CFO-S@ GA 材料的氧空位 EPR 图谱

（1G = 10^{-4} T）

8.3.5 DRS、PL、光电响应测试结果

固体紫外漫反射光谱（DRS）用于测量催化材料的吸收边带，可进一步计算得出 CFO、CFO-S 和 CFO-S@ GA 的带隙宽度。由图 8-9（a）可以看到所有材料在 400~750 nm 波长范围内都具有良好的吸收。与 CFO 相比，CFO-S 的吸收出现了蓝移，表明 SiO_2 的引入在一定程度上抑制了过渡金属离子的电子跃迁或电荷转移，而 CFO-S@ GA 则出现了明显的红移。这可能是 GA 共轭键的引入及其与 CFO 之间的电荷转移相互作用造成的[32]。

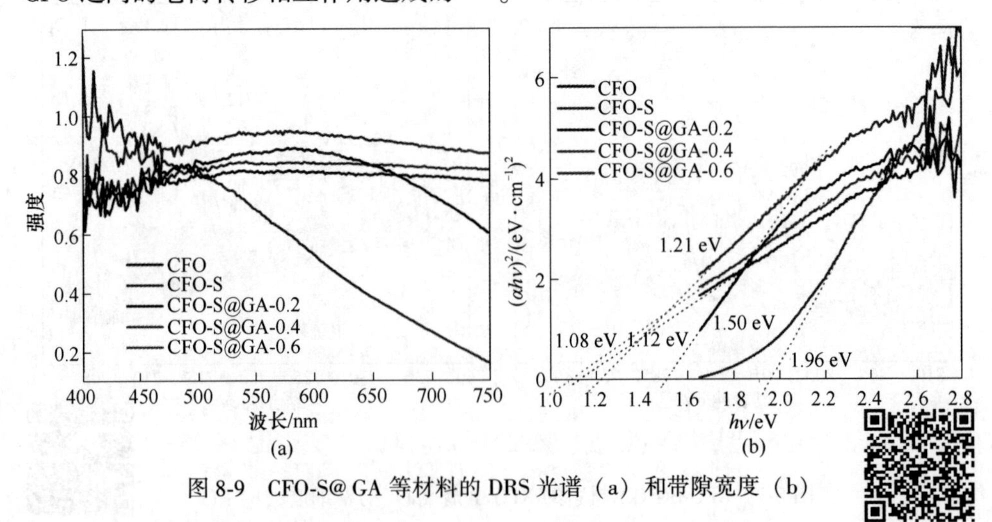

图 8-9 CFO-S@ GA 等材料的 DRS 光谱（a）和带隙宽度（b）

图 8-9 彩图

催化剂的带隙宽度 E_g 按下式计算：

$$(\alpha h\nu)^n = C(h\nu - E_g) \tag{8-3}$$

式中，α、h、ν、C 分别为吸收系数、普朗克常数、入射光子频率和比例常数。对于直接带隙半导体，$n=2$[33]。图 8-9（b）中 CFO-S@ GA 的 E_g 变窄，说明 SiO_2 和 GA 双基质拓宽了 CFO 的可见光响应范围，提高了太阳能利用效率。采用 290 nm 激发光测试 CFO、CFO-S 和 CFO-S@ GA 复合材料的光致发光（PL）特性，如图 8-10（a）所示，CFO 在 463 nm 处出现最大发射；尽管 CFO-S 中的 CFO 含量略有降低，但其 PL 强度与 CFO 相当，这是由于 CFO 在 SiO_2 中的分散增加了激发概率，并且 SiO_2 对于紫外可见光无吸收。在 CFO-S@ GA 中，具有良好导电性的石墨烯片层有效地转移了光生电子，并增强了光致载流子分离，从而可以防止电子-空穴复合，显著降低了 PL 强度[10]，有利于光催化效率的提高。

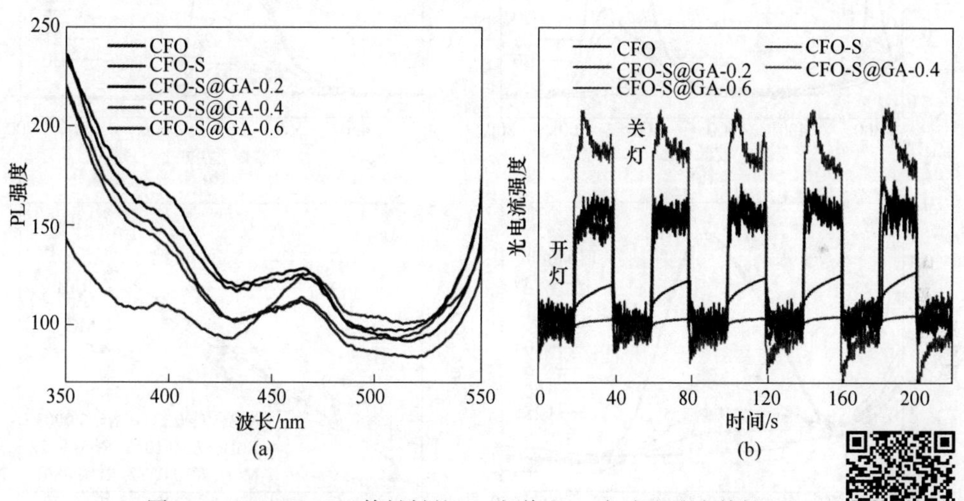

图 8-10 CFO-S@ GA 等材料的 PL 光谱（a）与光电响应特性（b）

进一步通过光电响应测试验证了 CFO-S@ GA 的光电性质。如图 8-10（b）所示，由于 SiO_2 电导率较弱，将其掺杂到 CFO 中得到的 CFO-S 的光电流响应明显降低。与这二者相比，所有 CFO-S@ GA 复合材料都产生了快速稳定的光电流强度信号。这显然是石墨烯片层优异的导电性的突出贡献。在不同 CFO-S 含量的复合材料中，CFO-S@ GA-0. 4 的光电流强度最大，表明其具有最佳的电子-空穴分离和高效的电子传递效率。这一优势与 CFO-S 颗粒在石墨烯气凝胶结构中的充分分散以及二者的相互作用密切相关。其中的相互作用模式包括 CFO-S 材料颗粒的堆积形成的相互接触以及孔隙、石墨烯片层与 CFO-S 颗粒的包裹性接触，这些模式都有利于增强光生电子的传导。

8.3.6 CFO-S@GA 材料的光-Fenton 催化性能

催化剂对不同类型污染物的降解能力是评价其环境修复应用性能的重要指标。因此，在模拟太阳光（simulated solar）照射下，测试了 CFO-S@GA 分别对 MB、RhB 和 MO 三种污染物的光-Fenton 降解能力，结果如图 8-11 所示。MB、RhB 和 MO 在 100 min 内的降解率分别达到了 99.1%、99.8%和 90.3%。一级动力学常数 K 分别为 0.1150 min^{-1}、0.1048 min^{-1}和 0.0577 min^{-1}。

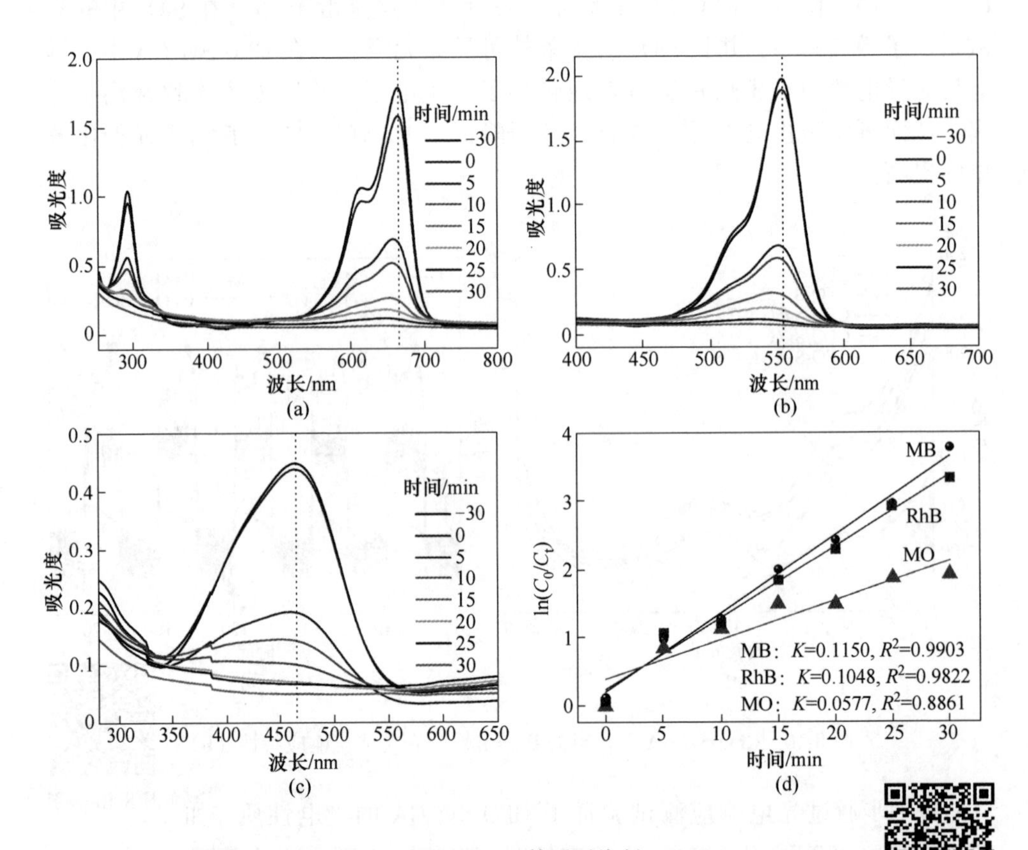

图 8-11 CFO-S@GA+ssolar+H_2O_2 体系对染料 MB（a）、RhB（b）、MO（c）的紫外可见吸收光谱与一级动力学常数（d）

在降解过程中，MB 的最大吸收峰从 664 nm 移动到 650 nm 和 640 nm，分别对应天青 B 和天青 A 的最大吸收［见图 8-11（a）］，表明 MB 降解过程中发生 N-脱甲基降解[26]。RhB 的最大吸收峰由 553 nm 移至 534 nm［见图 8-11（b）］，说明 RhB 主要在材料表面发生 N-脱乙基反应[38]。MO 的吸收峰也从 464 nm 移至 442 nm，并逐渐减弱，最终消失，意味着 MO 中的—N═N—发色团被破坏[39]。上述降解反应可能产生的中间产物需要通过 LC-Q-TOF 来分析和确认。

通过对不同条件下的 CFO-S@ GA 降解的三种染料性能进行测试和比较（如图 8-12 所示），可见基于 CFO-S@ GA 的光-Fenton 协同催化作用对染料的降解率在最初的 10 min 内比其他条件高 4 倍以上。总体染料降解率排序为：光-Fenton（CFO-S@ GA+光照+H_2O_2）>光催化（CFO-S@ GA+光照）>Fenton（CFO-S@ GA+H_2O_2）>吸附（CFO-S@ GA+暗反应）。同时也说明了光-Fenton 协同的催化作用是非常显著的。由于模拟太阳装置的光强度相当高，在不加催化剂的情况下，模拟光-Fenton 体系对染料的降解率高于光-Fenton 法，但仍远低于 CFO-S@GA-光-Fenton 体系，从而说明了催化材料的重要性。

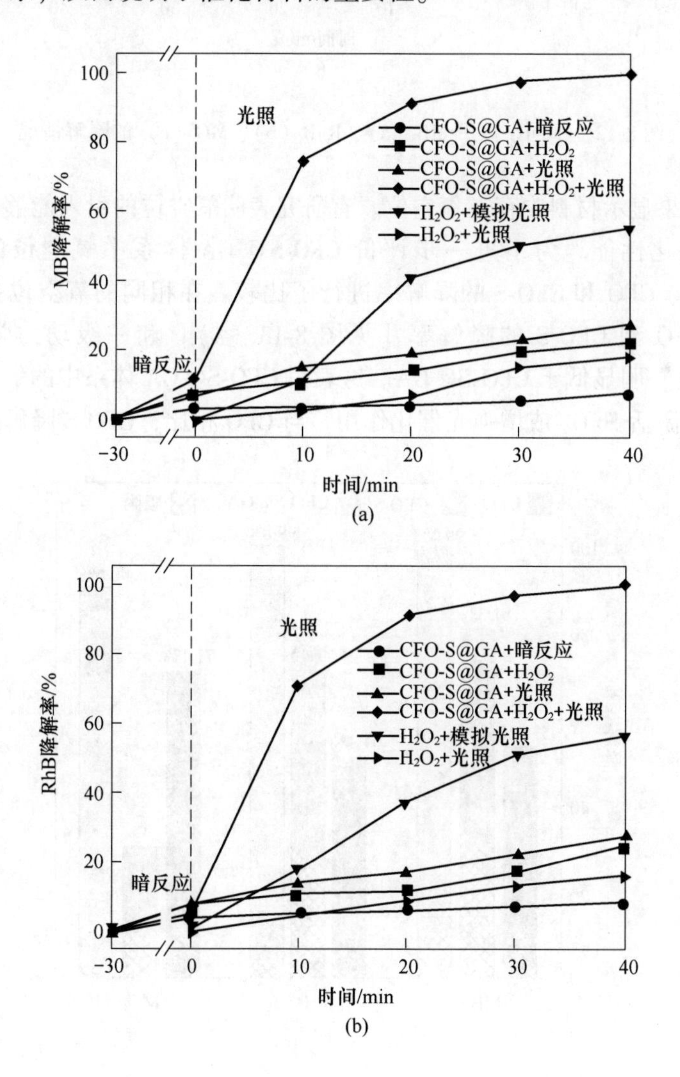

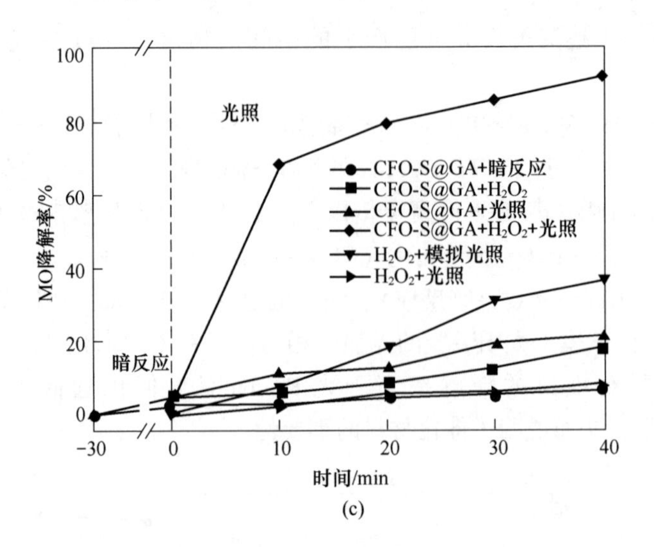

(c)

图 8-12 不同条件下 MB（a）、RhB（b）、MO（c）的降解情况

XPS 结果显示材料中存在氧空位。有研究表明氧空位的引入能够有效加强催化材料的催化性能。为了进一步评价 CFO-S@ GA 体系中氧空位的作用，对 CFO-S@ GA、CFO 和 CFO-S 的降解率进行了比较。在相同的氧空位强度下（见图 8-7），CFO 和 CFO-S 的降解率［见图 8-13（a）］和一级动力学常数［见图 8-13（b）］明显低于 CFO-S@ GA。这表明 CFO-S@ GA 体系中的氧空位浓度较低，不足以激活 H_2O_2 或增强光催化作用。与 CFO 相比，CFO-S 降解染料能力的

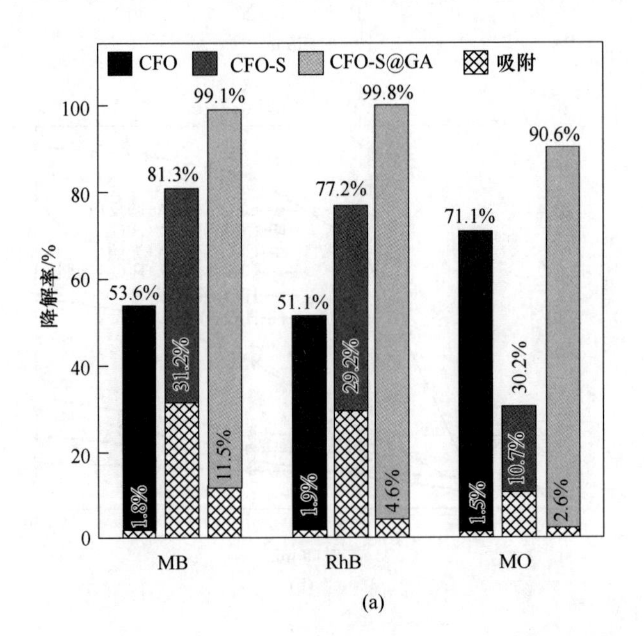

(a)

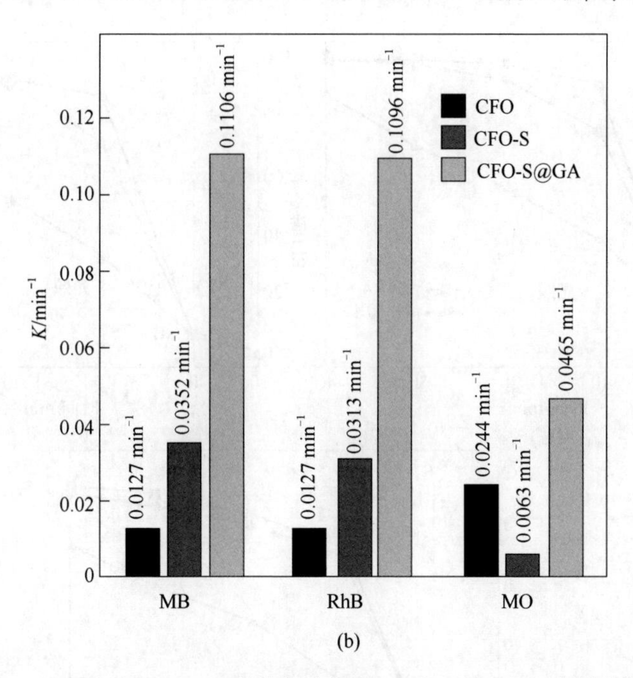

图 8-13 CFO、CFO-S、CFO-S@ GA 的染料降解率（a）以及一级动力学常数（b）对比

提高主要归功于其显著增大的比表面积、孔容和孔径，这些孔道优势均有利于实现更高的吸附量和更快的吸附速度［见图 8-13（a）］。因此，氧空位在 CFO-S@ GA 体系中的作用微乎其微。

与另外两种材料相比，CFO-S@ GA 优异的降解率应归功于 CFO 在 SiO_2 和 GA 双基质中的分散极大地增强了 CFO 的微孔-介孔-大孔结构和导电性，改善了 CFO 的团聚，提供了丰富的活性位点，加速了电子转移，从而能够实现 Fe^{3+} 与 Fe^{2+} 氧化还原循环的加速。也就是说，双基质促进了光催化和 Fenton 的协同作用。

8.3.7 CFO-S@ GA 光-Fenton 体系条件优化

通过对包括 pH、H_2O_2 用量、CFO-S 负载量等条件的优化来进一步考察 CFO-S@ GA 的实际应用性能。如图 8-14 所示，三种染料在中性和酸性条件下都能够被快速降解；但是在碱性条件下染料的降解率下降很多，这可能是由于碱性条件下 H_2O_2 的无用消耗，即 H_2O_2 会被分解成 O_2 和 H_2O，而非形成相当数量的有效羟基自由基[40]。

与传统的 Fenton 反应相比，CFO-S@ GA 复合材料能够适应较大的 pH 范围，从而减少对昂贵的酸化预处理的需求。尽管降解实验显示暗反应条件下材料对染料的吸附均小于 11.5%，甚至只有 2%；为了明确溶液 pH 与 CFO-S@ GA 对不同染料吸附的相关性，开展了零电荷点（pH_{pzc}）测试。图 8-15 显示 CFO-S@ GA 的

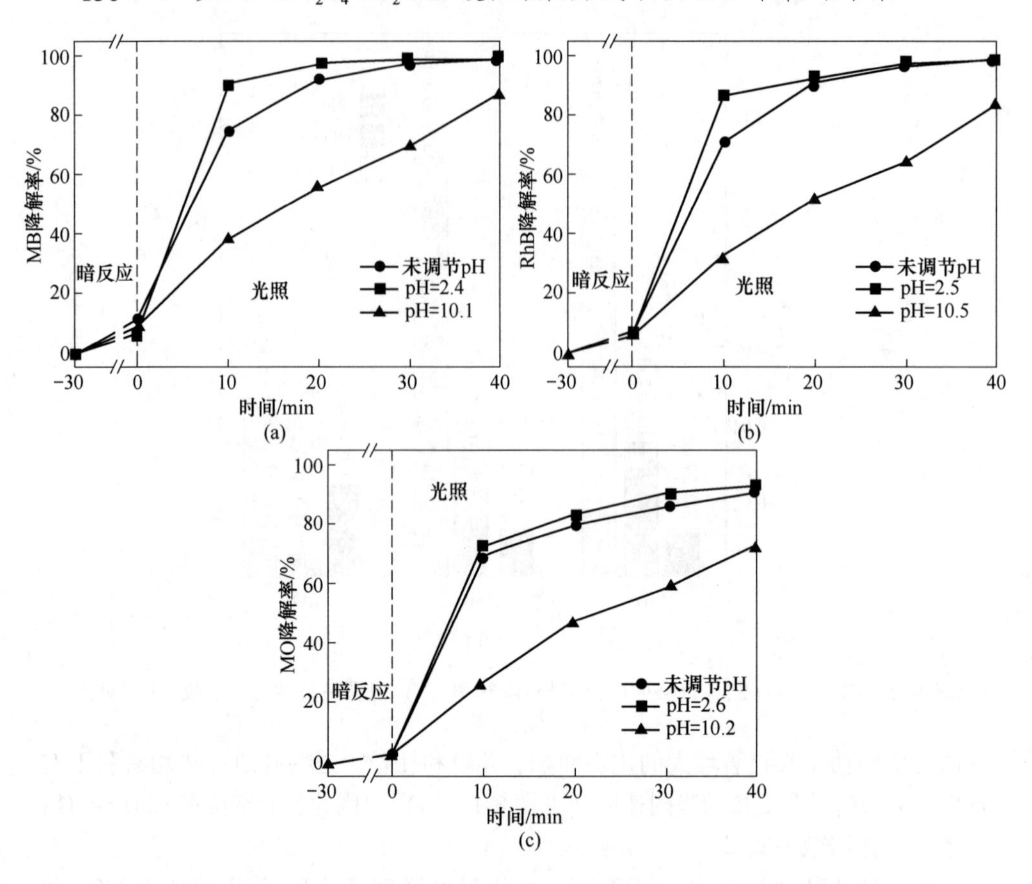

图 8-14 pH 对 MB（a）、RhB（b）和 MO（c）降解的影响

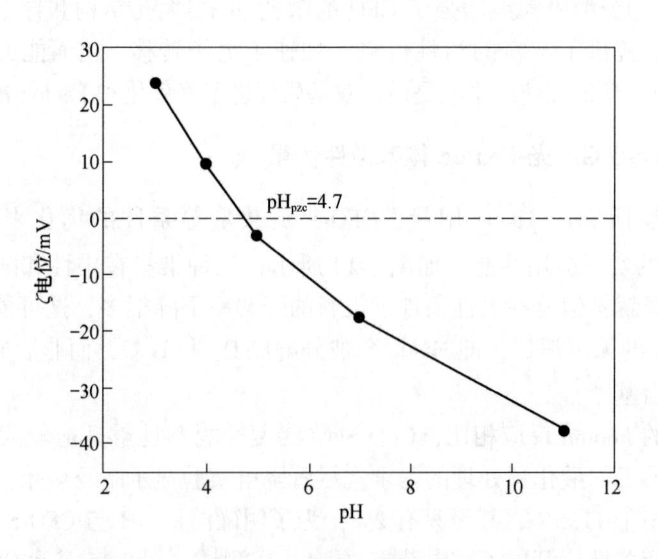

图 8-15 CFO-S@GA 材料在不同 pH 下的 ζ 电位

pH_{pzc} = 4.7，这意味着在 pH>4.7 的环境下，材料表面将会带负电，对阳离子型染料 MB、RhB 的吸附能力增强，而对阴离子型染料的吸附量则会由于排斥加强而减小。但是，实际测试中 CFO-S@ GA 并没有像上述假设那样产生明显的吸附变化。由此得出以下结论：（1）CFO-S@ GA 体系中优异的染料脱色性能的主导原因并非吸附作用，而应归功于协同光催化机制。（2）碱性环境下 H_2O_2 的无用消耗会影响 CFO-S@ GA 的 Fenton 反应，应当调控降解体系为中性或弱酸性。

继续对比了 H_2O_2 用量对每种染料降解的影响［见图 8-16（a）~（c）］，当 H_2O_2 添加量为 50 μL，MB、RhB 和 MO 在 40 min 内的最大降解率分别为 99.1%、99.8%和 90.6%。H_2O_2 浓度较低时，不足以产生足够的活性物种。过量的 H_2O_2 则会成为 · OH 的捕获剂，形成 H_2O 和 O_2[20]，从而降低染料降解率。这充分证实了 H_2O_2 在光-Fenton 反应中的关键作用。图 8-16（d）~图 8-16（f）展示了不同 CFO-S 负载量的复合材料对染料降解的影响。CFO-S@ GA-0.4 表现出最高的染料降解性能，而较低或较高的 CFO-S 负载量（0.2 g 或 0.6 g）可能导致光催化反应位点不足或催化剂颗粒过度堆积，阻碍入射光和反应物穿透材料内

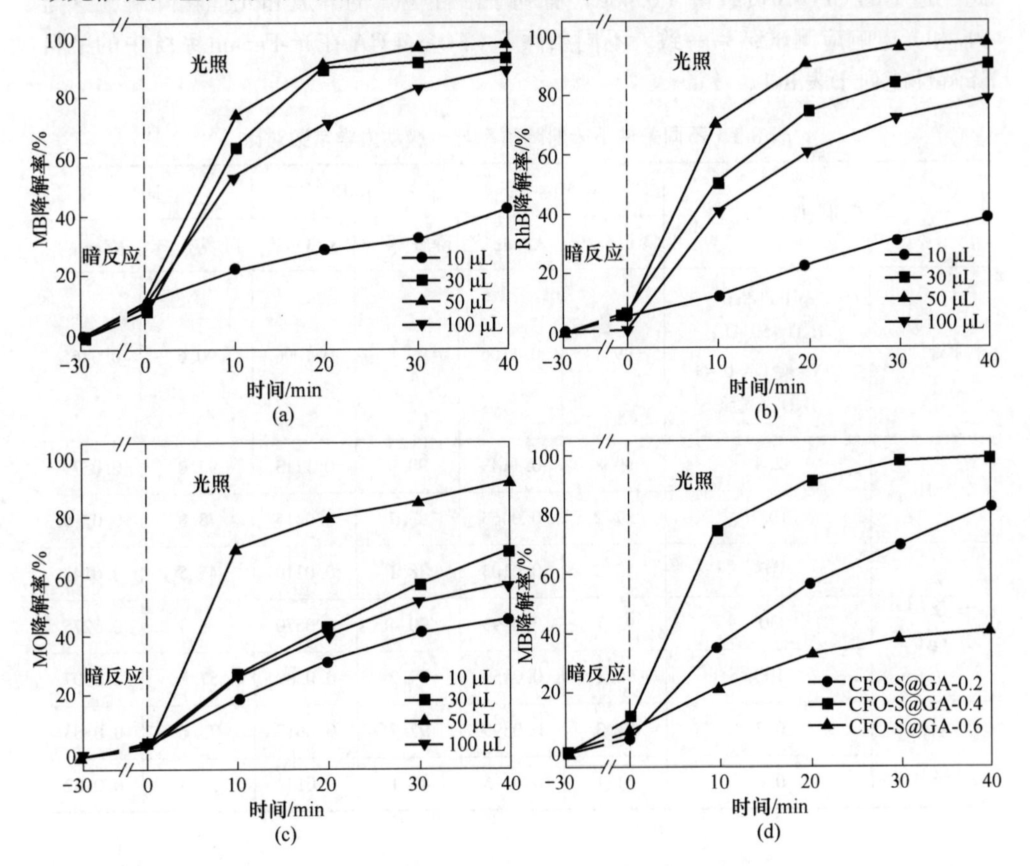

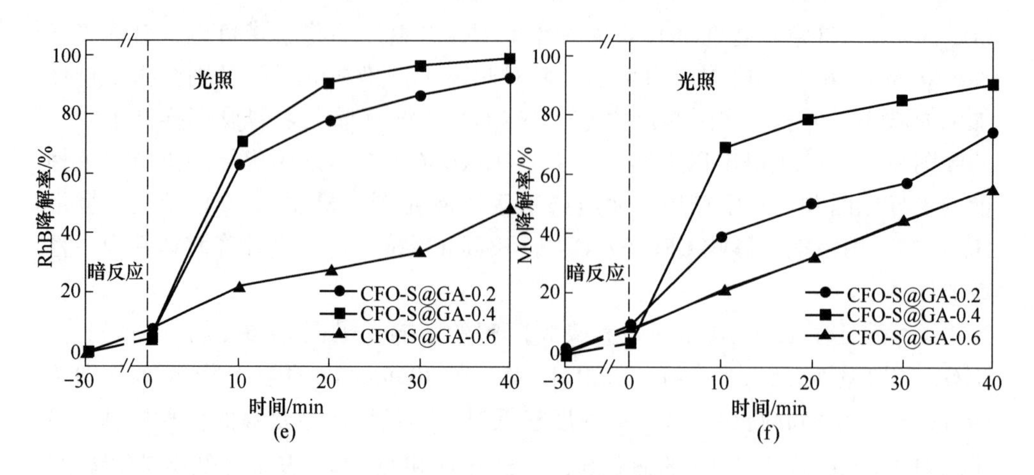

图 8-16 H_2O_2 用量（a）~（c）、CFO-S 负载量（d）~（f）对 MB、RhB 和 MO 降解的影响

层，导致染料降解产物在 CFO-S 表面附近聚集，从而限制催化反应速率[41]。因此，适中的 CFO-S 负载量（0.4 g）有利于活性位点的开放和光催化降解，这与 PL 和光电响应测试结果一致。不同条件下 CFO-S@GA 在光-Fenton 系统中的染料降解性能列于表 8-1。

表 8-1 不同条件下染料降解率与一级动力学常数对比

不同条件		MB		RhB		MO	
		降解率/%	K/min^{-1}	降解率/%	K/min^{-1}	降解率/%	K/min^{-1}
控制组	pH-自然；H_2O_2-50 μL；CFO-S@GA-0.4+H_2O_2+光照	99.1	0.1106	99.8	0.1096	90.6	0.0465
pH	2.4	99.8	0.1143	99.9	0.1113	93.0	0.0579
	10.1	87.2	0.0463	83.7	0.0415	73.8	0.0319
H_2O_2 用量/μL	10	42.2	0.0103	38.1	0.0110	45.5	0.0143
	30	93.7	0.0693	90.4	0.0570	68.4	0.0275
	100	90.1	0.0459	79.2	0.0389	57.7	0.0207
CFO-S 负载量/g	0.2	81.3	0.0399	92.7	0.0617	73.6	0.0283
	0.6	41.1	0.0115	48.1	0.0133	55.5	0.0182

续表 8-1

不同条件		MB		RhB		MO	
		降解率/%	K/min^{-1}	降解率/%	K/min^{-1}	降解率/%	K/min^{-1}
不同的催化体系	CFO-S@ GA+暗反应	7.4	0.0013	8.4	0.0013	5.4	0.0011
	CFO-S@ GA+暗反应+H_2O_2	22.1	0.0047	24.5	0.0049	18.2	0.0038
	CFO-S@ GA+光照	26.7	0.0059	26.9	0.0057	20.3	0.0046
	H_2O_2+模拟光照	55.4	0.0251	56.5	0.0251	36.5	0.0140
	H_2O_2+光照	17.6	0.0057	16.3	0.0045	7.3	0.0020

8.3.8 对混合染料的催化降解考察

在实际应用中，有机废水较高的色度会阻止太阳光进入水体，从而大大影响水生生物的正常生长和破坏生态环境。因此，高色度混合染料的降解是一项重大挑战。采用 MB（蓝色）、RhB（粉色）和 MO（黄色）三种染料制备高色度混合染料溶液（深棕色，各 10 mg/L，共 200 mL）作为废水模拟物。将直径约为 25 mm、厚度约为 6 mm 的块状 CFO-S@ GA（约 200 mg）直接放入废水模拟物中，加入 200 μL 的 H_2O_2，分别在模拟太阳光和实际日光照射下开展降解试验。在模拟太阳光照射下，废水模拟物在 80 min 内逐渐褪色（见图 8-17）。在日光照射下废水模拟物需要稍长的时间才能完全褪色［见图 8-18（a）~（d）］，因为降

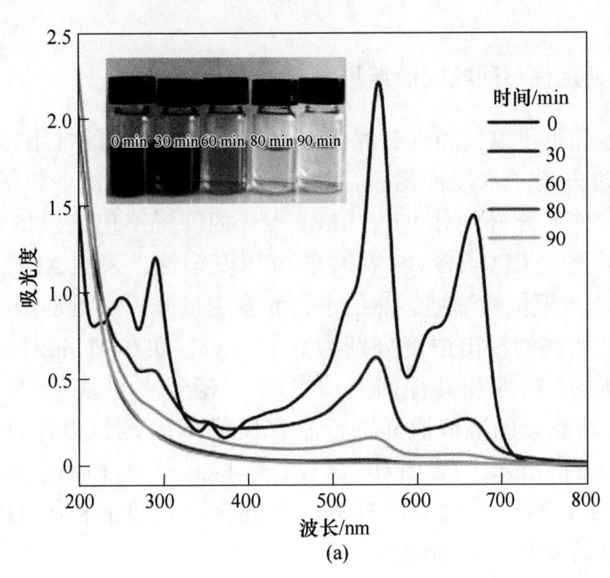

(a)

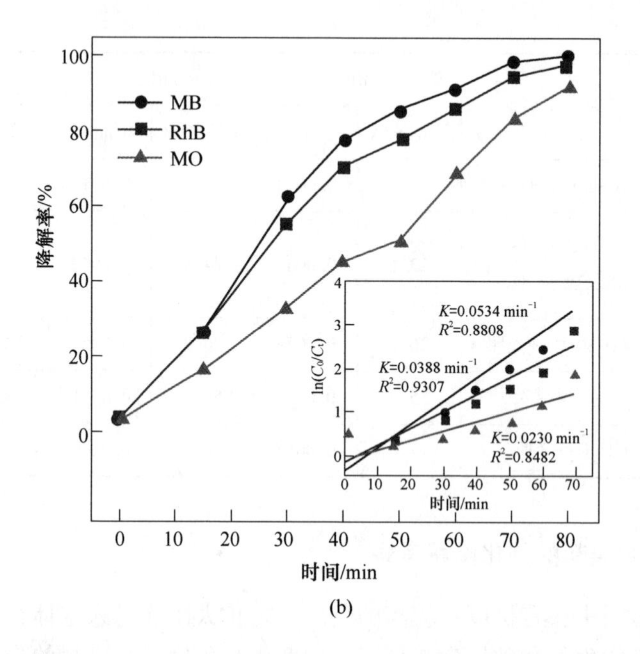

(b)

图 8-17 彩图

图 8-17 CFO-S@GA-模拟光-Fenton 体系对混合染料的降解

（a）紫外可见吸收光谱；（b）降解能力［（b）中内嵌图为一级动力学常数图］

解过程会受天气的影响，包括日光强度的变化和天空中不时有云遮挡日光；最终统计日光平均强度为模拟太阳光强度（106 mW/cm^2）的 60%。值得注意的是，为了方便液体取样测试和 CFO-S@GA 的回收，在整个降解测试过程中没有对模拟物进行搅拌。上述测试结果体现了 CFO-S@GA 出色的实际应用性能和经济性。

8.3.9 催化剂稳定性与回收实验结果

回收、再生和可重复使用性是评价催化剂应用经济性的常用标准。将用过的 CFO-S@GA 经过去离子水浸泡清洗后进行重复性使用测试。如图 8-19 所示，4 次重复使用后，该复合材料对 MB、RhB、MO 的降解率仍然保持在 94%、93%、84%以上。为了测试 CFO-S@GA 材料的应用安全性，采用 XRF 滴样分析法将 1 mL 降解后的废水模拟物浓缩，然后进行元素定量分析。图 8-20（a）中，降解后的溶液中的钴和铁的浸出浓度分别为 0.17 mg/L 和 0.27 mg/L，低于中国 GB 25467—2010 的排放标准和其他研究[42-43]。用镊子夹出块状 CFO-S@GA［见图 8-20（b）］，将剩余的溶液取样进行总有机碳 TOC 测试以评价染料的矿化程度。如图 8-20（c）所示，经 CFO-S@GA 光-Fenton 处理后的混合染料溶液的 TOC 由 53.19 mg/L 降至 12.13 mg/L。由于混合染料溶液初始 TOC 较高，达到 77.2%的 TOC 去除率已经较为理想。

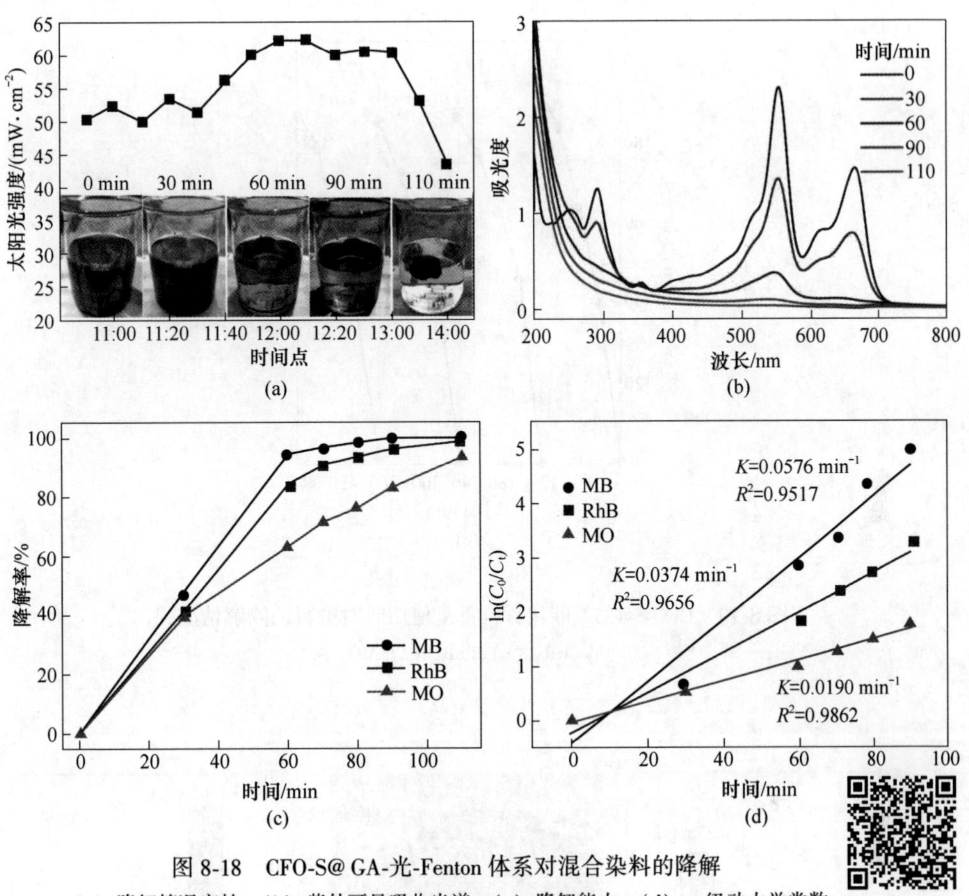

图 8-18 CFO-S@GA-光-Fenton 体系对混合染料的降解

(a) 降解情况实拍；(b) 紫外可见吸收光谱；(c) 降解能力；(d) 一级动力学常数

图 8-18 彩图

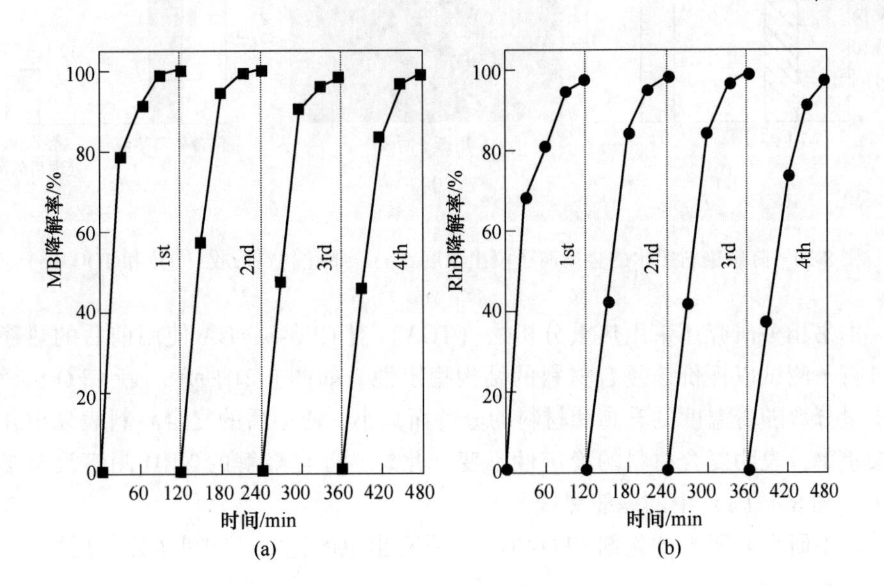

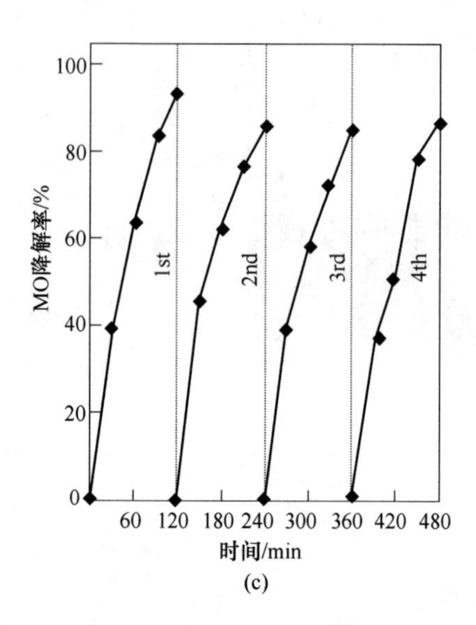

(c)

图 8-19 CFO-S@ GA 催化材料重复使用时对染料的降解情况
（a）MB；（b）RhB；（c）MO

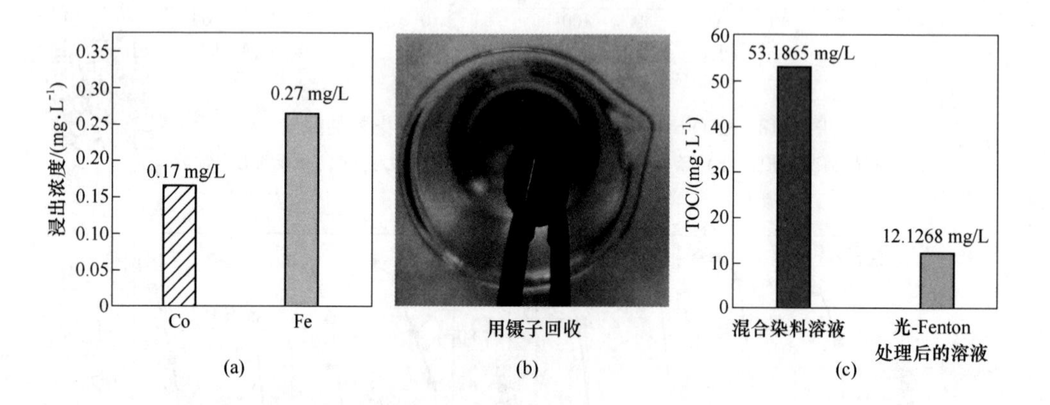

(a) (b) (c)

图 8-20 降解染料废水的金属离子浸出浓度（a）、催化材料回收（b）和 TOC（c）

本书相关研究还采用热重分析法（TGA）对 CFO-S@ GA 使用前后的热稳定性进行了测试以评价该复合材料的结构稳定性。如图 8-21 所示，新 CFO-S@ GA 的质量分数随着温度的升高和材料的分解而减小，使用后的复合材料表现出相同的失重率，表明复合材料的稳定性不变。此外，催化降解的 XRD 图谱没有结构变化［图 8-4（a）中的绿线黑线］。

以上研究表明光催化剂 CFO-S@ GA 具有出色的稳定性和可重复使用性。

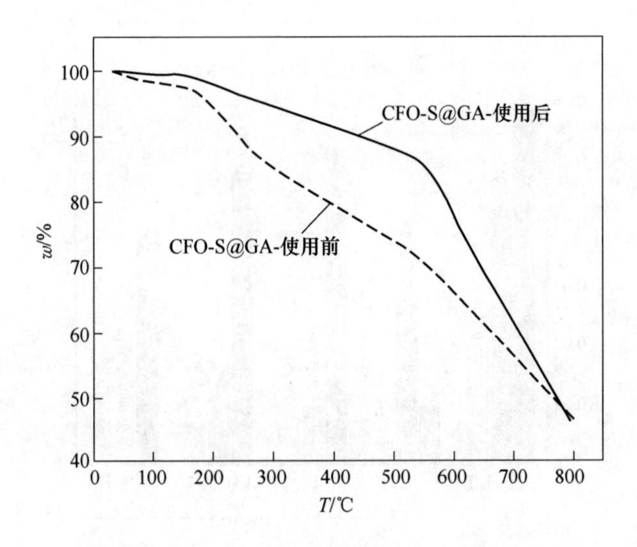

图 8-21 CFO-S@ GA 使用前后的 TGA 曲线

8.3.10 反应活性物质捕获与 ESR 测试结果

采用捕获实验来区分不同自由基和非自由基对光-Fenton 体系的贡献（见图 8-22）。不同的捕获剂对每种染料的降解有不同的抑制作用，·OH 是 MB 降解的主要活性物质，$^1O_2$ 和 $\cdot O_2^-$ 在 RhB 降解中起主要作用，·OH 和$^1O_2$ 对 MO 的降解起主要作用。在 500 W 氙灯照射下，通过 EPR 实验进一步证实了三种 ROSs 在催化过程中的存在和贡献。图 8-22（c）和图 8-22（d）中，DMPO-·OH 和 DMPO-$\cdot O_2^-$ 的 EPR 强度信号明显，表明 CFO-S@ GA 仅在太阳光照射下就会产

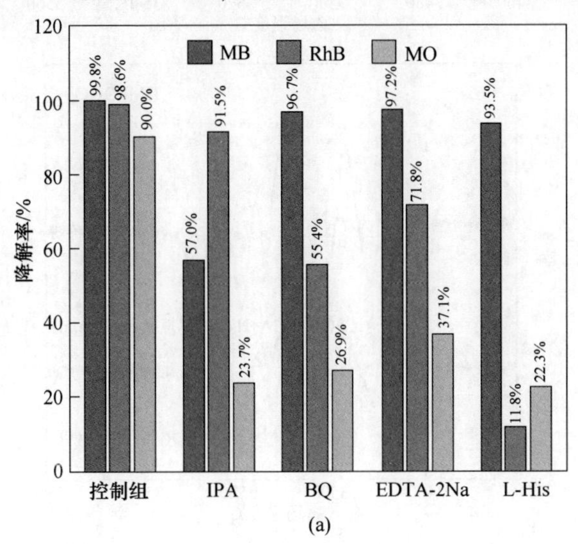

(a)

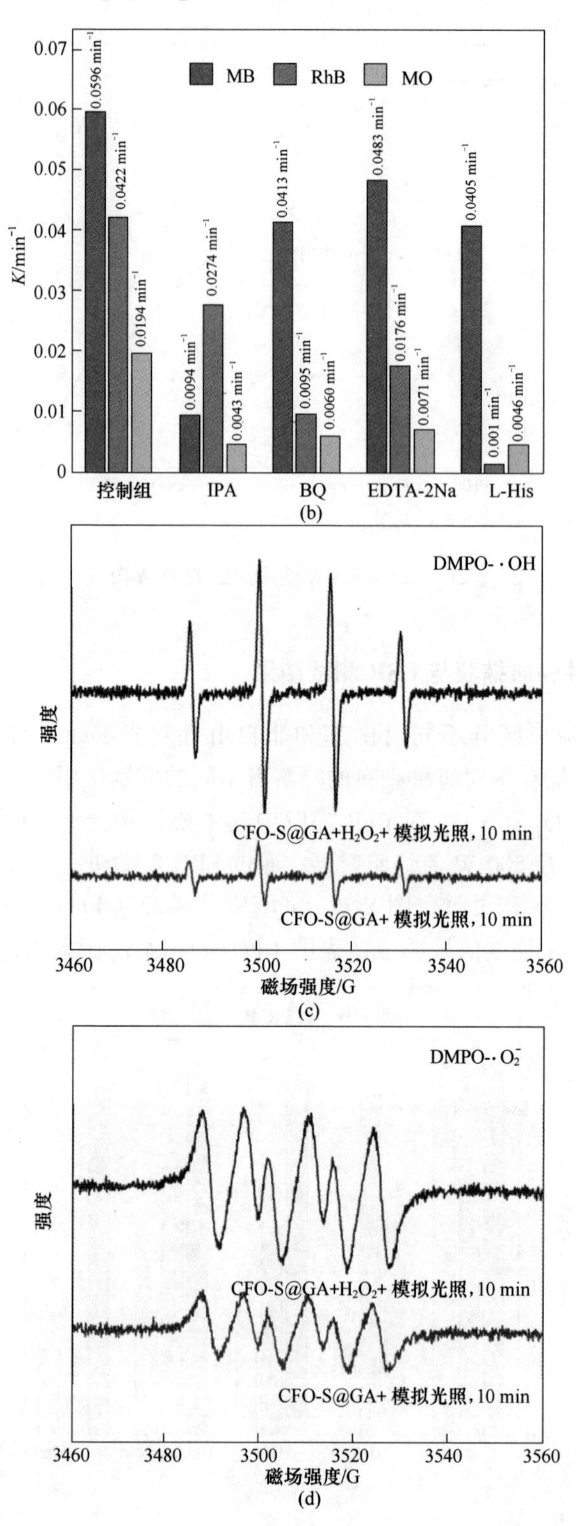

MB
RhB
MO
K/min⁻¹
0.0596 min⁻¹
0.0422 min⁻¹
0.0194 min⁻¹
0.0094 min⁻¹
0.0274 min⁻¹
0.0043 min⁻¹
0.0413 min⁻¹
0.0095 min⁻¹
0.0060 min⁻¹
0.0483 min⁻¹
0.0176 min⁻¹
0.0071 min⁻¹
0.0405 min⁻¹
0.001 min⁻¹
0.0046 min⁻¹
控制组
IPA
BQ
EDTA-2Na
L-His
(b)
DMPO-·OH
强度
CFO-S@GA+H2O2+模拟光照，10 min
CFO-S@GA+模拟光照，10 min
磁场强度/G
(c)
DMPO-·O2-
强度
CFO-S@GA+H2O2+模拟光照，10 min
CFO-S@GA+模拟光照，10 min
磁场强度/G
(d)

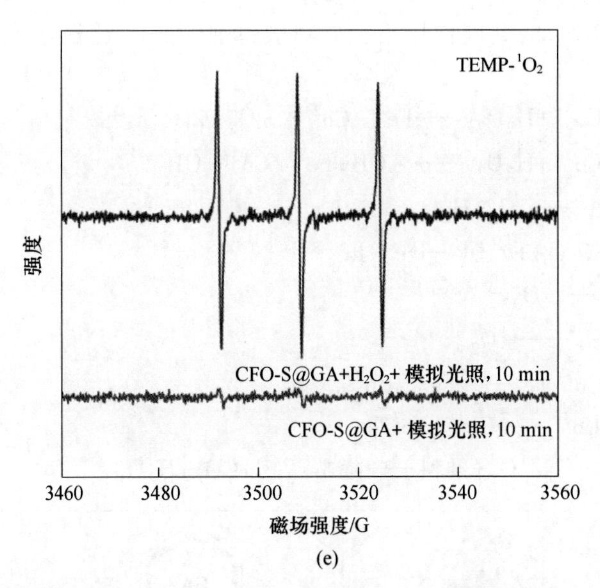

图 8-22 捕获剂对染料降解率（a）、一级动力学常数（b）的影响，以及 DMPO-·OH（c）、DMPO-·O_2^-（d）和 TEMP-$^1O_2$（e）的 EPR 光谱

生一定的响应，与光电响应结果一致。H_2O_2 的引入增强了这些信号，并诱导产生了明显的 TEMP-$^1O_2$ 信号［见图 8-22（e）］。可见，在 CFO-S@ GA+模拟光照体系中，H_2O_2 在形成 ROSs 过程中起了关键作用。此外，$^1O_2$ 倾向于攻击富含电子的双键，自由基和非自由基 $^1O_2$ 的协同氧化在实际染料降解中比单一氧化途径表现得更好[44-45]。

8.3.11 光-Fenton 催化降解染料机理分析

基于以上一系列研究结果推导了 CFO-S@ GA 体系的光-Fenton 增强催化降解染料反应机理。如图 8-23 所示，染料首先被吸附在 CFO-S@ GA 表面。随着 H_2O_2 的加入与光照的参与，光-Fenton 催化反应开始。催化剂表面的 Fe^{3+}/Co^{3+} 与 H_2O_2 反应生成·O_2^- 和 Fe^{2+}/Co^{2+}（过程 1），Fe^{2+}/Co^{2+} 再与 H_2O_2 反应生成·OH（过程 2）。同时，·OH 的歧化也会产生 $^1O_2$（过程 3）[46]。光催化反应与上述过程同步发生。光照射在 CFO-S@ GA 表面时，CFO 内部的电子受到光激发从价带跃迁至导带，产生电子-空穴对（e^--h^+）（过程 4）。e^- 从 CFO 的导带有效传导至石墨烯，并被 O_2 捕获生成·O_2^-（过程 5）[47-48]，之后可被空穴进一步氧化生成 $^1O_2$（过程 6）。在这个光-Fenton 系统中，Fe^{3+}/Co^{3+} 捕获了光生电子后被还原为 Fe^{2+}/Co^{2+}（过程 7）并持续参与 Fenton 反应。值得注意的是，$CoFe_2O_4$ 中 Co^{3+} 可以用来还原 Fe^{2+}，促进了 CFO 中金属离子之间的氧化还原循环（过程 8）[49]。因此，在系统中所有 ROSs 的共同作用下，染料被迅速降解（过程 9）。主要过程推导如下：

（1）$Fe^{3+}/Co^{3+}+H_2O_2 \longrightarrow Fe^{2+}/Co^{2+}+\cdot O_2^-+2H^+$。

（2）$Fe^{2+}/Co^{2+}+H_2O_2 \longrightarrow \cdot OH+Fe^{3+}/Co^{3+}+OH^-$。

（3）$4\cdot OH \longrightarrow {}^1O_2+H_2O$。

（4）CFO-S@GA+光照$\longrightarrow e^-+h^+$。

（5）$O_2+e^- \longrightarrow O_2^-$。

（6）$\cdot O_2^-+h^+ \longrightarrow {}^1O_2$。

（7）$Fe^{3+}/Co^{3+}+e^- \longrightarrow Fe^{2+}/Co^{2+}$。

（8）$Fe^{2+}+Co^{3+} \longrightarrow Co^{2+}+Fe^{3+}$。

（9）$\cdot OH/\cdot O_2^-/{}^1O_2$+染料$\longrightarrow$降解产物$+CO_2+H_2O$。

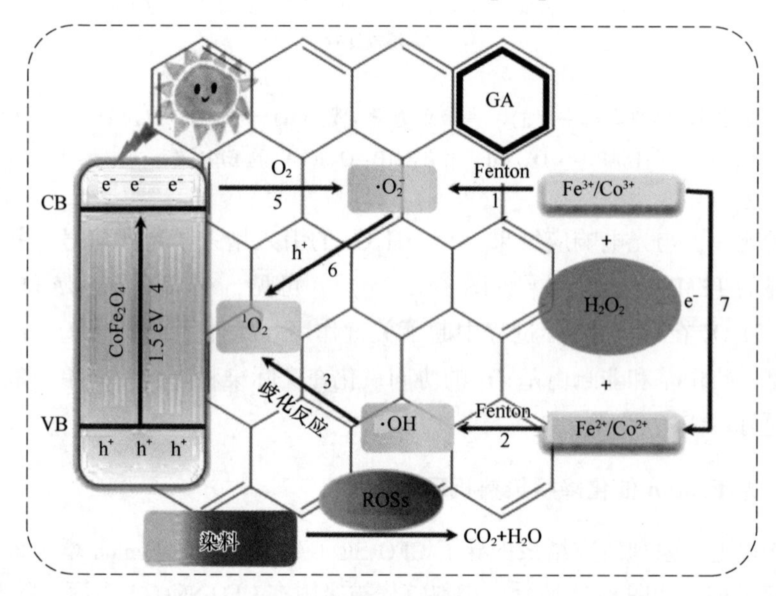

图 8-23 CFO-S@GA 光-Fenton 催化降解染料机理分析

为确定降解中间体和产物以及染料可能的降解途径，利用 LC-Q-TOF 对 CFO-S@GA+H_2O_2+光照体系降解各染料的中间反应溶液进行了分析。各种染料的 TIC 光谱以及染料的分子离子峰和主要降解产物见附录。

在光-Fenton 催化反应过程中，MB 的主要降解途径是脱甲基和 C ═S$^{\oplus}$—C 基团氧化［见图 8-24（a）］。RhB 经历了 N-脱乙基和发色团裂解［见图 8-24（b）］。而 MO 则经历了 C—N 分解、—N═N—分解、羟基化和脱甲基过程［见图 8-24（c）］。这与紫外可见吸收光谱中的吸收峰位移以及前人的研究一致[50-53]。

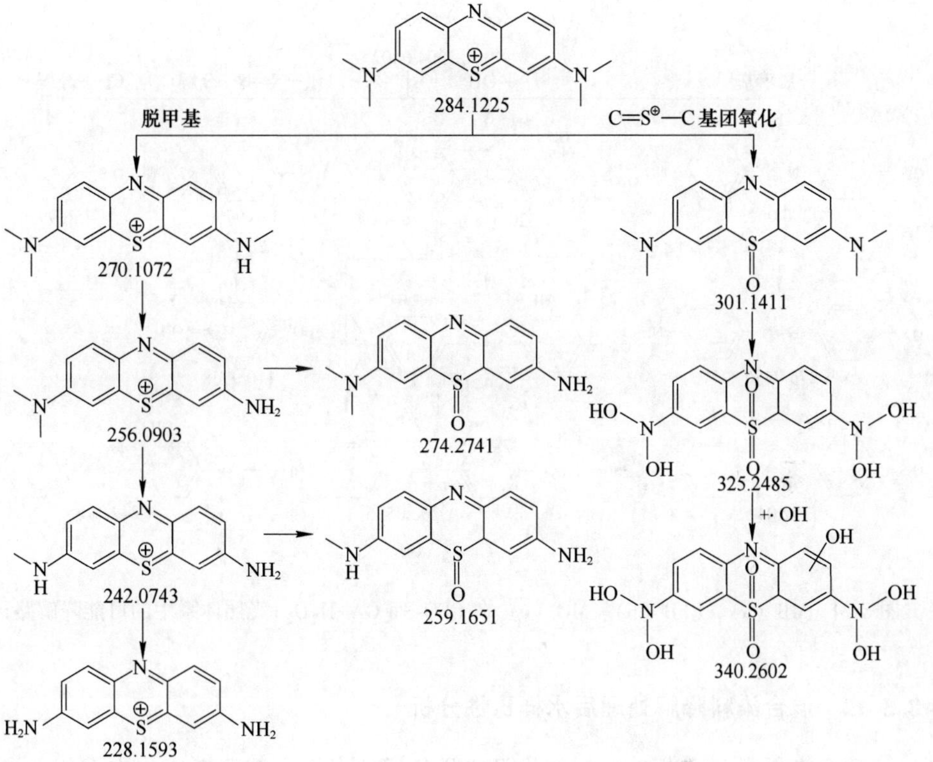

284.1225

脱甲基

C═S$^{\oplus}$—C 基团氧化

270.1072

301.1411

256.0903

274.2741

325.2485

242.0743

259.1651

+·OH

340.2602

228.1593

(a)

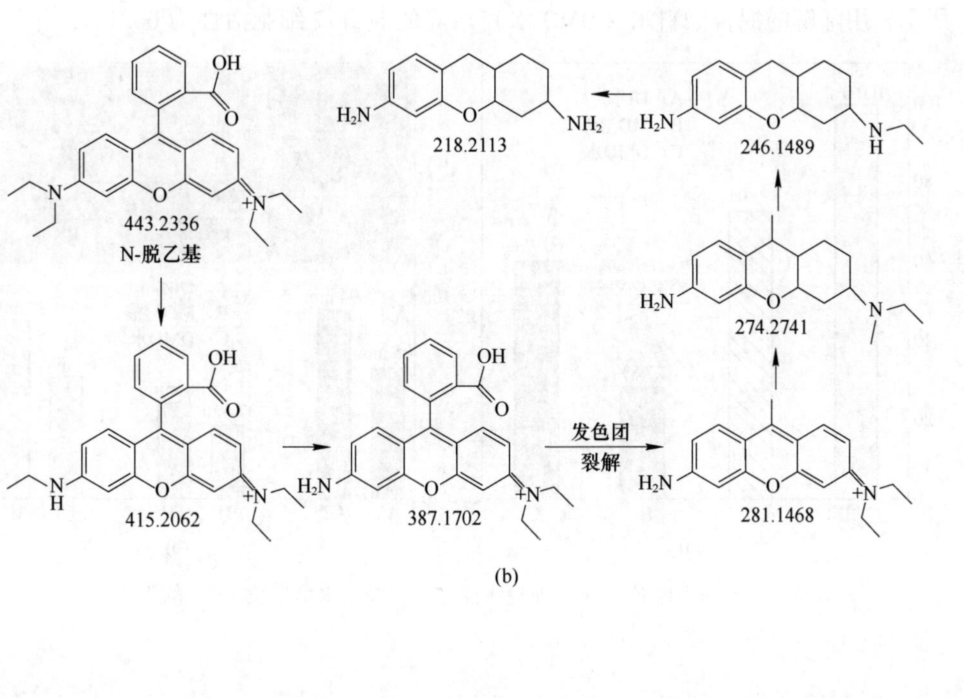

443.2336

N-脱乙基

218.2113

246.1489

274.2741

415.2062

387.1702

发色团裂解

281.1468

(b)

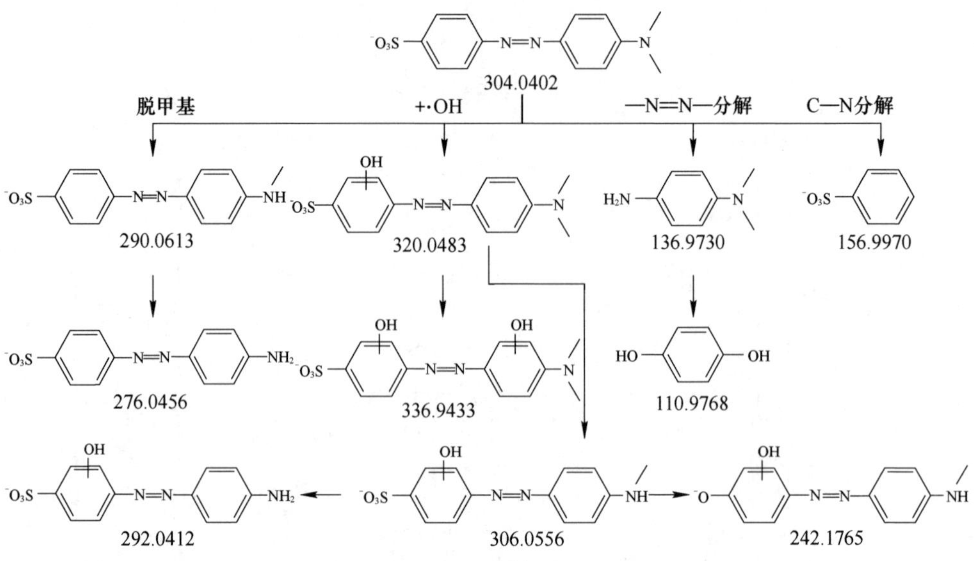

304.0402
脱甲基
+·OH
—N=N—分解
C—N分解
290.0613
320.0483
136.9730
156.9970
276.0456
336.9433
110.9768
292.0412
306.0556
242.1765

(c)

图 8-24 MB（a）、RhB（b）、MO（c）在 CFO-S@GA+H_2O_2+光照体系中的可能降解路径

8.3.12 混合染料降解处理后水样毒性分析

混合染料废水经光-Fenton 催化降解脱色后的毒性也需要考虑。本书相关实验采用 MTT 方法评价降解染料水对乳腺癌细胞 MCF-7 活性的影响。如图 8-25（a）所示，用降解的混合染料水（DMD 水）培养的 MCF-7 细胞活性为 60.1%，比对

100.0%
A：DI水
B：MD溶液
C：DMD水
72.9%
60.1%
27.8%
细胞活性/%
控制组
A
B
C
(a)
A
B
C
160
株高/mm
100
50
0
94 mm
65 mm
37 mm
48 mm
60 mm
90 mm
A：DI水
B：MD溶液
C：DMD水
A1
A2
B1
B2
C1
C2
(b)

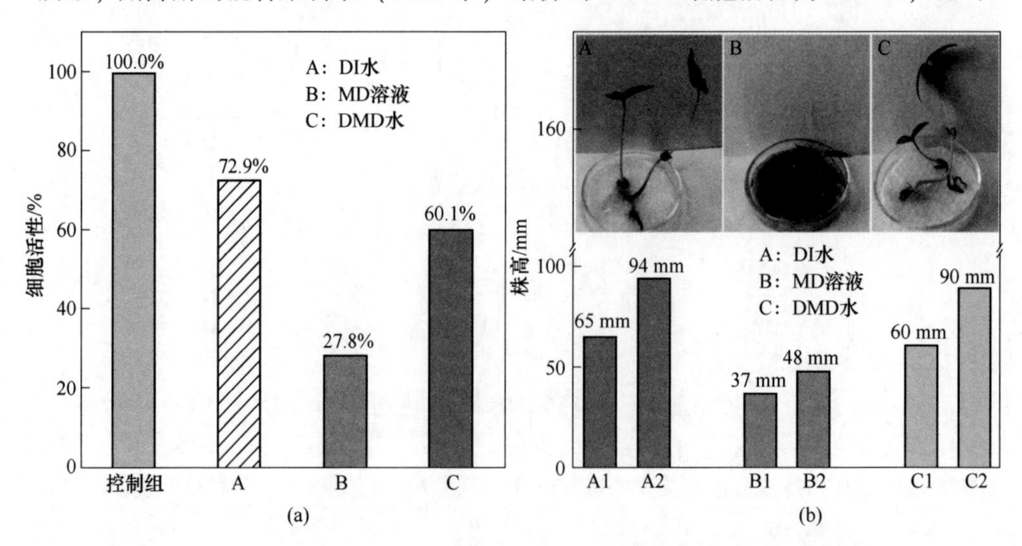

图 8-25 不同水样对 MCF-7 细胞活性（a）、绿豆水培生长（b）的影响

照组蒸馏水（DI 水）培养的 MCF-7 细胞活性低 12.8%。相比之下，混合染料溶液（MD 溶液，10 mg/L）中 MCF-7 细胞活性只有 27.8%。绿豆水培实验中，DMD 水和 DI 水的绿豆种子生长情况相似。然而，在 MD 溶液中，绿豆种子生长缓慢，且根部被染料污染［见图 8-25（b）中内嵌图］，颜色发生变化。因此，经 CFO-S@ GA 催化剂光-Fenton 降解处理可显著降低染料废水的生物毒性。

8.3.13 与其他光催化材料的催化性能对比

CFO-S@ GA 与其他研究所报道的光催化剂的催化性能对比见表 8-2。CFO-S@ GA 对污染物的降解率更优异，这进一步证明了 CFO-S@ GA 在光-Fenton 体系下的有效催化活性。

表 8-2 与其他 CFO 基光催化剂的催化性能对比

光催化剂	SSA /$(g \cdot m^{-2})$	催化剂用量 /mg	降解条件	污染物	$C \times V$	时间 /min	降解率 /%	参考文献
$CoFe_2O_4$-rGO	153.38	10	800 W 氙灯（λ>420 nm）	MB/RhB/MO	20 mg/L× 40 mL	180	98.8/72.2/37.5（吸附约 40/30/10）	［23］
rGO-$CoFe_2O_4$	25.18	100	凸透镜聚光+ PMS（15 mg）	对氯苯酚	10 mg/L× 250 mL	60	100	［32］
$CoFe_2O_4$-rGO	45.09	40	UVA-LED+ PMS（15 mg）	双酚 A	20 mg/L× 100 mL	30	95.7	［9］
$CoFe_2O_4$	52.58	5	150 W 卤素灯+ H_2O_2（0.5 mL）	MB	20 mg/L× 100 mL	25	98	［11］
rGO-$CoFe_2O_4$	364.92	50	光照+ H_2O_2（1.0 mL）	孔雀石绿	5×10^{-6} mol/L× 50 mL	120	约 100	［33］
$CoFe_2O_4$/GA（磨成粉末）	177.80	未提及	300 W 氙灯+H_2O_2（25 mmol/L）	MO	10 mg/L× 70 mL	30	约 100（吸附>65）	［54］

续表 8-2

光催化剂	SSA /$(g \cdot m^{-2})$	催化剂用量 /mg	降解条件	污染物	$C \times V$	时间 /min	降解率 /%	参考文献
$CoFe_2O_4$-SiO_2/GA	108.76	50	500 W 氙灯 (106 mW/cm^2) +H_2O_2 (50 μL)	MB/RhB/MO	10 mg/L× 100 mL	30	99.1/99.8/90.6	本书
		200	自然光+H_2O_2 (200 μL)	MB+RhB+MO 混合溶液	10 mg/L× 200 mL	110	100/99.6/93.6	

8.4 本章小结

本章研究采用简单溶剂热法合成了一种新型多孔复合材料 $CoFe_2O_4$-SiO_2@GA。由于 Si 和石墨烯双基质的协同作用，该复合材料在日光照射下表现出优异的光-Fenton 催化降解性能，可将高色度的混合染料废水模拟物迅速、完全脱色。该复合材料中的 SiO_2 有效地改善了 CFO 的团聚，通过其微孔-介孔多级孔结构提供了更多的反应活性位点；GA 基质有效地减少了 e^--h^+ 复合，加速了电子向 Fe^{3+}/Co^{3+}的转移。通过系列测试明确了光-Fenton 体系中参与了有机染料降解的活性物质包括 ·OH、·O_2^- 和$^1O_2$。CFO-S@GA 性能稳定，可多次重复使用且易于回收，表现出优异的应用经济性。鉴于上述优势，CFO-S@GA 有望在光催化处理染料废水领域发挥较高的研究和应用价值。

参考文献

[1] SANTHOSH C, DANESHVAR E, KOLLU P, et al. Magnetic SiO_2@$CoFe_2O_4$ nanoparticles decorated on graphene oxide as efficient adsorbents for the removal of anionic pollutants from water [J]. Chem. Eng. J., 2017, 322: 472-487.

[2] THAKKAR S V, MALFATTI L. Silica-graphene porous nanocomposites for environmental remediation: A critical review [J]. J. Environ. Manage., 2021, 278: 111519.

[3] SHARMA K, DUTTA V, SHARMA S, et al. Recent advances in enhanced photocatalytic activity of bismuth oxyhalides for efficient photocatalysis of organic pollutants in water: A review [J]. J. Ind. Eng. Chem., 2019, 78: 1-20.

[4] SONU, DUTTA V, SHARMA S, et al. Review on augmentation in photocatalytic activity of $CoFe_2O_4$ via heterojunction formation for photocatalysis of organic pollutants in water [J].

J. Saudi Chem. Soc. , 2019, 23: 1119-1136.

[5] RAIZADA P, SUDHAIK A, SINGH P. Photocatalytic water decontamination using graphene and ZnO coupled photocatalysts: A review [J]. Mater. Sci. Energy Technol. , 2019, 2: 509-525.

[6] WANG X, ZHANG X, ZHANG Y, et al. Nanostructured semiconductor supported iron catalysts for heterogeneous photo-Fenton oxidation: A review [J]. J. Mater. Chem. A, 2020, 8: 15513-15546.

[7] GAO S, FENG D, CHEN F, et al. Multi-functional well-dispersed pomegranate-like nanospheres organized by ultrafine $ZnFe_2O_4$ nanocrystals for high-efficiency visible-light-Fenton catalytic activities [J]. Colloids Surf. A, 2022, 648: 129282.

[8] JAYAPRAKASH K, SIVASAMY A. Superior photocatalytic performance of Dy_2O_3/graphitic carbon nitride nanohybrid for the oxidation Rhodamine B dye under visible light irradiation: A superoxide free radicals approach [J]. Colloids Surf. A, 2023, 676: 132260.

[9] HASSANI A, EGHBALI P, MAHDIPOUR F, et al. Insights into the synergistic role of photocatalytic activation of peroxymonosulfate by UVA-LED irradiation over $CoFe_2O_4$-rGO nanocomposite towards effective Bisphenol A degradation: Performance, mineralization, and activation mechanism [J]. Chem. Eng. J. , 2023, 453: 139556.

[10] SHI W, FU Y, HAO C, et al. Heterogeneous photo-Fenton process over magnetically recoverable $MnFe_2O_4$/MXene hierarchical heterostructure for boosted degradation of tetracycline [J]. Mater. Today Commun. , 2022, 33: 104449.

[11] CAO Z, ZUO C. Direct synthesis of magnetic $CoFe_2O_4$ nanoparticles as recyclable photo-Fenton catalysts for removing organic dyes [J]. ACS Omega, 2020, 5: 22614-22620.

[12] RAFIQ A, IMRAN M, AQEEL M, et al. Study of transition metal ion doped CdS nanoparticles for removal of dye from textile wastewater [J]. Journal of Inorganic and Organometallic Polymers and Materials, 2020, 30: 1915-1923.

[13] YE J, ZHANG Y, WANG J, et al. Photo-Fenton and oxygen vacancies' synergy for enhancing catalytic activity with S-scheme FeS_2/Bi_2WO_6 heterostructure [J]. Catal. Sci. Technol. , 2022, 12: 4228-4242.

[14] PARWAZ KHAN A A, SINGH P, RAIZADA P, et al. Photo-Fenton assisted AgCl and P-doped g-C_3N_4 Z-scheme photocatalyst coupled with Fe_3O_4/H_2O_2 system for 2, 4-dimethylphenol degradation [J]. Chemosphere, 2023, 316: 137839.

[15] SHARMA S, DUTTA V, RAIZADA P, et al. Synergistic photocatalytic dye mitigation and bacterial disinfection using carbon quantum dots decorated dual Z-scheme manganese indium sulfide/cuprous oxide/silver oxide heterojunction [J]. Materials Letters, 2022, 313: 131716.

[16] MALHOTRA M, POONIA K, SINGH P, et al. An overview of improving photocatalytic activity of MnO_2 via the Z-scheme approach for environmental and energy applications [J]. J. Taiwan Inst. Chem. Eng. , 2024, 158: 104945.

[17] ALKANAD K, HEZAM A, SUJAY SHEKAR G C, et al. Magnetic recyclable α-Fe_2O_3-Fe_3O_4/Co_3O_4-CoO nanocomposite with a dual Z-scheme charge transfer pathway for quick photo-Fenton degradation of organic pollutants [J]. Catal. Sci. Technol. , 2021, 11: 3084-3097.

[18] JI J, YAN Q, YIN P, et al. Defects on CoS_{2-x}: Tuning redox reactions for sustainable degradation of organic pollutants [J]. Angewandte Chemie International Edition, 2021, 60: 2903-2908.

[19] YANG Y, WANG Q, ALEISA R, et al. MoS_2/FeS nanocomposite catalyst for efficient fenton reaction [J]. ACS Appl. Mater. Interfaces, 2021, 13: 51829-51838.

[20] WU Q, ZHANG H, ZHOU L, et al. Synthesis and application of rGO/$CoFe_2O_4$ composite for catalytic degradation of methylene blue on heterogeneous Fenton-like oxidation [J]. J. Taiwan Inst. Chem. Eng., 2016, 67: 484-494.

[21] KALAM A, AL-SEHEMI A G, ASSIRI M, et al. Modified solvothermal synthesis of cobalt ferrite ($CoFe_2O_4$) magnetic nano-particles photocatalysts for degradation of methylene blue with H_2O_2/visible light [J]. Results Phys., 2018, 8: 1046-1053.

[22] ZAREI M, EBADI T, RAMAVANDI B, et al. Photocatalytic decomposition of methylene blue and methyl orange dyes using pistachio biochar/$CoFe_2O_4$/Mn-Fe-LDH composite as H_2O_2 activator [J]. Surf. Interfaces, 2023, 43: 103571.

[23] HE G, DING J, ZHANG J, et al. One-step Ball-milling preparation of highly photocatalytic active $CoFe_2O_4$—Reduced graphene oxide heterojunctions for organic dye removal [J]. Ind. Eng. Chem. Res., 2015, 54: 2862-2867.

[24] CANNAS C, MUSINU A, PEDDIS D, et al. Synthesis and characterization of $CoFe_2O_4$ nanoparticles dispersed in a silica matrix by a sol-gel autocombustion method [J]. Chem. Mater., 2006, 18: 3835-3842.

[25] PEI S, WEI Q, HUANG K, et al. Green synthesis of graphene oxide by seconds timescale water electrolytic oxidation [J]. Nat. Commun., 2018, 9: 145.

[26] SU S, LIU Y, LIU X, et al. Transformation pathway and degradation mechanism of methylene blue through β-FeOOH@GO catalyzed photo-Fenton-like system [J]. Chemosphere, 2019, 218: 83-92.

[27] WANG F, YU X, GE M, et al. Facile self-assembly synthesis of γ-Fe_2O_3/graphene oxide for enhanced photo-Fenton reaction [J]. Environ. Pollut., 2019, 248: 229-237.

[28] MIAO Z, TAO S, WANG Y, et al. Hierarchically porous silica as an efficient catalyst carrier for high performance vis-light assisted Fenton degradation [J]. Microporous Mesoporous Mater., 2013, 176: 178-185.

[29] WANG Y, CHEN Z H, HUANG J, et al. Preparation and catalytic behavior of reduced graphene oxide supported cobalt oxide hybrid nanocatalysts for CO oxidation [J]. Trans. Nonferrous Met. Soc. China, 2018, 28: 2265-2273.

[30] JOSEPH PRABAGAR C, ANAND S, ASISI JANIFER M, et al. Structural and magnetic properties of Mn doped cobalt ferrite nanoparticles synthesized by sol-gel auto combustion method [J]. Mater. Today: Proc., 2021, 47: 2013-2019.

[31] DELIGEER W, GAO Y W, ASUHA S. Adsorption of methyl orange on mesoporous γ-Fe_2O_3/SiO_2 nanocomposites [J]. Appl. Surf. Sci., 2011, 257: 3524-3528.

[32] DEVI L G, SRINIVAS M. Hydrothermal synthesis of reduced graphene oxide-$CoFe_2O_4$

heteroarchitecture for high visible light photocatalytic activity: Exploration of efficiency, stability and mechanistic pathways [J]. J. Environ. Chem. Eng., 2017, 5: 3243-3255.

[33] HE H Y, LU J. Highly photocatalytic activities of magnetically separable reduced graphene oxide-$CoFe_2O_4$ hybrid nanostructures in dye photodegradation [J]. Sep. Purif. Technol., 2017, 172: 374-381.

[34] MAO C, CHENG H, TIAN H, et al. Visible light driven selective oxidation of amines to imines with BiOCl: Does oxygen vacancy concentration matter? [J]. Appl. Catal. B: Environ., 2018, 228: 87-96.

[35] YUE L, ZHANG S, ZHAO H, et al. One-pot synthesis $CoFe_2O_4$/CNTs composite for asymmetric supercapacitor electrode [J]. Solid State Ionics, 2019, 329: 15-24.

[36] ZHOU H, YANG J, CAO W, et al. Hollow meso-crystalline Mn-doped Fe_3O_4 Fenton-like catalysis for ciprofloxacin degradation: Applications in water purification on wide pH range [J]. Appl. Surf. Sci., 2022, 590: 153120.

[37] YU K, LOU L L, LIU S, et al. Asymmetric oxygen vacancies: The intrinsic redox active sites in metal oxide catalysts [J]. Adv. Sci., 2019, 7: 1901970.

[38] DU M, DU Y, FENG Y, et al. Advanced photocatalytic performance of novel BiOBr/BiOI/cellulose composites for the removal of organic pollutant [J]. Cellulose, 2019, 26: 5543-5557.

[39] WANG L, ZHOU C, YUAN Y, et al. Catalytic degradation of crystal violet and methyl orange in heterogeneous Fenton-like processes [J]. Chemosphere, 2023, 344: 140406.

[40] VU A T, XUAN T N, LEE C H. Preparation of mesoporous $Fe_2O_3 \cdot SiO_2$ composite from rice husk as an efficient heterogeneous Fenton-like catalyst for degradation of organic dyes [J]. J. Water Process. Eng., 2019, 28: 169-180.

[41] GUO L, ZHANG K, HAN X, et al. Highly efficient visible-light-driven photo-Fenton catalytic performance over FeOOH/Bi_2WO_6 composite for organic pollutant degradation [J]. J. Alloys Compd., 2020, 816: 152560.

[42] ZHAO T, HUI W, LIU H, et al. Yolk@shell nanoreactor with coordinately unsaturated metal sites on MOF surface inside polypyrrole capsule: Enhanced catalytic activity and lowered metal leaching in Fenton-like reaction [J]. Chem. Eng. J., 2023, 474: 145599.

[43] GUO J, SONG G, ZHOU M. Highly dispersed FeN-CNTs heterogeneous electro-Fenton catalyst for carbamazepine removal with low Fe leaching at wide pH [J]. Chem. Eng. J., 2023, 474: 145681.

[44] JOHNSON D R, DECKER E A. The role of oxygen in lipid oxidation reactions: A review [J]. Annu. Rev. Food Sci. Technol., 2015, 6: 171-190.

[45] LIU X, YAN X, LIU W, et al. Switching of radical and nonradical pathways through the surface defects of Fe_3O_4/MoO_xS_y in a Fenton-like reaction [J]. Sci. Bull., 2023, 68: 603-612.

[46] YI Q, JI J, SHEN B, et al. Singlet oxygen triggered by superoxide radicals in a molybdenum cocatalytic Fenton reaction with enhanced redox activity in the environment [J]. Environ. Sci. Technol., 2019, 53: 9725-9733.

[47] RUALES-LONFAT C, BARONA J F, SIENKIEWICZ A, et al. Iron oxides semiconductors are

efficients for solar water disinfection: A comparison with photo-Fenton processes at neutral pH [J]. Appl. Catal. B: Environ., 2015, 166-167: 497-508.

[48] DAIMON T, NOSAKA Y. Formation and behavior of singlet molecular oxygen in TiO_2 photocatalysis studied by detection of near-infrared phosphorescence [J]. J. Phys. Chem. C, 2007, 111: 4420-4424.

[49] WANG Z, YOU J, LI J, et al. Review on cobalt ferrite as photo-Fenton catalysts for degradation of organic wastewater [J]. Catal. Sci. Technol., 2023, 13: 274-296.

[50] PATIAL S, SONU, THAKUR S, et al. Facile synthesis of Co, Fe-bimetallic MIL-88A/microcrystalline cellulose composites for efficient adsorptive and photo-Fenton degradation of RhB dye [J]. J. Taiwan Inst. Chem. Eng., 2023, 153: 105189.

[51] WANG S, WANG K, CAO W, et al. Degradation of methylene blue by ellipsoidal β-FeOOH@MnO_2 core-shell catalyst: Performance and mechanism [J]. Appl. Surf. Sci., 2023, 619: 156667.

[52] GE H, YUAN Y, DAN Z, et al. Nearly complete photodegradation of azo dyes on flaky ZnO@p-Sn macrosandwich nanocomposites via in-situ dealloying-oxidation strategy [J]. Appl. Surf. Sci., 2023, 636: 157753.

[53] SONEY J M, DHANNIA T. Enhanced photocatalytic activity of CeO_2 and magnetic biochar-CeO_2 nanocomposite prepared from Murraya koenigii stem for degradation of methyl orange under UV light [J]. J. Photochem. Photobiol. A: Chem., 2024, 447: 115259.

[54] QIU B, DENG Y, DU M, et al. Ultradispersed cobalt ferrite nanoparticles assembled in graphene aerogel for continuous photo-Fenton reaction and enhanced lithium storage performance [J]. Sci. Rep., 2016, 6: 29099.

9 天然纤维素基复合材料的合成与 XRF 法检测二氧化硫

9.1 引　言

二氧化硫（SO_2）是一种常见的气态污染物，主要来源于化石燃料的燃烧，SO_2 的排放会对人和动物的生命健康造成威胁。常见的 SO_2 检测方法中，光谱技术由于灵敏度高、响应快和稳定性良好而被广泛关注和应用。其中，傅里叶变换红外光谱（FTIR）[1]是基于硫化物的特征红外吸收光谱来进行 SO_x 检测的，然而 SO_2 和 SO_3 在宽波长范围内强烈重叠，使得光谱分辨率难以区分。激光雷达（DIAL）向目标物发射激光，通过测量激光回波信号的属性来获取目标物的属性。激光具有单色性好、相干性强、方向性强以及高功率、高分辨率等优良特性[2]，但设备昂贵、检测速度较慢，不适用于高精度、小体积的气体定量检测。差分吸收光谱（DOAS）利用空气中的气体分子的窄带吸收特性来鉴别气体成分，并根据窄带吸收强度来推演出微量气体的浓度。该类设备也是在大气监测领域应用较多，对低浓度有害气体的定性和定量分析存在一定不足，同时还存在设备成本高，以及对光源、环境、样品的要求高等问题[3]；可调谐二极管激光光谱（TDALS）利用激光器的超窄线宽特性和调谐特性，实现对气体某一单条吸收谱线的扫描，因而具有很高的光谱分辨率，可以有效排除其他气体谱线的交叉干扰，保证目标分子特征识别的准确性。该方法技术成本较高，需要精确控制能够探测单吸收线的窄光谱激光源、样品制备和探针体积[4-5]；激光诱导荧光（LIF）通过检测激光照射样品后的荧光发射来检测气体成分。由于激光诱导荧光检测的是与方向性和单色性很强的激发光不同方向、不同波长的发光，因此与其他激光光谱法相比灵敏度高。LIF 在测试过程中对激光的要求比较严格且容易受到荧光猝灭等因素的影响[6]。

与上述光谱法相比，X 射线荧光（XRF）因具有操作简单、分析速度快、精密度高、测试浓度范围广等优点[7-8]，在环境污染物分析及相关领域，特别是液体和固体物质的定性和定量分析方面得到广泛应用[9-13]。在空气污染物的定量分析方面，其主要被应用于空气悬浮颗粒 PM 的定性和定量分析，通过抽滤的方式将大气中的 PM 预富集在固体基质滤膜上进行 XRF 定性/半定量检测[14-15]。截至目前，尚未发现 XRF 法检测空气污染物 SO_2 的相关报道。

本章首次报道了一种天然纤维素固体基质联合 XRF 检测空气中 SO_2 的分析方法。以常见且廉价易得的食用菌为原料制备高度纯净的天然纤维素基质，通过浸渍法制备复合材料 DTUC8。利用该复合材料对空气中的 SO_2 进行化学吸附，进一步采用 XRF 法分析 S 元素并得到 SO_2 浓度。如图 9-1 所示，将该复合材料粉末装填于固相萃取柱中，注入气体样品后再将粉末倒出进行压片与 XRF 测试，根据 S Kα 的强度即可计算出 SO_2 的浓度。

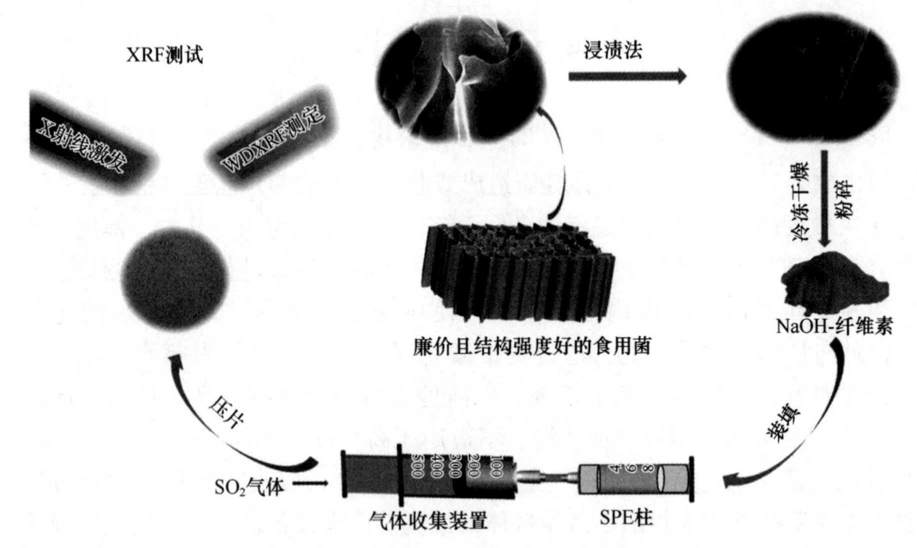

图 9-1 NaOH-纤维素复合材料高效吸附 SO_2 并用 XRF 技术进行定量检测

9.2 实验部分

9.2.1 实验试剂与仪器

本章相关实验所用仪器信息见表 9-1，所用试剂信息见表 9-2。

表 9-1 仪器信息

仪器名称	厂家	型号
集热式磁力搅拌	江苏省金坛市科析仪器有限公司	DF-101SA
真空干燥箱	上海一恒科学仪器有限公司	DZF-6032
电热鼓风干燥箱	上海一恒科学仪器有限公司	DHG-9075A
冷冻干燥机	上海泸析实业有限公司	HX-12-50B

续表 9-1

仪器名称	厂家	型号
电子天平	奥豪斯仪器有限公司	NV622ZH
扫描电子显微镜	TESCAN	MAIA3 LM
微机控制电子万能试验机	济南丰基检测仪器有限公司	WDW-02D
热重分析仪	Netzsch	TG-209F3
圆周摇床	DLAB	SK-0330-pro
波长色散 X 射线荧光仪	Rigaku	Primus Ⅳ
粉碎机	浙江绍兴苏泊尔家居用品有限公司	SMF2002
比表面积和孔径分析仪	美国麦克仪器有限公司	ASAP 2020 M

表 9-2 试剂信息

名称	分子式	规格	厂家
食用菌		市售	承德金稻田生物科技有限公司等
无水乙醇	C_2H_5OH	分析纯	天津市科密欧化学试剂有限公司
超纯水	H_2O	分析纯	默克密理博化工有限公司
氢氧化钠	NaOH	分析纯	天津市风船化学试剂科技有限公司
碳酸钠	Na_2CO_3	分析纯	上海麦克林试剂有限公司
碳酸氢钠	$NaHCO_3$	分析纯	天津市风船化学试剂科技有限公司
二乙烯三胺	$C_4H_{13}N_3$	分析纯	阿达玛斯贝塔（上海）化学试剂有限公司
三乙烯四胺	$C_6H_{18}N_4$	分析纯	天津市光复精细化工研究所
三乙醇胺	$C_6H_{15}NO_3$	分析纯	天津市红岩化学试剂厂
二氧化硫	SO_2	99.9%	北京马尔蒂科技有限公司

9.2.2 材料的制备

9.2.2.1 天然材料预处理

将新鲜食用菌横向切割为边长 1 cm 的小方块，称取一定质量的小方块加入 4 倍质量的去离子水，在 60 ℃下清洗 20 min 后更换水多次清洗。在清洗完第 5 次后进一步用 10%的乙醇浸泡 30 min，除去溶剂后在−45 ℃下进行冷冻干燥，得到较为纯净的天然纤维素基质。

9.2.2.2 复合吸附材料的制备与封装

采用浸渍法制备复合吸附材料，称取 20 g 经过上述处理得到的天然纤维素基质投放到 500 mL、0.1 mol/L 的 NaOH 溶液中，放在圆周摇床上以恒定的速度振荡混匀 30 min，倒出上层溶液，将材料在 −45 ℃下进行冷冻干燥得到新型 NaOH-纤维素复合吸附材料，命名为 DTUC4。将 DTUC4 材料粉碎后通过 0.5 mm 的标准筛分选，得到颗粒均匀的粉末。准确称取一批相同质量（0.5~1.0 g）的该复合材料分别装入体积为 10 mL 的固相萃取柱或普通针筒，材料两端用海绵固定得到 DTUC4 捕集柱，用于捕集空气中的 SO_2。

9.2.3 XRF 分析方法与性能测试

首先，对材料颗粒粒径、压片质量、样品盒规格以及测试速度等条件和影响因素进行分析和优化。制备一系列 SO_2 标准气体以绘制 SO_2 的校准曲线。其次，以 10 mL/min 的恒定流量从高纯 SO_2 钢瓶向容积为 28.5 L 的 HDPE 容器内充入 SO_2 气体，使用流量计和计时器精确控制充气时间以制备特定 SO_2 浓度（2000 mL/m^3、4000 mL/m^3、6000 mL/m^3）。将气体振摇混匀得到 SO_2 标准气体。根据测试样品浓度从标准气体桶中抽取不同体积的气体，缓慢推动活塞向 DTUC4 捕集柱中注入气体样品，再将吸附了 SO_2 的固体基质倒出，混合搅拌均匀后压片用 XRF 检测并绘制校准曲线。

为了考察平衡气体对材料吸附 SO_2 性能的影响，分别测试空气和高纯氮气作为平衡气体的 S 含量。为了测试水含量的影响，向充分干燥的 DTUC4 中均匀滴加一定量的水（0~6%），然后将其封闭在聚四氟乙烯内胆的反应釜中在 60 ℃下恒温 3 h，自然冷却后进行 SO_2 的吸附与检测。在考察吸附剂负载量的影响时，改变浸泡 NaOH 溶液浓度（0.03 mol/L、0.1 mol/L、0.3 mol/L）以配制不同 NaOH 负载量的复合材料。为了验证吸附材料的最大 SO_2 吸附性能，向固体基质吸附柱持续注入特定 SO_2 浓度的标准气体，并在吸附柱的出气端用湿润的蓝色石蕊试纸检测有无 SO_2 逸出。为了考察不同吸附剂的差异，在浸渍步骤将 NaOH 替换为 Na_2CO_3、$NaHCO_3$、$C_6H_{15}NO_3$、$C_4H_{13}N_3$、$C_6H_{18}N_4$ 的水乙醇溶液，冷冻干燥后进行 SO_2 吸附和分析测试。

9.3 结果与讨论

9.3.1 材料的表征与分析

9.3.1.1 SEM 表征及 EDX mapping 分析

本章研究采用食用菌作为天然纤维素来源，是由于其独特的植物特征和结构质地。第一，该材料廉价易得，采用其作为纤维素来源具有较好的应用经济性。第二，该天然纤维素基质的结构和成分高度一致，易于切片和前处理。第三，该天然纤维素基质具有良好的韧性和适中的结构强度，干燥后的最终产物密度较低，易于被压制成薄片，并且不会再次膨胀，这一特性尤其适用于其后进行 XRF 测试。

从 SEM 图像可见，经冷冻干燥处理后的天然纤维素基质内部结构呈现疏松的类气凝胶形态，片层面积较大且表面平滑，为典型的大孔材料［见图 9-2 (a)］。将天然纤维素浸渍 NaOH 后得到的 DTUC4 复合材料外观依旧呈白色(见图 9-1)。从 SEM 图像［见图 9-2（b)］可见其依然保持面积较大的片层结构，但片层厚度显著增大，表面不再平整，而是凹凸不平且存在少量的颗粒。这一显著的差异表明 NaOH 在冷冻干燥过程中随着水溶剂的去除，非常均匀地涂覆在天然纤维素片层表面，也说明了浸渍法是合成 DTUC4 的理想方法。

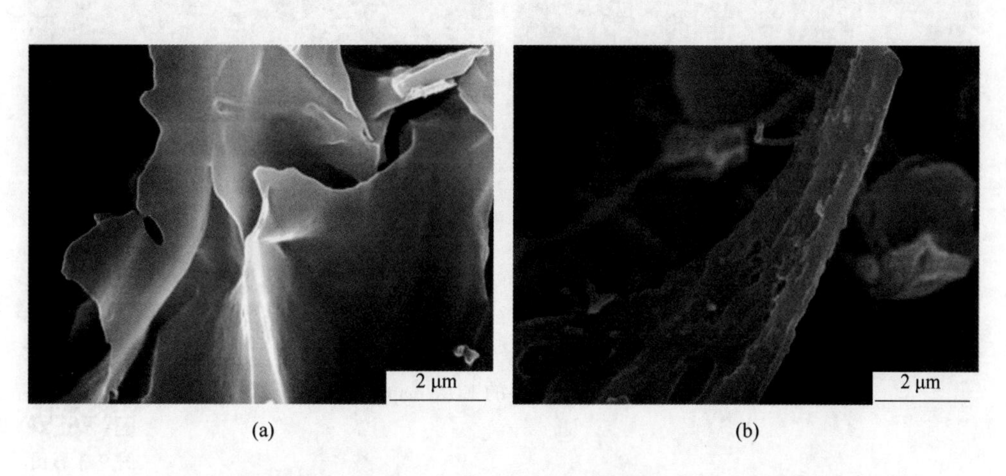

图 9-2 天然纤维素基质（a）和 DTUC4 复合材料（b）的 SEM 图像

进一步采用 EDX mapping 法对复合吸附材料中的元素分布进行分析。如图 9-3（a）所示，DTUC4 样品附着在碳基导电胶带表面进行测试，材料呈现典型的无定形气凝胶形态。图 9-3（b）中的 C 元素分布形态与 DTUC4 形貌一致，但也存在于材料下方的胶带中。图 9-3（c）和图 9-3（d）中，O 元素和 Na 元素的分布与材料形貌高度一致，并且未在图 9-3（d）中发现密集的高亮区域。上述结果表明 NaOH 在 DTUC4 中的分布是非常均匀的。本书使用的 NaOH 溶液浓度适宜，NaOH 附着在纤维素表面，没有发生过度堆积的现象。这对于 SO_2 在进入 DTUC4 孔隙结构中后，与材料表面的 NaOH 发生充分反应是至关重要的。

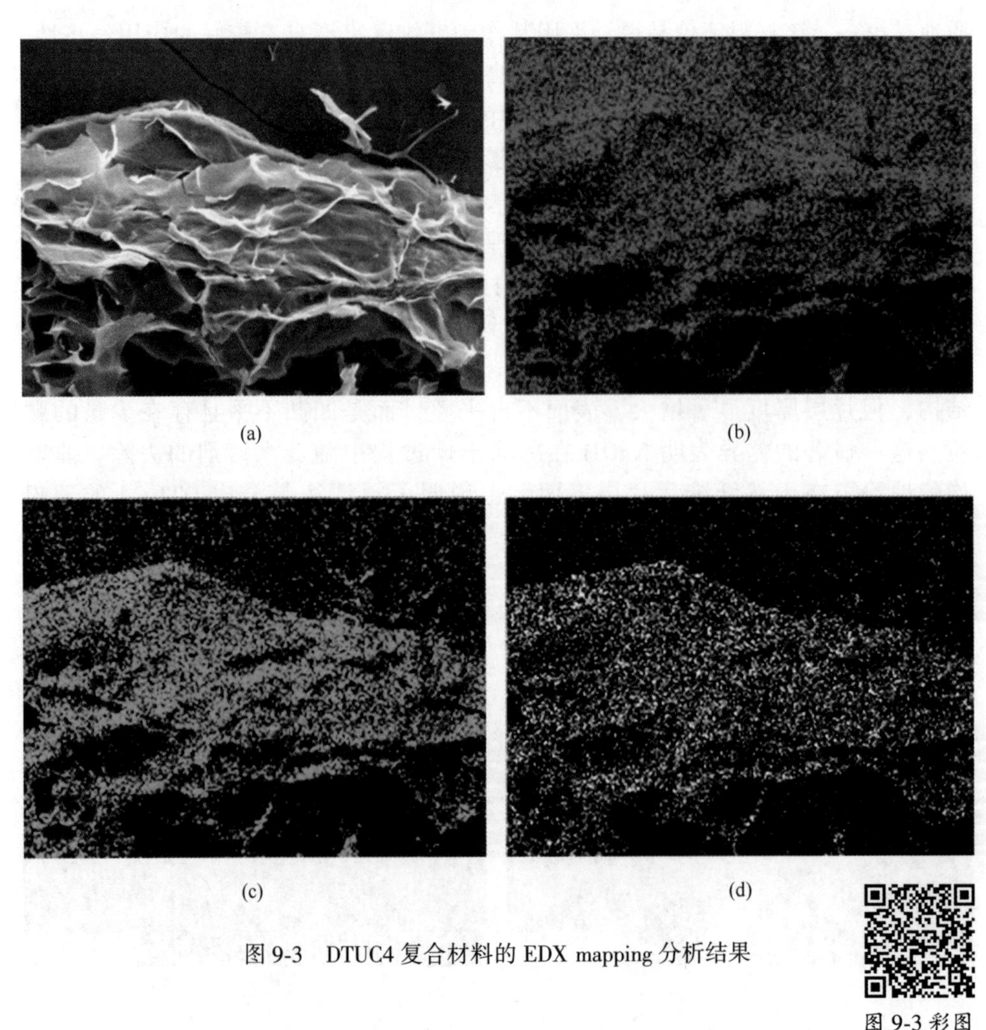

图 9-3 DTUC4 复合材料的 EDX mapping 分析结果

图 9-3 彩图

9.3.1.2 TGA 分析

通过 TGA 热重分析法对 DTUC4 复合材料的热稳定性进行分析。在 N_2 氛围下，以 10 ℃/min 的升温速率对天然纤维素基质以及 DTUC4 复合材料进行 TGA 测试。图 9-4 中的实线为天然纤维素基质和 DTUC4 复合材料的热失重曲线，虚线为导数失重曲线。在 50~100 ℃范围内的轻微的质量损失可归因为材料表面吸附的游离水分子的挥发，在 200~400 ℃范围内的质量损失是由于—OH 等官能团从材料表面的脱附，400~600 ℃范围内的失重原因为碳骨架的降解，包括 C ═O 键、C—C 键、C—H 键的进一步缩聚和重整产生少量气体所形成的失重峰，该过程形成了较为稳定的无定形碳。天然纤维素基质和 DTUC4 的最终失重率分别为 55%和 59%。DTUC4 的最大失重温度降低，因为在 NaOH 的作用下，纤维素材料在较高温度下发生了分解。

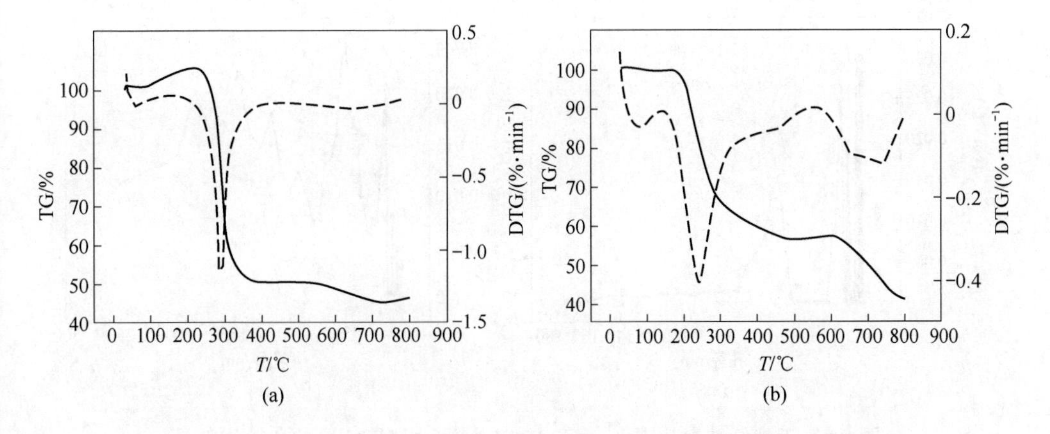

图 9-4 天然纤维素基质（a）和 DTUC4 复合材料（b）的 TGA 分析曲线

9.3.1.3 比表面积与孔径分析

天然纤维素基质和 DTUC4 复合材料均属于多孔材料，因此采用 N_2 吸附-脱附法对其孔隙结构进行表征。图 9-5 为天然纤维素基质和 DTUC4 复合材料的 N_2 吸附-脱附等温曲线。天然纤维素基质的 N_2 吸附量（STP）为 50 cm^3/g，DTUC4 复合材料的 N_2 吸附量（STP）下降为 9.7 cm^3/g。这是由于 DTUC4 复合材料中 NaOH 填充了部分孔结构，导致有效吸附面积减小。对天然纤维素基质进行 BET 孔径分析［见图 9-6（a）］，可见其含有一定比例的介孔孔道，而 DTUC4 复合材料中的部分介孔孔道被填充，其大孔结构更明显［见图 9-6（b）］。

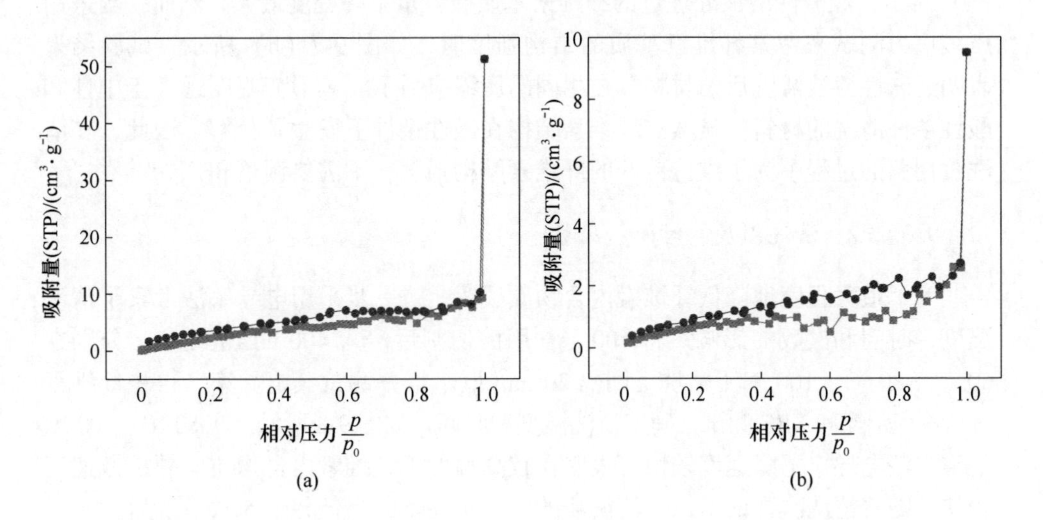

图 9-5 天然纤维素基质（a）和 DTUC4 复合材料（b）的 N_2 吸附-脱附等温曲线

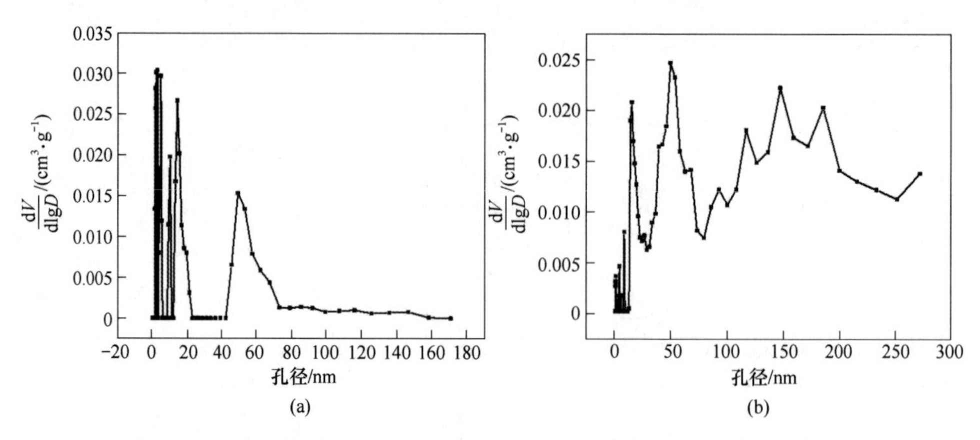

图 9-6 天然纤维素基质（a）和 DTUC4 复合材料（b）的孔径分布图

9.3.2 预处理方法对材料的影响

9.3.2.1 清洗液酸碱度

天然食用菌中含有 L-半胱氨酸和胱氨酸等多种可溶性物质，这些化合物的存在可能会对 SO_2 的吸附和检测造成影响。为了减少这方面不利因素的影响并保持天然纤维素基质的内部组织结构完整性，有必要测试并提出科学合理的清洗方法来制备天然纤维素基质。首先考察了清洗液酸碱度的影响，分别选择 pH = 4、pH = 7、pH = 9 的溶液在 60 ℃下对纤维素基质进行清洗。将清洗后的纤维素基质冷冻干燥后进行力学性能分析，并将其粉碎、压片后进行 XRF 测试。如图 9-7（a）所示，经碱性溶液处理过的纤维素基质硫含量下降幅度最大。然而，当采用压缩应力测试来考察纤维素基质的结构强度时，如图 9-7（b）所示，试验结果表明经碱性溶液清洗后的材料，在相同的压缩应力下，其形变幅度远大于中性和酸性条件清洗的材料。显然，纤维素结构在碱性条件下发生了分解。因此，在清洗食用菌的过程中为了维持良好的纤维素结构强度，不需要调整 pH。

9.3.2.2 清洗温度、时间、次数

为了最大程度地降低纤维素内含物质残留，进一步采用电导率法考察了清洗温度、时间和次数的影响。将 100 g 食用菌切割后浸入 400 mL 超纯水，分别在 60 ℃、80 ℃、100 ℃下清洗，间隔 20 min 取水样并测试其电导率，再将纤维素进行冷冻干燥和 XRF 测试，确定清洗温度和时间。如图 9-8 所示，在 80 ℃、100 ℃下清洗液电导率下降速度较快，表明在较高温度下纤维素内含物质向外扩散速度较快。随着清洗次数的增加，清洗液的电导率在不断降低并于 5 次清洗后达到最低，说明随着清洗次数的增加，纤维素内含物质被充分去除。接下来，将不同温

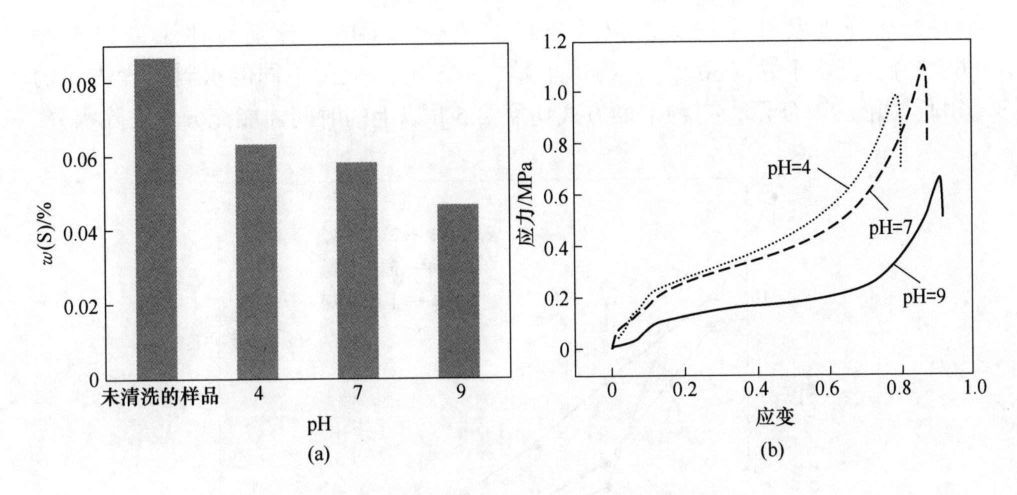

图 9-7 经不同酸碱度溶液清洗的材料的硫含量（a）和经不同酸碱度溶液清洗的样品的压缩应力-应变曲线（b）

度清洗的纤维素冷冻干燥后发现 80 ℃、100 ℃下清洗的纤维素材料发生塌陷和严重收缩，显然是由于其内部结构遭到破坏。因此，在 60 ℃下将纤维素材料清洗 100 min 可实现良好的清洗效果。

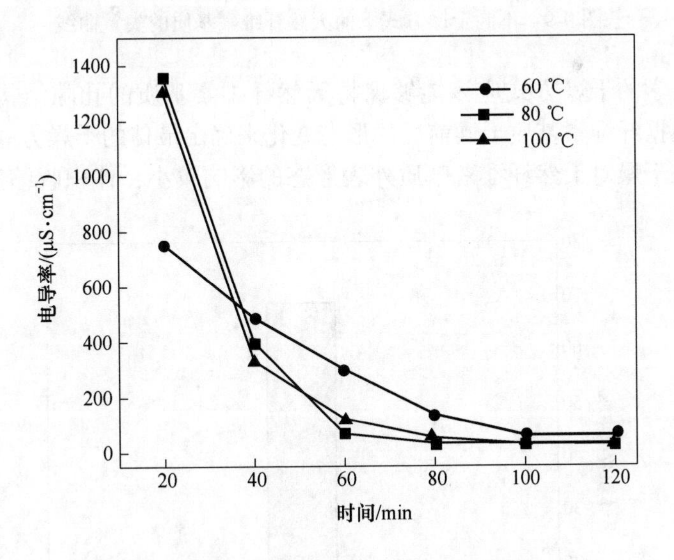

图 9-8 不同温度处理天然纤维素后清洗液的电导率

9.3.2.3 干燥方式

新鲜的食用菌在经过清洗后需要进行干燥，再进行下一步处理。干燥方式也会对天然纤维素基质的形态以及质量造成极大影响。分别对比了鼓风干燥（60 ℃）、真空干燥（60 ℃）、冷冻干燥（−45 ℃）三种不同的材料干燥方式的影响。如图9-9所示，三种干燥方式均需要5 h以上的时间才能充分地去除水分。

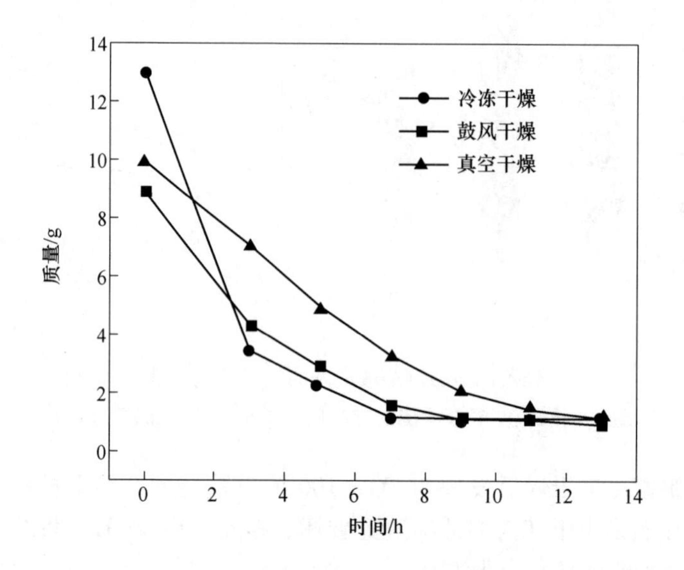

图9-9 不同干燥方式下的天然纤维素基质的失重曲线

较为科学的干燥方式应该能够保持天然纤维素基质的孔隙结构与强度。因此，需要根据纤维素基质干燥前后的形态变化来确定最佳的干燥方式。如图9-10所示，冷冻干燥对天然纤维素基质外表形态的影响较小，体积收缩率仅为10%。

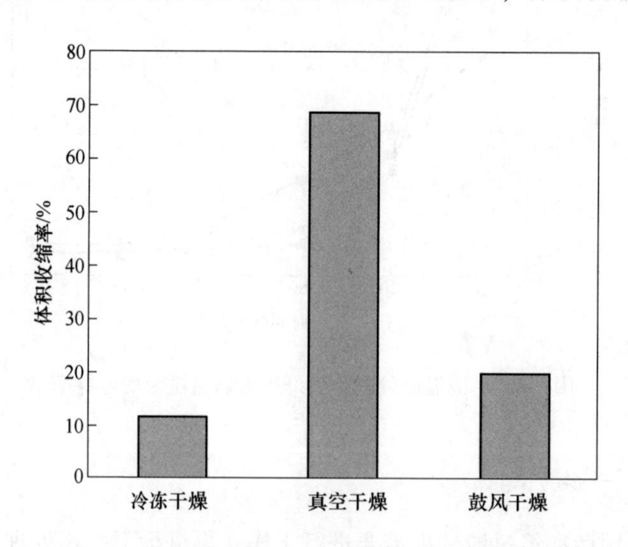

图9-10 不同干燥方式下的纤维素基质的体积收缩率

而真空干燥及鼓风干燥后的天然纤维素基质收缩、塌陷较为严重，这是由于水分挥发导致的固液表面张力作用压缩了纤维素结构。不仅如此，鼓风干燥后的天然纤维素片颜色变深，这是因为在干燥过程中天然纤维素基质内的酚类物质与多酚氧化酶发生反应生成了酮类化合物，酮类化合物很快聚合生成褐色物质。因此，出于保护纤维素结构的目的，冷冻干燥法成为最优选择。

9.3.2.4 冷冻干燥前加入有机溶剂

冷冻干燥法能够最大程度地保持纤维素的结构完整性。清洗后的纤维素中的溶剂成分与比例在冷冻干燥过程中对纤维素的影响需要进行明确。进一步考察了有机溶剂在纤维素冷冻干燥过程中的作用。在最后一次清洗纤维素的溶液中添加不同比例的乙醇，然后对充分冷冻干燥的纤维素材料进行压缩应力测试。如图 9-11 所示，添加乙醇后冷冻干燥的纤维素材料的压缩强度达到无添加直接冷冻干燥材料的 2 倍以上，意味着直接冷冻干燥过程中由于生成大型的冰晶而导致纤维素组织结构撕裂。显然，溶剂中的乙醇在冻结过程中避免了大型冰晶的生长，从而进一步保护了纤维素结构。此外，添加乙醇与水的比例为 10%（体积分数）即可较好地保护纤维素结构，继续加大乙醇含量反而会由于溶剂无法被彻底冻结而降低材料的冷冻干燥速度。

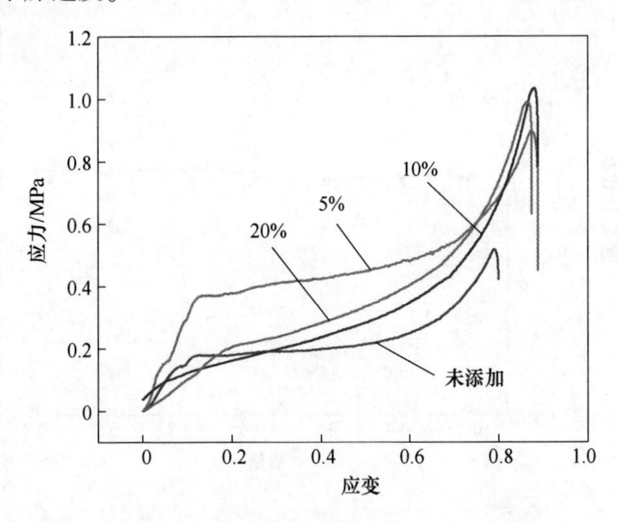

图 9-11 冷冻干燥前加入乙醇对材料力学性能的影响

9.3.3 XRF 测试条件优化

9.3.3.1 纤维素质量对测试结果的影响

纤维素基质压片过程也是分析性能测试的关键之一，需要考察纤维素质量与压片厚度。鉴于纤维素基质的主要成分为碳、氧、氮、氢等元素，而 WDXRF 功率较大，X 射线入射光对轻元素具有一定的穿透性，因此天然纤维素基质的压片必须具有充足的厚度以防止入射光照射样品盒等硬件对测试结果的干扰。分别准确称量 0.3~0.9 g 的干燥纤维素基质进行压片和 XRF 测试。

由图 9-12 可见不同纤维素质量的样品中的 S 含量并无显著差异，表明 XRF 入射光均没有穿透这些样品。同时，纤维素压片的强度和厚度对于其 XRF 分析很重要，固体材料通常在真空条件下进行 XRF 测试，而强度较弱的压片在转到真空条件和再次转换为大气条件时，由于气压多次变化可能会开裂导致测试结果不准。0.3 g 的纤维素基质压片后厚度较薄，在从模具中取出时容易碎裂。增加纤维素质量到 0.4 g 后压片的碎裂现象大为减少；当纤维素质量达到 0.7 g 时，压片的厚度为 0.5 mm。在实现了良好的压片强度和韧性的同时，0.7 g 纤维素粉末材料在 SPE 柱中的装填体积达到 6 mL，可以为 SO_2 吸附剂提供充足的负载量。继续增加纤维素质量，得到的压片厚度更大，也能实现更高的吸附剂负载能力。但考虑到纤维素材料的应用范围和经济性，本书在后续的测试中将加入的纤维素质量统一为 0.7 g。

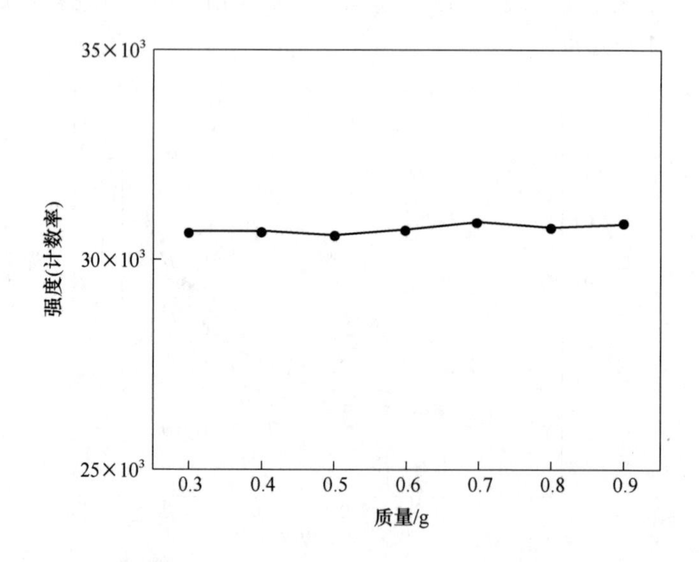

图 9-12 纤维素质量对测试 S Kα 强度的影响

9.3.3.2 粒径大小对测试结果的影响

天然纤维素基质被粉碎后，要将其均匀地装填到 SPE 柱中制成 SO_2 吸附柱，需要对纤维素材料的粒径对 XRF 分析结果中的 S Kα 强度的影响进行评价。如

图 9-13 所示，将经过冷冻干燥的纤维素粉碎后，用标准筛分选控制粒径为 1.0 mm、0.5 mm、0.2 mm、0.1 mm、不大于 0.1 mm。分别称取 0.7 g 纤维素进行压片，在 30 mm 的样品盒中进行 XRF 测试，测试结果表明装填颗粒的粒径越小，测得的 S 元素强度越高。粒径小于 0.1 mm 时的材料压片的 S 元素强度要比粒径为 1.0 mm 的材料高 13.12%；这是因为填料粒径越小，压片的表面越是光滑。在 XRF 测试中，光滑的样品表面发生射线漫反射的概率更小，从而提高了 X 射线的穿透能力和检测灵敏度。另外，不对粉碎后的纤维素进行筛选，直接混合压片的测试结果也令人满意。考虑到粒径越小的纤维素所需要的粉碎和筛选工作量也越大，因此在后面的测试过程中将粉碎后的天然纤维素基复合材料混合均匀后直接封装用于吸附 SO_2。

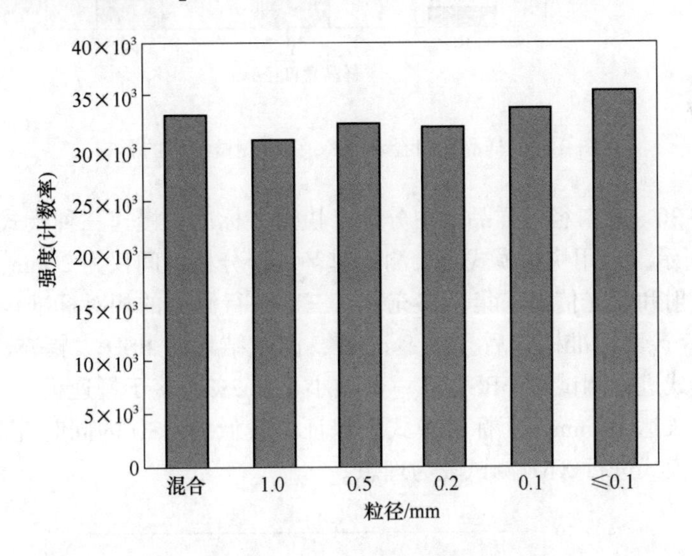

图 9-13 颗粒粒径对 S Kα 强度测试结果的影响

9.3.3.3 样品盒口径对测试结果的影响

XRF 测试所使用的样品盒均为合金材质，上盖中间有开口，其口径的选择会影响仪器分析时的扫描面积，进而影响检测到的元素种类和 S 元素强度。将天然纤维素基质粉碎后称取相同的质量压片，压片后分别放入口径为 10 mm、20 mm、30 mm 的样品盒中进行测试。如图 9-14 所示，样品盒口径为 30 mm 时，X 射线入射光照射样品表面区域最大，测得的 S 元素 Kα 强度最高，因此在后面的测试中应选择口径为 30 mm 的样品盒进行测试。

9.3.3.4 测试速度对测试结果的影响

仪器测试速度也会对测试结果造成影响。将纤维素粉碎后称取相同质量压

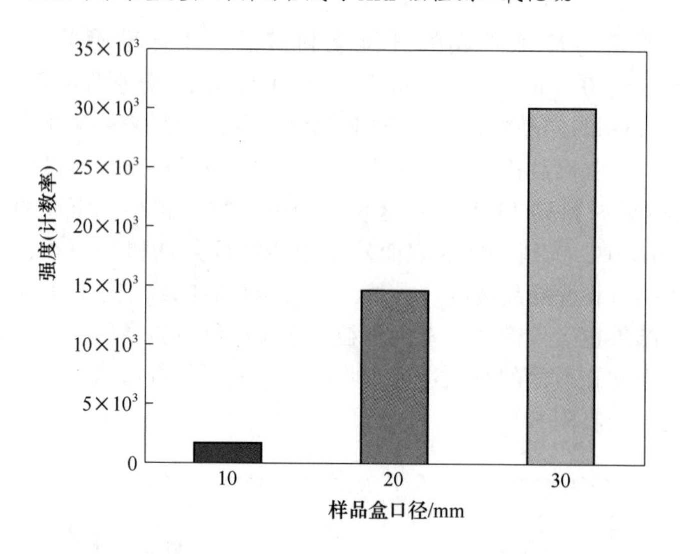

图 9-14 样品盒口径对 S Kα 强度测试结果的影响

片，然后在 30 mm 口径的样品盒中分别以快速、标准、慢速三种模式进行测试。如图 9-15 所示，当用快速模式进行测试时，由于分析时间仅为 2 min，入射光对样品表面照射和荧光信号采集不够充分，三次平行测试的相对标准偏差（RSD）高达 3.5%。改为标准模式后（约 8 min），测试结果的 RSD 大幅减小为 0.7%。当用慢速模式进行测试时，RSD 进一步减小至 0.2%。鉴于慢速模式对单个样品的测试时间长达 30 min，而标准模式在保证了较低的 RSD 的同时耗时较短，因此选择标准模式进行 XRF 测试较为理想。

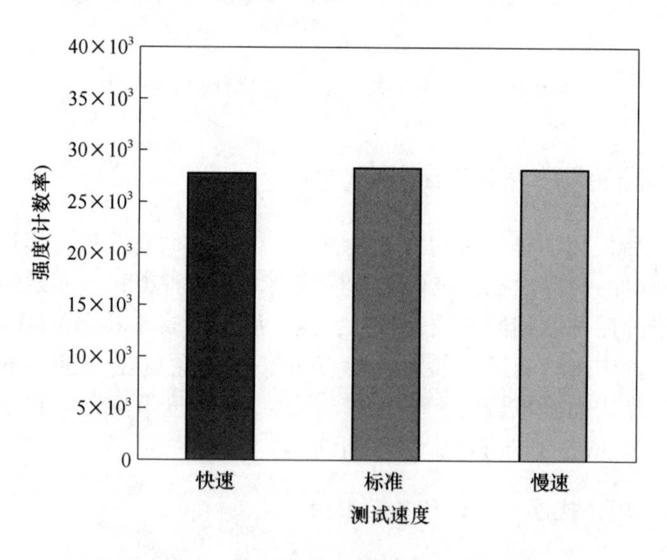

图 9-15 测试速度对测试结果的影响

9.3.4 吸附条件优化

9.3.4.1 化学吸附剂

向纤维素基质内导入高效的 SO_2 化学吸附剂是天然纤维素基复合材料捕集 SO_2 的关键。反应活性较高的化学吸附剂能在纤维素基质表面形成吸附层，与 SO_2 迅速发生反应并将其固定。能够与 SO_2 发生反应的既有 NaOH 等无机物，也有多胺类有机化合物。考察了 NaOH、$NaHCO_3$、Na_2CO_3、$C_6H_{15}NO_3$、$C_4H_{13}N_3$、$C_6H_{18}N_4$ 这 6 种化学吸附剂对 SO_2 的吸附。分别称取 20 g 天然纤维素基质投放于 500 mL 浓度为 0.1 mol/L 的上述 6 种溶液中，待充分浸渍后将复合材料冷冻干燥、粉碎后装填于 SPE 柱中，向其中慢速注入 500 mL 的 6000 mL/m^3 的 SO_2 标准气体，在捕集柱的出口放置湿的蓝色石蕊试纸来检测是否发生 SO_2 从捕集柱穿透并记录体积。

如图 9-16 所示，与 NaOH、$NaHCO_3$、Na_2CO_3 无机化合物相比，$C_6H_{15}NO_3$、$C_6H_{18}N_4$、$C_6H_{16}N_4$ 中含有大量的碱性基团—NH_2，会更容易与酸性气体 SO_2 结合。几种化学吸附剂吸附 SO_2 的能力排序为 $C_6H_{18}N_4 > C_6H_{15}NO_3 > C_4H_{13}N_3 > NaOH > NaHCO_3 > Na_2CO_3$。其中，DTUC4-$C_6H_{18}N_4$ 测得的 S 元素强度可达 900×10^3（计数率），表明其吸附 SO_2 能力相当突出。图 9-16 中右侧纵坐标和折线表示每种化学吸附剂在 SO_2 穿透时的吸附量。在测试中也发现 DTUC4-$C_6H_{15}NO_3$ 在吸附 SO_2 后，材料黏性显著增大，在压片过程中容易粘在模具上无法取下。因此，尽管有机胺类物质能够较好地吸附 SO_2，但其具有一定的毒性且使用成本较高，采用廉价易得的 NaOH 作为化学吸附剂更为合适。

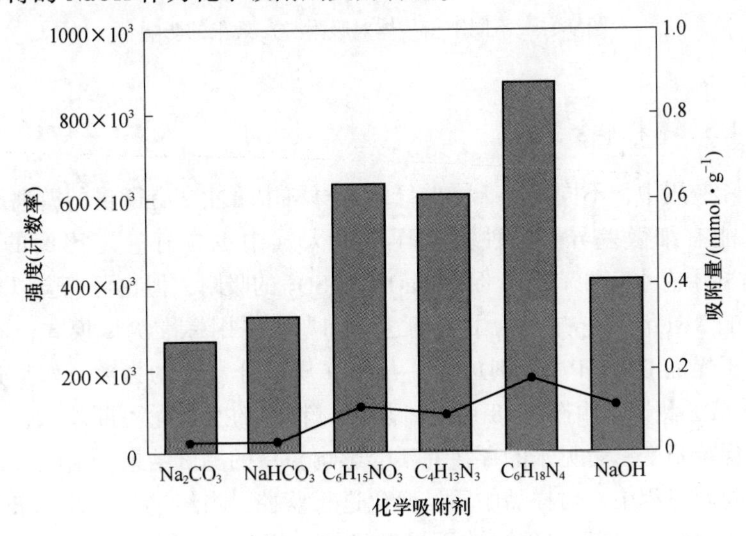

图 9-16 不同的化学吸附剂吸附 SO_2 的能力

9.3.4.2 平衡气体

测定 SO_2 的校准曲线时，需要使用平衡气体稀释高纯 SO_2 来制备标准气体样品。分别考察了高纯氮气和经脱脂棉+吸水硅胶过滤的室内空气作为平衡气体的 SO_2 检测结果。如图 9-17 所示，空气作为平衡气体时纤维素对 SO_2 的吸附与氮气作为平衡气体时无显著差异，表明在常温测试条件下空气中的氧气不影响 NaOH 与 SO_2 的反应。因此，选择用空气作为平衡气体既能节约测试成本，又与真实采样点的大气化学环境相符。

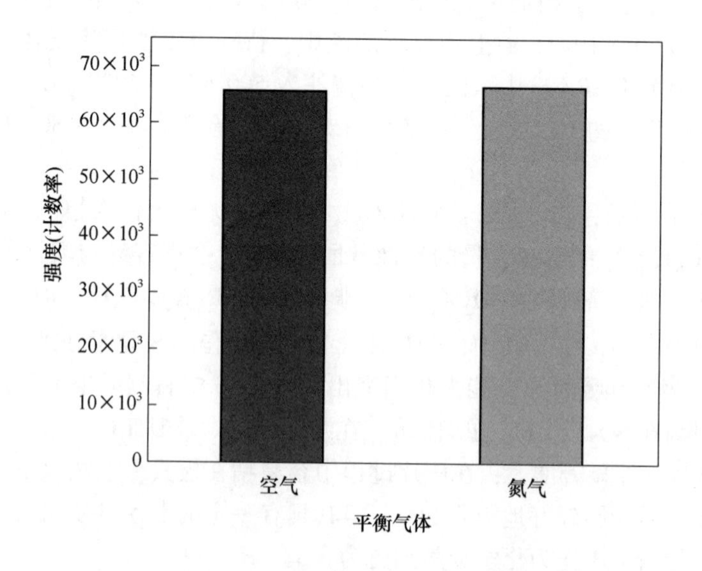

图 9-17 不同平衡气体对吸附 SO_2 效果的影响

9.3.4.3 材料水含量

在实际应用中，不同批次干燥的纤维素材料中可能含有微量的游离水，并且水含量可能有细微差异。各种真实环境的大气中也含有一定比例的游离水。DTUC4 材料中有水存在有利于促进 NaOH 对 SO_2 的吸附，但也可能会以基体效应的形式影响 XRF 测试结果。为了明确这一问题，采用标准测试模式，向相同质量的充分干燥的 DTUC4 中分别加入 0～6%（质量分数）的去离子水后进行 SO_2 的吸附与 XRF 测试。由图 9-18 可见，随着材料中的水含量不断增大，S 元素的绝对强度保持不变，可见水的存在并不会影响 SO_2 的测试结果。因此，在冷冻干燥纤维素材料过程中，对样品的质量变化进行监控，当经过 3 h 的冷冻干燥后质量变化小于 1%时，即可认为冷冻干燥已经较为充分。同时，在对材料中的 S 元素作定性或定量分析时，以 S 的 XRF 强度作为计算标准可以有效地排除杂质的基体效应干扰。

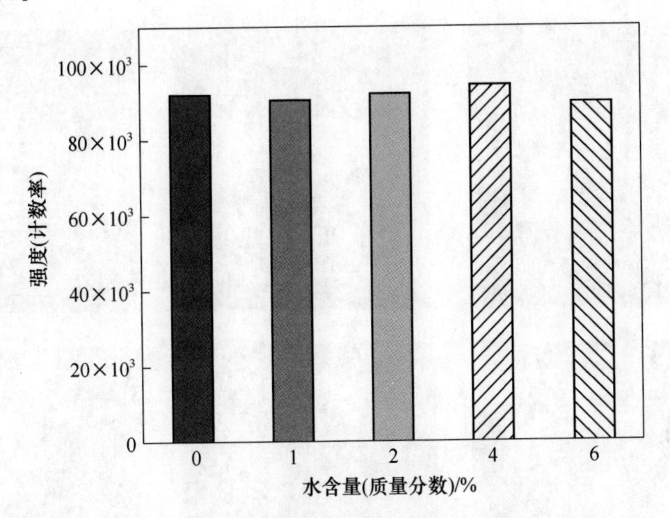

图 9-18 水含量对吸附 SO_2 效果的影响

9.3.4.4 NaOH 浓度

DTUC4 的最大 SO_2 吸附量是分析性能的关键参数，因为最大 SO_2 吸附量直接决定了其定量分析浓度上限，也就是校准曲线的线性分析范围。分别用浓度为 0.03 mol/L、0.1 mol/L、0.3 mol/L 的 NaOH 溶液浸渍天然纤维素基质，经干燥、粉碎后装填于 SPE 柱中，通入 500 mL 不同浓度的 SO_2（2000 mL/m^3、4000 mL/m^3、6000 mL/m^3）标准气体。使用湿润的蓝色石蕊试纸在捕集柱出口测试 SO_2 穿透点，也就是 DTUC4 材料的 SO_2 的极限吸附量。由图 9-19 可见 SO_2 穿透捕集柱后，试纸变为蓝色。

如图 9-19 所示，DTUC4-0.03 复合材料当通入 500 mL 的 4000 mL/m^3 的 SO_2 标准气体时蓝色试纸变红，说明此条件下材料对 SO_2 的最大吸附量高于通入 500 mL 的 2000 mL/m^3 的 SO_2 标准气体。依此类推，DTUC4-0.1 复合材料对 SO_2 的最大吸附量为通入 500 mL 的 4000 mL/m^3 的 SO_2 标准气体时，继续注入 SO_2 则石蕊试纸变红。DTUC4-0.3 的最大 SO_2 吸附量出现在通入高于 500 mL 的 6000 mL/m^3 的 SO_2 标准气体时。将上述吸附 SO_2 的材料分别倒入压片模具中，混合均匀后进行压片，利用 XRF 测试吸附后的 S Kα 强度。图 9-20 中的测试结果与上述石蕊试纸测试结果相符。其中，DTUC4-0.1 复合材料通入 500 mL 的 4000 mL/m^3 的 SO_2 标准气体后测试 S Kα 强度为 $207×10^3$（计数率）。需要注意的是，当气体样品注入捕集柱的流量较大时，由于吸附剂来不及吸附，SO_2 也容易穿透吸附材料。因此，需要控制气体样品的注入流量（不大于 100 mL/min），或者将 DTUC4 材料装填到长径比更大的捕集柱中，增大吸附剂与 SO_2 的接触概率。

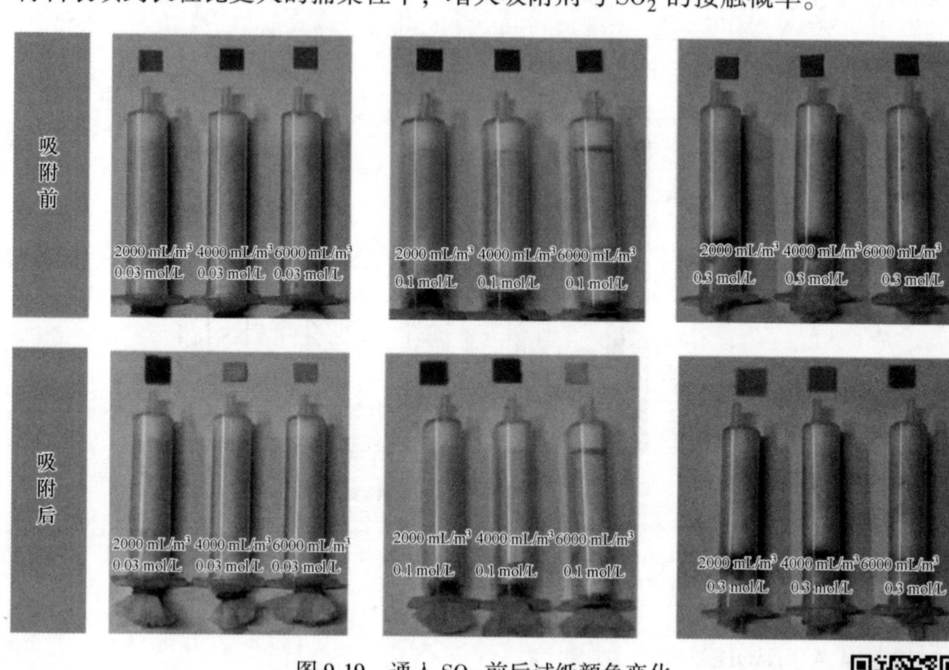

图 9-19　通入 SO_2 前后试纸颜色变化

图 9-19 彩图

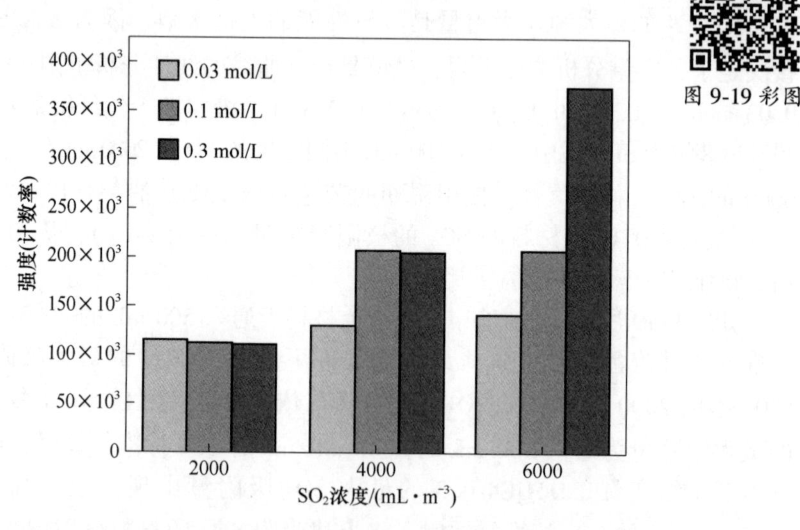

图 9-20　氢氧化钠浓度对吸附 SO_2 效果的影响

9.3.4.5　其他酸性气体

在实际样品分析应用中（例如燃煤废气分析），可能有 NO_2 等其他酸性气体

与 SO_2 共存。进一步考察了其他酸性气体对 DTUC4 吸附 SO_2 的干扰。向浓度为 2000 mL/m³ 的 SO_2 气体中分别加入 2% 的 CO_2 和 NO_2 气体，将混合气体注入 DTUC4-0.1 复合材料并进行 XRF 测试，结果如图 9-21 所示，其他酸性气体的存在对材料吸附 SO_2 气体几乎没有影响。

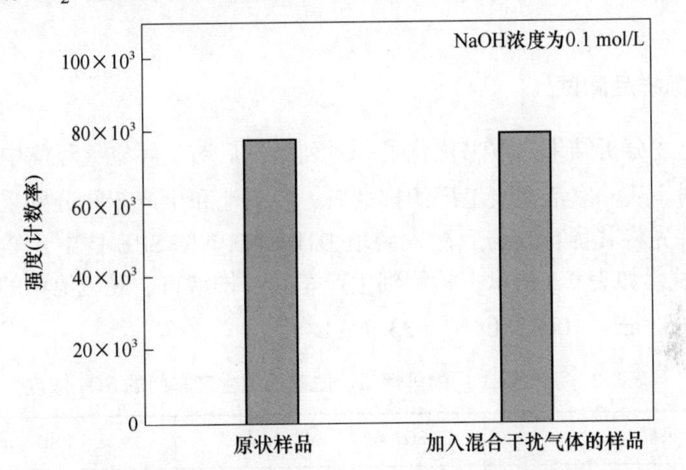

图 9-21 混合干扰气体（CO_2、NO_2）对材料吸附 SO_2 的影响

9.3.5 SO_2 的校准曲线

根据上述材料的 SO_2 吸附性能测试，基于 DTUC4-0.1 材料建立 SO_2 的校准曲线。向 DTUC4-0.1 捕集柱中分别注入体积为 500 mL、浓度为 1~4000 mL/m³ 的 SO_2 标准气体，压片后在 50 kV、60 mA 的工作电压、电流下进行 XRF 测试，根据 S Kα 强度与标准 SO_2 气体浓度绘制散点图并添加拟合校准曲线。由图 9-22（a）

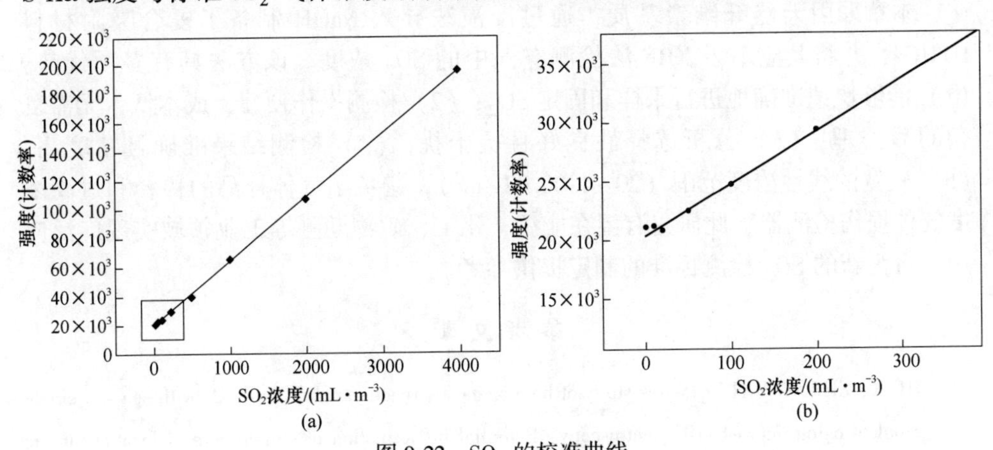

图 9-22 SO_2 的校准曲线

（a）0~4000 mL/m³；（b）0~200 mL/m³

可见，回归方程为 $y= 0.0493x+ 20.36$，相关系数 $R= 0.99938$。S 元素强度和气体浓度在 20~4000 mL/m^3 范围内呈良好的线性关系。计算称取 10 份相同质量的 DTUC4 压片后进行 XRF 测试并计算其 S 元素 XRF 强度的标准偏差，除以校准曲线的斜率计算得到的数据的 3 倍为 LOD，DTUC4-0.1 材料检测 SO_2 的检出限为 6 mL/m^3。

9.3.6　实际样品测试

综合上述分析结果，本书优化了一系列条件后对实际空气环境中的 SO_2 浓度进行了检测。从一家活性炭工厂的排烟口、脱硫池和生产车间分别采集气体样品 100 mL，首先将其稀释 5 倍后注入装填 DTUC4-0.1 的 SPE 柱中，然后压片并进行 XRF 测试。如表 9-3 所示，检测到生产车间、排烟口、脱硫池中的 SO_2 浓度分别为 87.6 mL/m^3、1064 mL/m^3、33.7 mL/m^3。

表 9-3　活性炭工厂的排烟口、脱硫池和生产车间的 SO_2 浓度

采样点	SO_2 浓度/($mL \cdot m^{-3}$)	RSD ($n=3$)
生产车间	87.6	4.3
排烟口	1064	2.2
脱硫池	33.7	3.7

9.4　本章小结

本章采用天然纤维素基质，通过浸渍法导入 NaOH 制备了复合吸附材料 DTUC4，并将其应用于 XRF 法检测空气中的 SO_2 浓度。该方法具有多项优势：(1) 能够快速准确地进行采样和固定 SO_2；(2) 检测操作便捷，成本低，无需复杂的后处理；(3) 分析选择性良好且抗干扰；(4) 检测结果准确且精度高；(5) 较宽的线性浓度范围（20~4000 mL/m^3），避免了气体样品的稀释和过高浓度气体损伤检测器。此研究有望在能源、化工、矿物勘测等工业领域实现广泛应用，可为新的 SO_2 检测标准的制定提供参考。

参考文献

[1] HE X, ZHANG Y H. Kinetics study of heterogeneous reactions of O_3 and SO_2 with sea salt single droplets using micro-FTIR spectroscopy: Potential for formation of sulfate aerosol in atmospheric environment [J]. Spectrochimica Acta Part A: Molecular and Biomolecular Spectroscopy, 2020, 233: 118219.

[2] 韩雪，周晨．大气探测激光雷达的分类和特征［J］．南京大学学报（自然科学），2023，59（5）：900-913.

[3] YANG Y B，WANG J N，ZHANG Z H，et al. Study on the concentration retrieval of SO_2 and NO_2 in mixed gases based on the improved DOAS method［J］. RSC Advances，2023，13（28）：19149-19157.

[4] WERLE P，SLEMR F，MAURER K，et al. Near- and mid-infrared laser-optical sensors for gas analysis［J］. Optics and Lasers in Engineering，2002，37（2）：101-114.

[5] RODRIGUEZ G G，ORTIZ P A，PALZER S. Integrated，selective，simultaneous multigas sensing based on nondispersive infrared spectroscopy-type photoacoustic spectroscopy［J］. ACS Sensors，2024，9（1）：23-28.

[6] 赵占龙，李明，张连水，等．双光子激发 SO_2 气体激光诱导色散荧光光谱研究［J］．光谱学与光谱分析，2012，32（11）：3063-3067.

[7] HUA H，YIN X，FENNELL D，et al. Roles of reactive iron mineral coatings in natural attenuation in redox transition zones preserved from a site with historical contamination［J］. J. Hazard. Mater.，2021，420：126600.

[8] ZHANG R，WALDER I，LEIVISKÄ T. Pilot-scale field study for vanadium removal from mining-influenced waters using an iron-based sorbent［J］. J. Hazard. Mater.，2021，416：125961.

[9] ARENAS L，ORTEGA M，GARCÍA-MARTÍNEZ M J，et al. Geochemical characterization of the mining district of Linares（Jaen，Spain）by means of XRF and ICP-AES［J］. J. Geochem. Explor.，2011，108：21-26.

[10] HUMBERTO T V R F J，VIEIRA M M D F，DE OLIVEIRA A V，et al. Performance of geopolymer foams of blast furnace slag covered with poly（lactic acid）for wastewater treatment［J］. Ceram. Int.，2022，48（1）：732-743.

[11] AN J，KIM K H，KIM J A，et al. A simplified analysis of dimethylarsinic acid by wavelength dispersive X-ray fluorescence spectrometry combined with a strong cation exchange disk［J］. J. Hazard. Mater.，2013，260：24-31.

[12] 秦君，张潇，李小梅，等．巯基硅球石墨烯复合材料的合成与重金属离子吸附［J］．化学通报，2024，87（5）：593-597.

[13] 秦君，张瑜，辛智慧，等．$CuMn_2O_4$@GA 复合材料的合成与 CO 转化［J］．应用化学，2023，40（12）：1719-1725.

[14] WATSON J G，CHOW J C，CHEN L W A，et al. Elemental and morphological analyses of filter tape deposits from a beta attenuation monitor［J］. Atmospheric Research，2012，106：181-189.

[15] YATKIN S，TRZEPLA K，WHITE W H. Development of single-compound reference materials on polytetrafluoroethylene filters for analysis of aerosol samples［J］. Spectrochimica Acta Part B，2020，171：105948.

附录　LC-Q-TOF 图谱解析

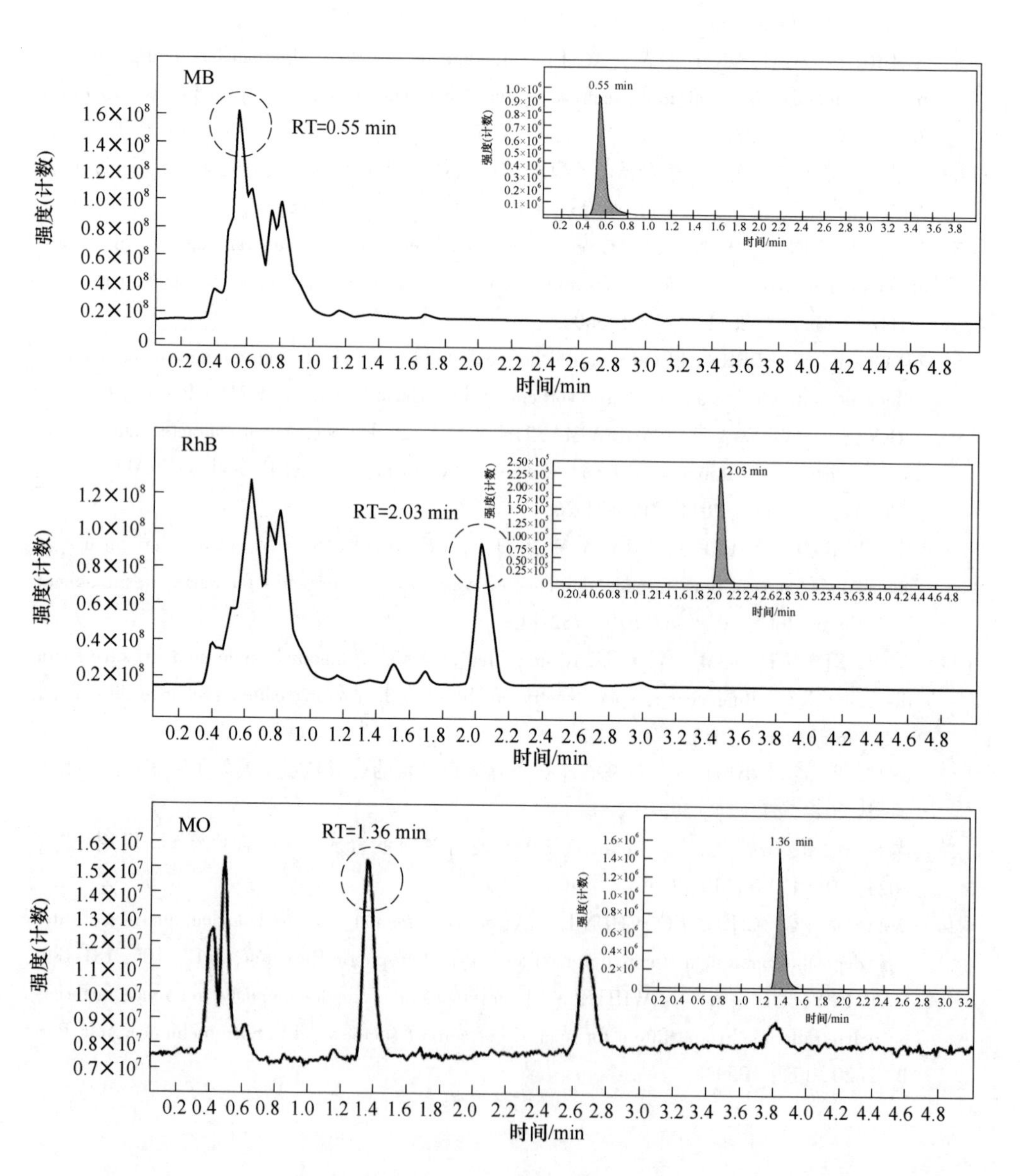

附图 1　MB、RhB、MO 的 TIC 光谱

［内嵌图为 EIC 光谱；MB、RhB 为（+），MO 为（-）］

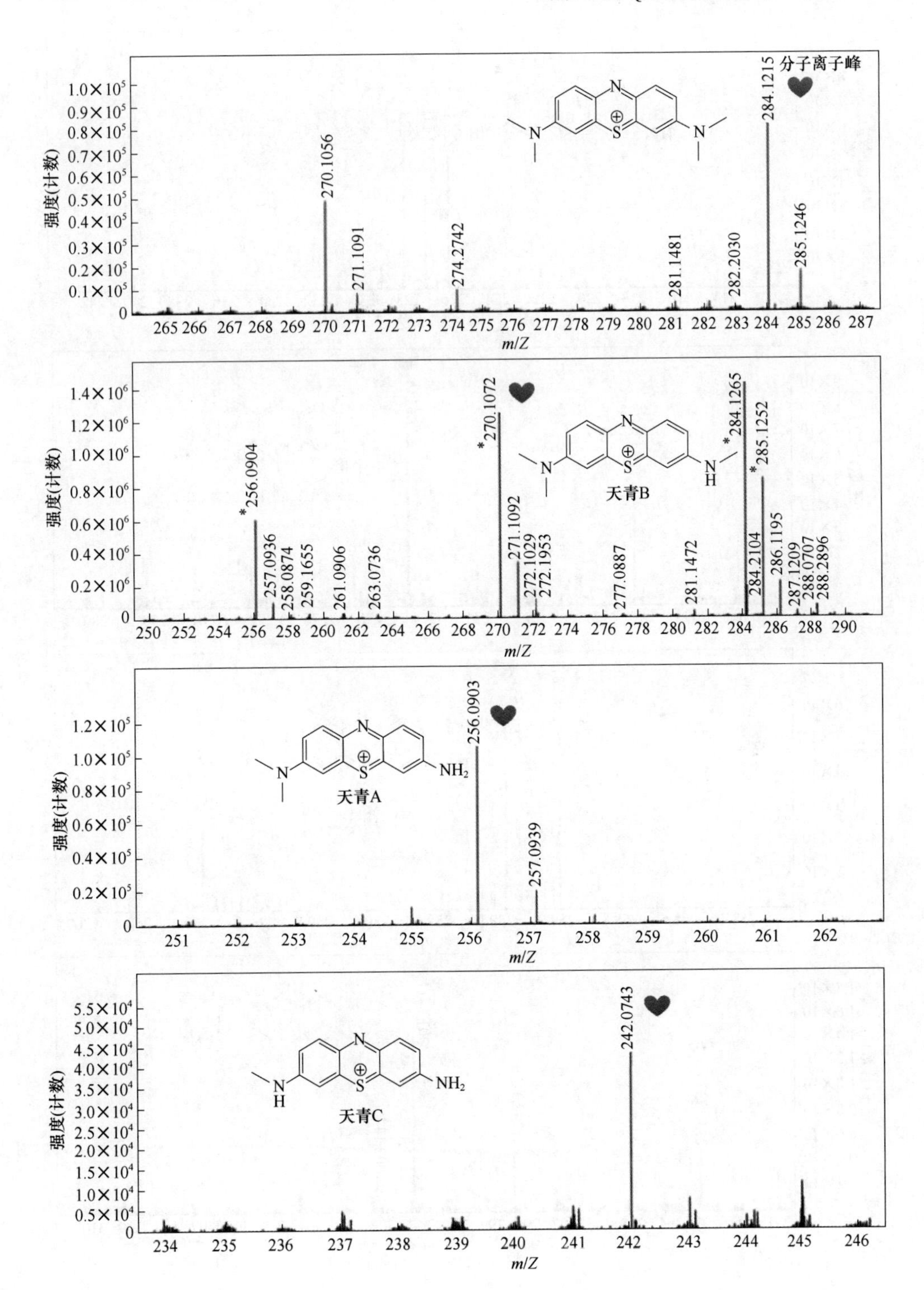

分子离子峰
强度(计数)
m/Z
284.1215
285.1246
270.1056
271.1091
274.2742
281.1481
282.2030
天青B
*284.1265
*285.1252
*270.1072
*256.0904
271.1092
272.1029
272.1953
257.0936
258.0874
259.1655
261.0906
263.0736
277.0887
281.1472
284.2104
286.1195
287.1209
288.0707
288.2896
天青A
256.0903
257.0939
天青C
242.0743

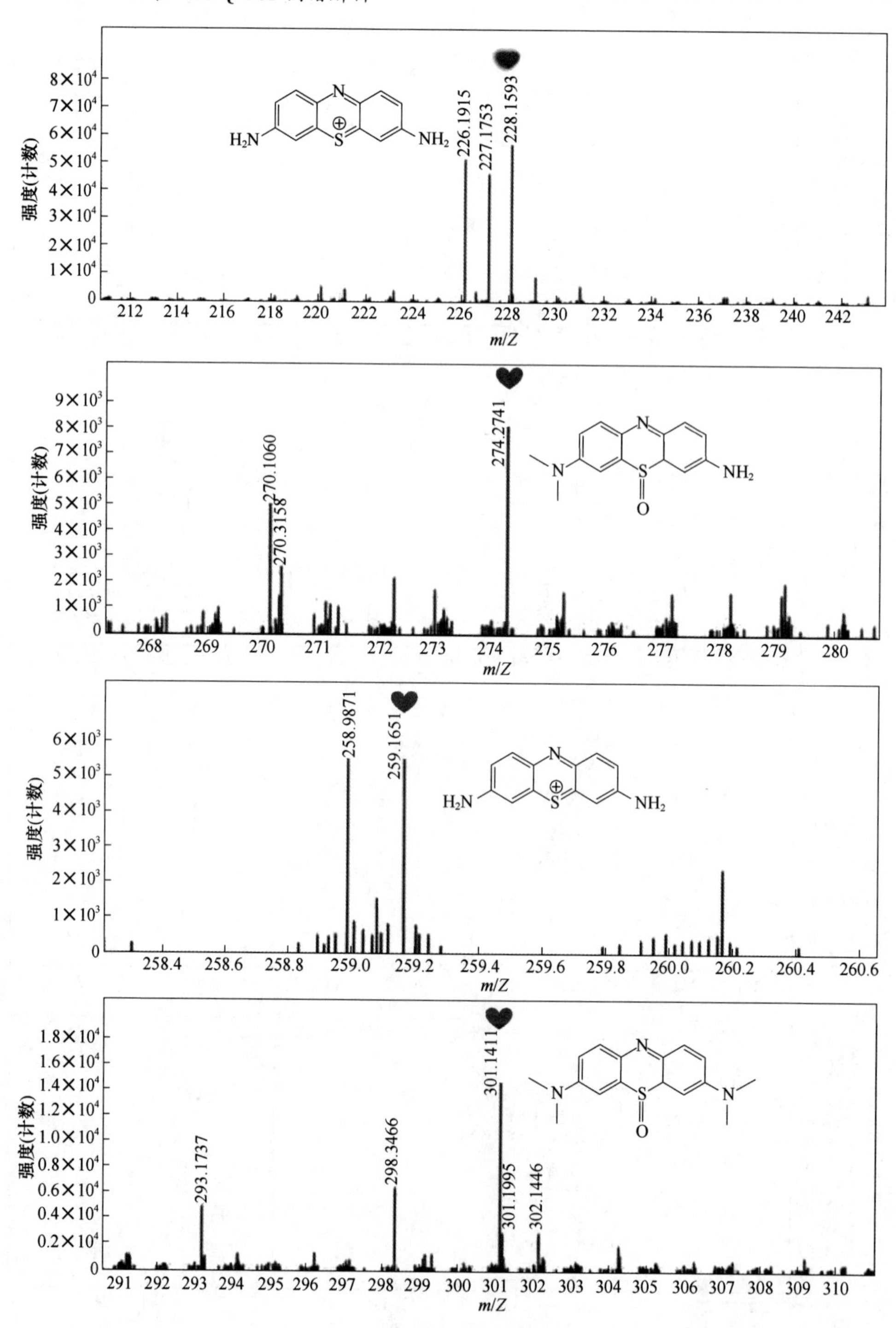

强度(计数)
8×10⁴
7×10⁴
6×10⁴
5×10⁴
4×10⁴
3×10⁴
2×10⁴
1×10⁴
0
226.1915
227.1753
228.1593
H₂N
NH₂
N
S
212 214 216 218 220 222 224 226 228 230 232 234 236 238 240 242
m/Z
强度(计数)
9×10³
8×10³
7×10³
6×10³
5×10³
4×10³
3×10³
2×10³
1×10³
0
270.1060
270.3158
274.2741
N
S
O
NH₂
268 269 270 271 272 273 274 275 276 277 278 279 280
m/Z
强度(计数)
6×10³
5×10³
4×10³
3×10³
2×10³
1×10³
0
258.9871
259.1651
H₂N
NH₂
N
S
258.4 258.6 258.8 259.0 259.2 259.4 259.6 259.8 260.0 260.2 260.4 260.6
m/Z
强度(计数)
1.8×10⁴
1.6×10⁴
1.4×10⁴
1.2×10⁴
1.0×10⁴
0.8×10⁴
0.6×10⁴
0.4×10⁴
0.2×10⁴
0
293.1737
298.3466
301.1411
301.1995
302.1446
N
S
O
N
291 292 293 294 295 296 297 298 299 300 301 302 303 304 305 306 307 308 309 310
m/Z

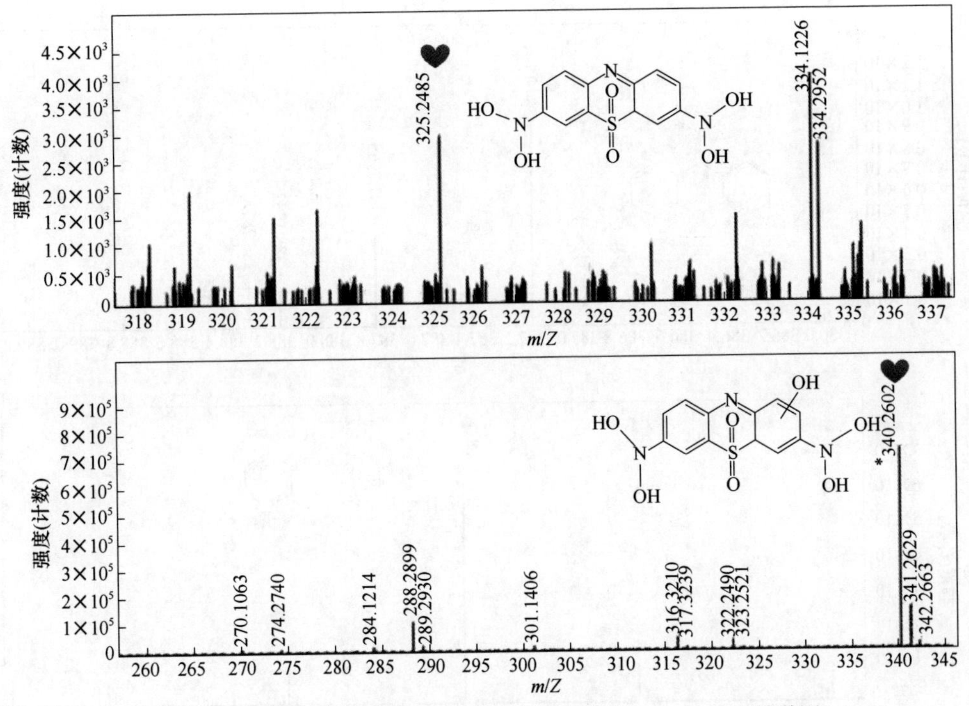

附图 2 MB 分子离子峰与主要降解中间产物的 ESI(+)-MS 质谱图

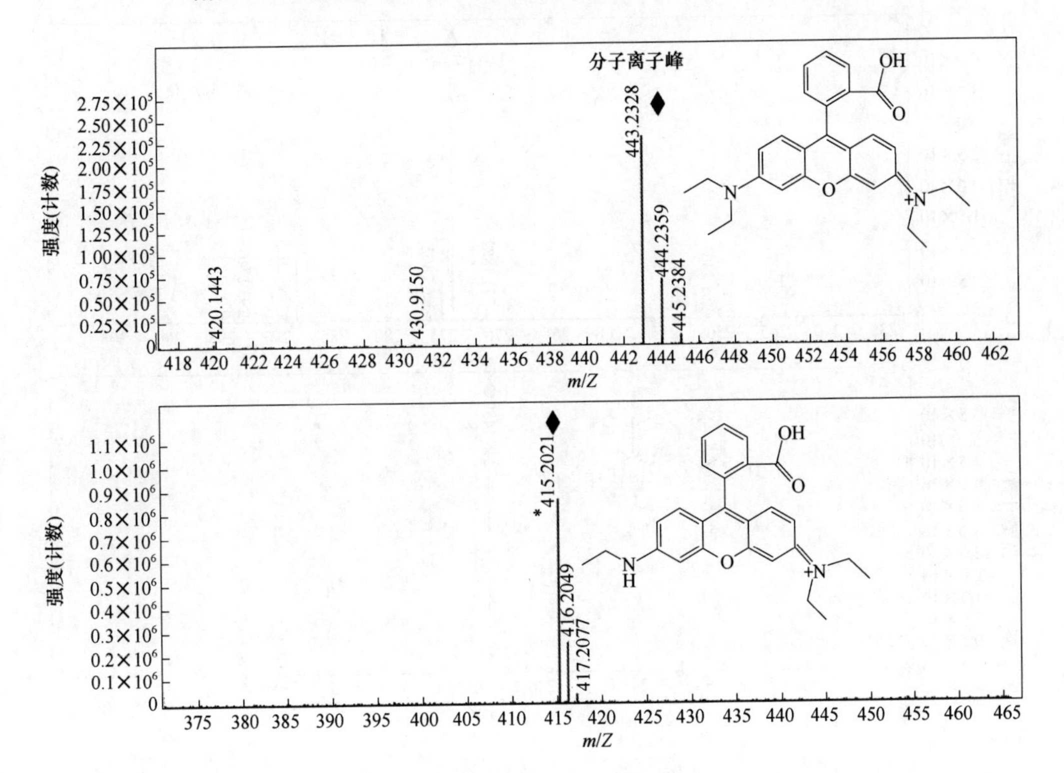

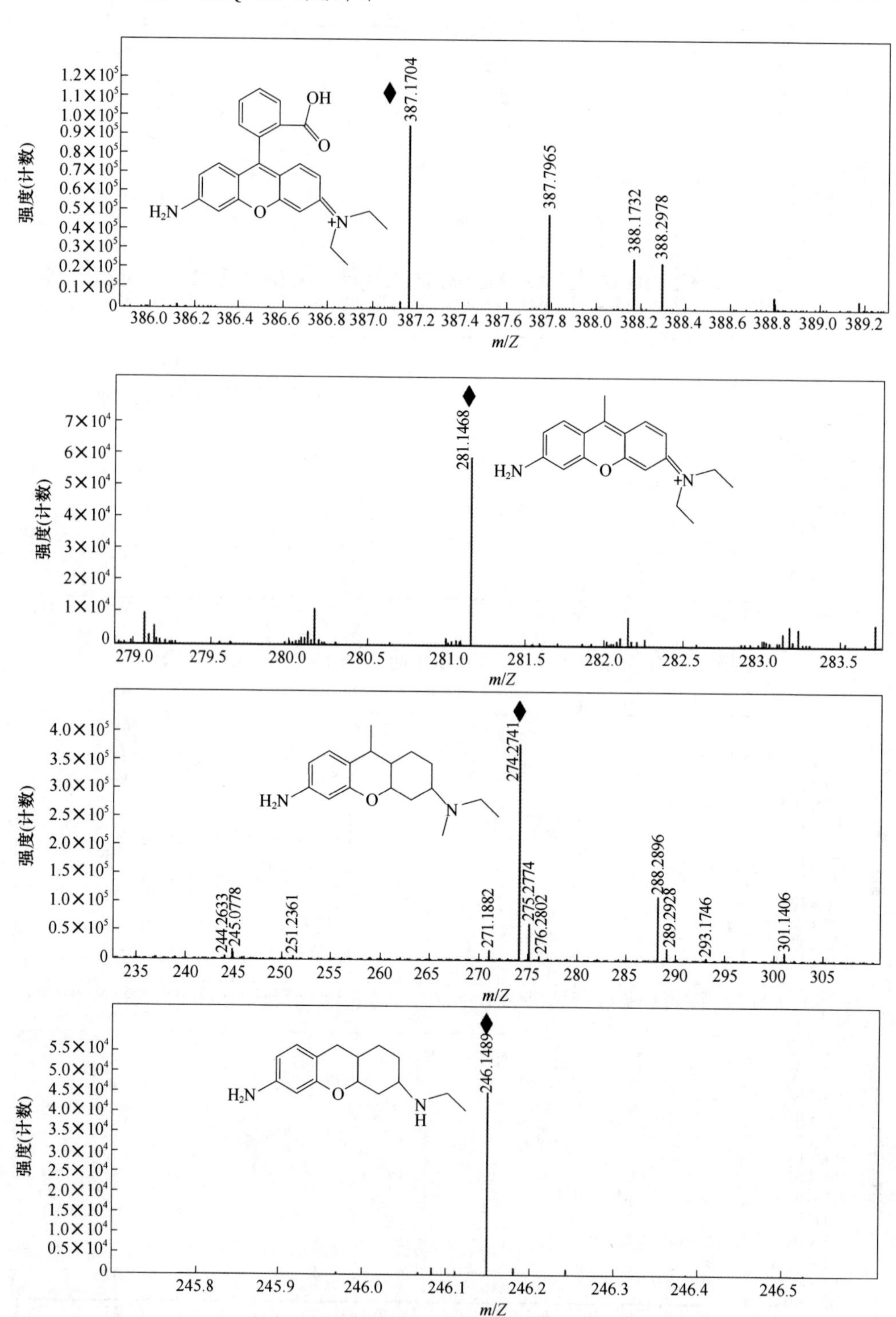

强度(计数)
387.1704
387.7965
388.1732
388.2978
OH
O
H_2N
N
m/Z
281.1468
274.2741
244.2633
245.0778
251.2361
271.1882
275.2774
276.2802
288.2896
289.2928
293.1746
301.1406
246.1489
H

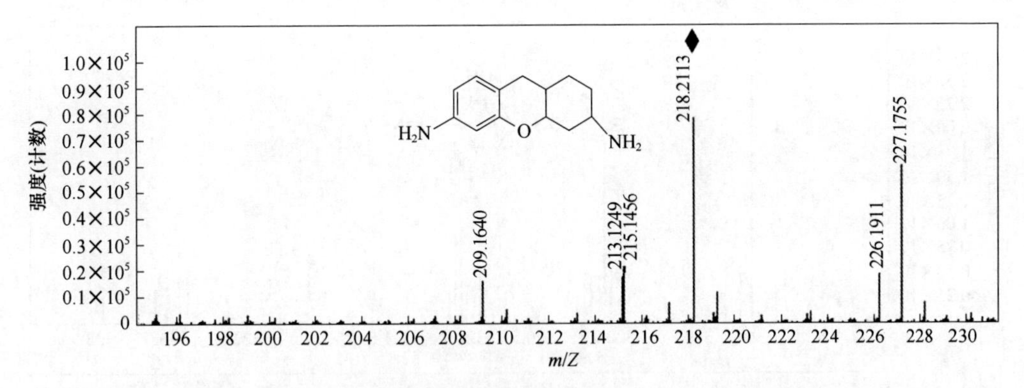

附图 3 RhB 分子离子峰及主要降解中间产物的 ESI(+)-MS 质谱图

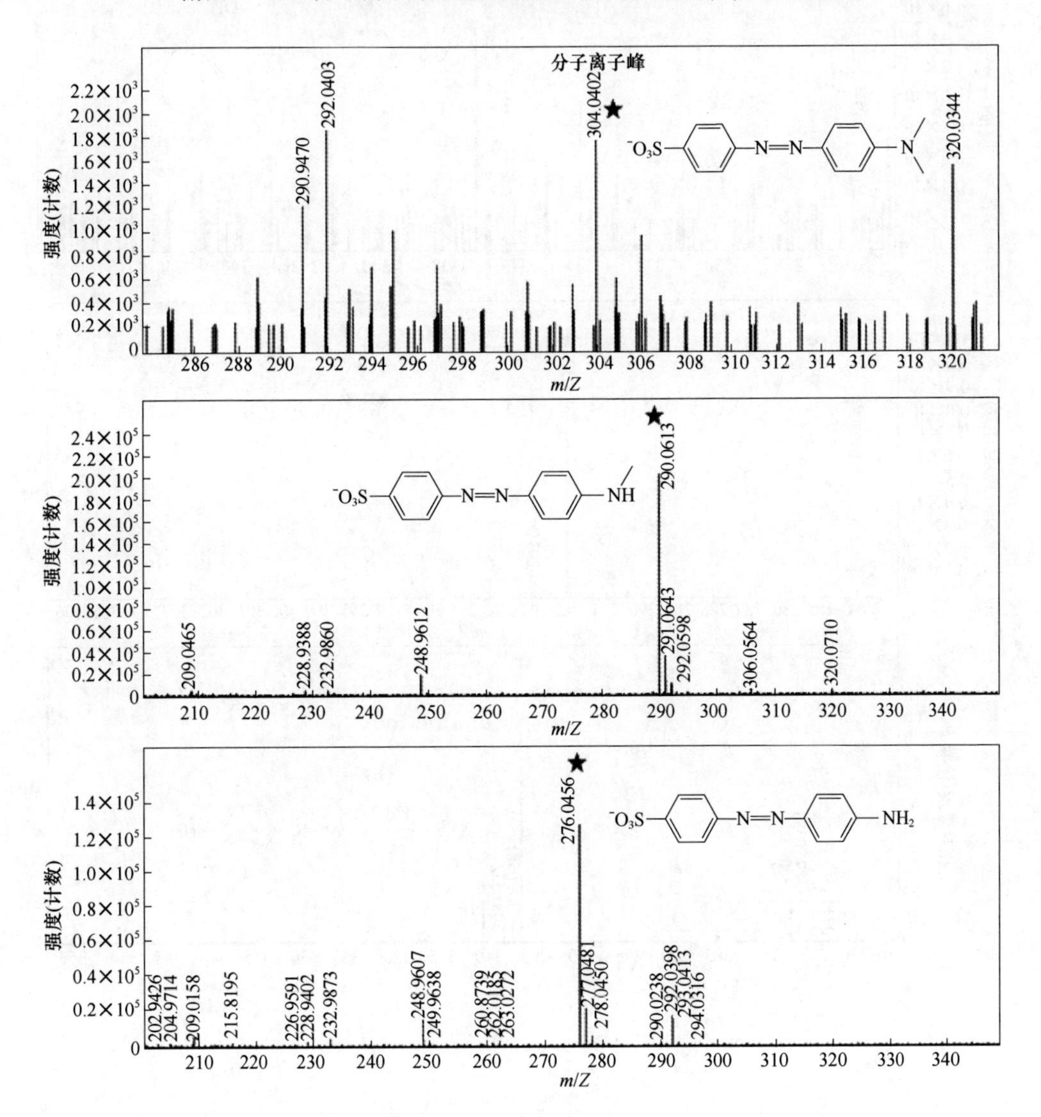

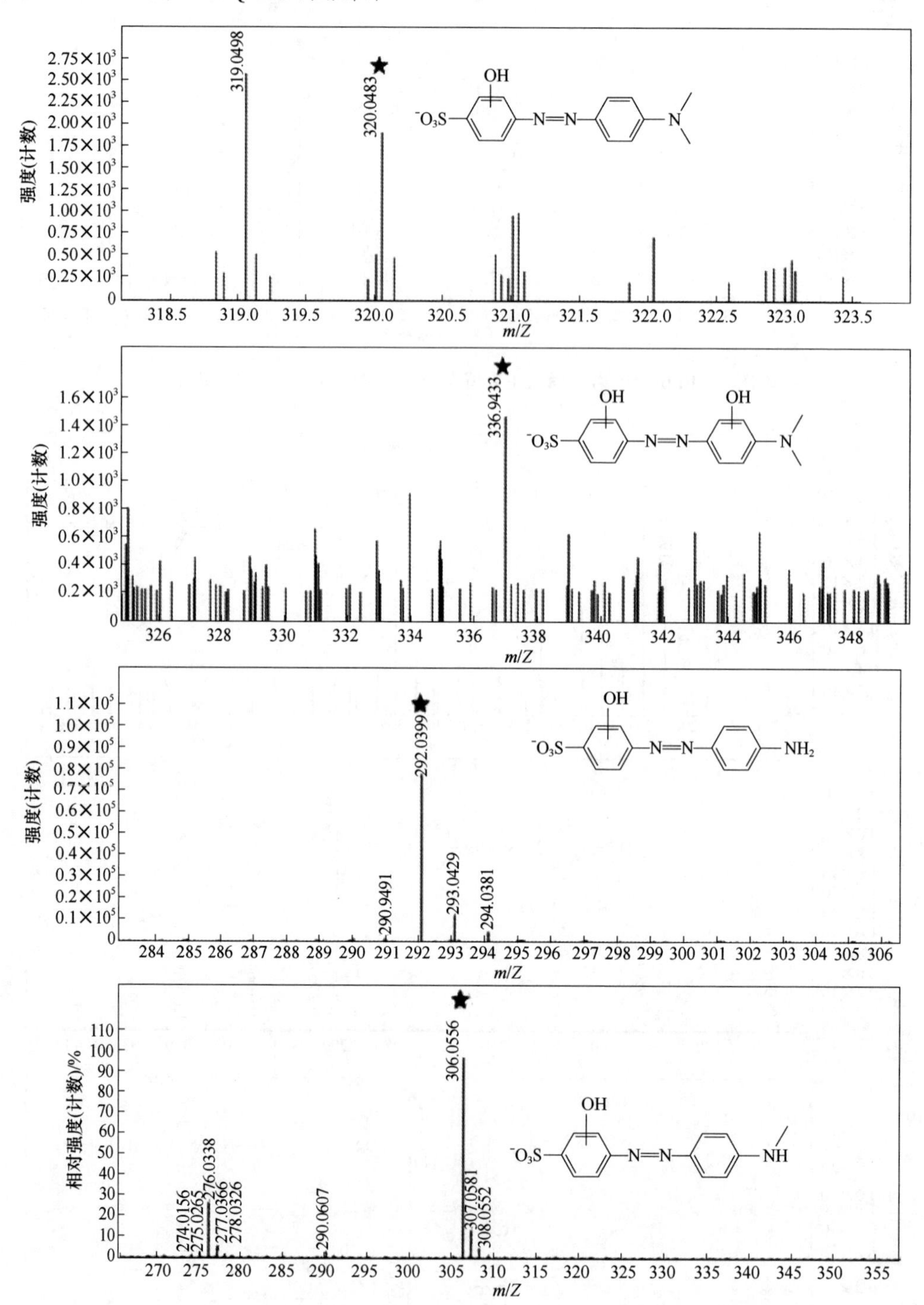

强度(计数)
319.0498
320.0483
OH
-O3S
N=N
N
m/Z
强度(计数)
336.9433
OH
OH
-O3S
N=N
N
m/Z
强度(计数)
292.0399
290.9491
293.0429
294.0381
OH
-O3S
N=N
NH2
m/Z
相对强度(计数)/%
306.0556
274.0156
275.0265
276.0338
277.0366
278.0326
290.0607
307.0581
308.0552
OH
-O3S
N=N
NH
m/Z

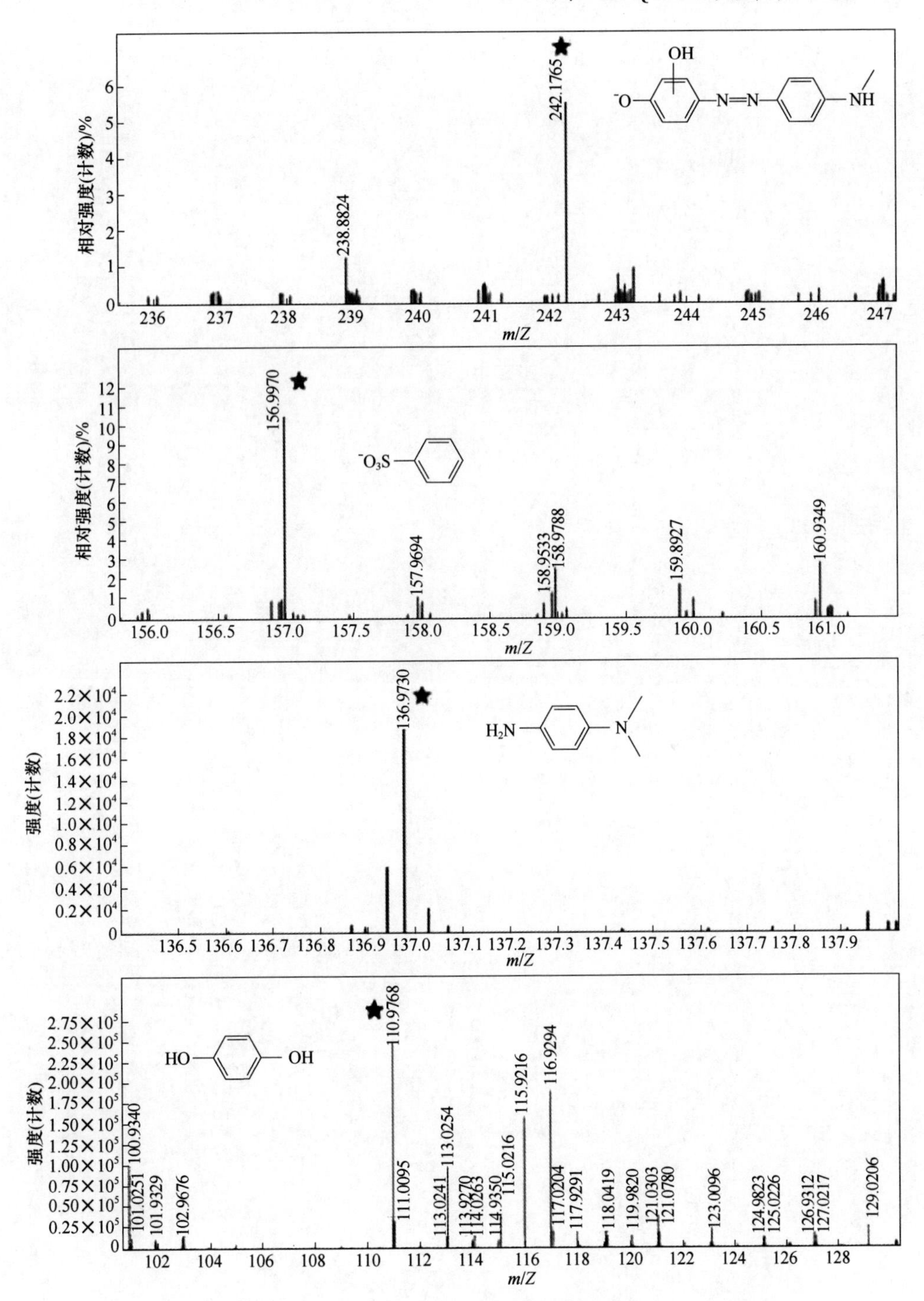

附图 4　MO 分子离子峰及主要降解中间产物的 ESI(-)-MS 质谱图